U0257900

西南山区林业生态安全研究

李建钦 / 著

RESEARCH ON
THE MOUNTAINOUS FORESTRY
ECO-SECURITY IN SOUTHWEST CHINA

社会科学文献出版社
SOCIAL SCIENCES ACADEMIC PRESS (CHINA)

序

2024 年 5 月初，建钦发来新著《西南山区林业生态安全研究》书稿，望指教并作序，十分高兴，欣然应允。

建钦是我到云南大学人类学系工作后指导的第一位硕士研究生。机缘巧合，当时云南大学人类学系和中国科学院西双版纳热带植物园准备联合培养一批具有跨学科视野的民族生态学专业人才，李建钦、曾益群、杜雪飞、李继群四位硕士研究生获得了接受联合培养的机会。在云南大学，他们学习文化人类学的理论和方法；在中国科学院西双版纳热带植物园，他们学习生态学和植物学的知识，并接受自然科学研究方法训练。在这个过程中，建钦努力把人类学、民族学的理论方法与生态学、植物学的基础知识和方法相融合，逐渐具备了独立开展跨学科研究的能力。她的硕士学位论文，从社区文化、传统知识、生态系统等角度切入，讨论了腾冲市界头地区森林生态系统的良性运行与社区森林资源可持续利用与保护之间的关系。论文在呈现当地人生态智慧的基础上，也为其他地方的森林资源可持续经营管理提供了借鉴。硕士毕业后，建钦来到西南林业大学从事自然资源管理和民族地区发展的研究和教学工作。她在硕士研究生期间形成的视野开阔、执着严谨、锐意进取、勤奋刻苦的学风，为其日后进一步开展跨学科创新性研究打下了坚实的基础。

林业生态安全是构建国家安全体系的重要内容。我国的西南山区森林资源富集，既是重要的生态屏障区，又是多民族、多文化共存共荣的特殊区域。解决西南山区的林业生态安全问题，对促进区域经济社会的整体发展和构建国家安全体系具有战略性意义，也是推进西南地区生态文明建设的重要目标和实现路径。一直以来，生态安全问题大多受到自然科学研究者的关注，他们从各自的专业视野出发，将自然生态系统和森林生态系统作为研究主体，主要关注生态安全的时空特征与安全格局、生态安全预警机制构建、生态系统服务功能与区域生态安全评价等。在这类研究中，人类活动被看成影响生态安全的一个干扰因素，这个因素和气候变化、自然灾害、立地条件等其他干扰因素在影响程度上并无太多差别。

相比自然科学领域的生态安全研究，建钦的《西南山区林业生态安全研究》显然有所区别，可谓另辟蹊径，眼光独到，富于新意。她遵循内源发展的研究思路，不再"就生态论生态""就森林论森林"，而是立足于"当地人"的社会文化特点和生计需求，去探讨贫困、生计与林业生态安全之间的关系，既注重林业生态安全的生态价值，更注重探寻实现林业生态安全与山地社区生计发展的协同路径。其出发点正如书中所提及，西南大多数山地社区受到因人口增长、贫困、对生计发展的需求而形成的对森林资源的巨大压力，这基本上是森林生态系统服务功能降低和林地退化等林业生态安全问题产生的根本原因。同时，也正是受西南生态地理屏障的影响，西南山区长久以来经济发展滞后，生计贫困和能力贫困问题突出成为当地久治不愈的顽疾。该著作将西南山区林业生态安全定义为林业生态系统内生态—经济—社会—文化多要素综合协调下的稳定和健康状态，既包括林业生态和林业经济的深度耦合发展，也包括自然多样性和人类生计、文化多样性的耦合发展，这无疑是一个创新性思路，值得深入探讨。在方法上，她采用了定性分析和定量分析相结合的方式，构建了西南山区林业生态安全动态评价指标体系，对西南四省区进行了林业生态安全的时空变化整体分析与评价，并选取了几个典型县（市）进行了小尺度评价。不同区域的评价结果相互印证、相互补充，完整揭示了西南山区的林业生态安全状况。

从中国西南山区的实际状况出发，将人类学的质性研究与生态学等的定量研究相结合，通过扎实深入的田野调查，获取科学结论，是《西南山区林业生态安全研究》的显著特点。该成果既让我感受到了建钦学养日臻成熟的可喜，同时也认识到进一步深化跨学科研究的重要性。近年来，经常看到建钦在高原雪域跋涉攀越的视频和照片，不畏艰险，勇于探索，意蕴深远，令人感佩！在开拓创新的学术之路上，相信建钦会走得更加坚实而精彩！

2024 年 7 月 9 日识于昆明

目　录

第一章　绪论 …………………………………………………………… 001

一　研究背景 …………………………………………………………… 001

二　研究目的和意义 …………………………………………………… 007

三　研究方法和主要内容 ……………………………………………… 010

四　西南山区界定 ……………………………………………………… 013

第二章　林业生态安全研究动态及基础理论述评 ………………… 018

一　生态安全研究动态 ………………………………………………… 018

二　林业生态安全研究动态 …………………………………………… 031

三　基础理论述评 ……………………………………………………… 037

小　结 …………………………………………………………………… 058

第三章　西南山区林业生态安全的要素禀赋与驱动力 …………… 059

一　林业生态安全的基本要素 ………………………………………… 060

二　西南山区林业生态安全的生态与森林资源禀赋 ………………… 075

三　西南山区林业生态安全的经济与生计禀赋 ……………………… 087

四　林业生态安全的传统文化与技术知识禀赋 ……………………… 092

小　结 …………………………………………………………………… 113

第四章　西南山区林业生态安全的约束与承载力……………………… 114

　一　林业生态承载力的概念与内涵……………………………………… 114

　二　西南山区林业生态安全的约束与压力……………………………… 122

　三　西南山区林业生态安全的潜力与支撑力…………………………… 159

　小　结…………………………………………………………………… 173

第五章　西南山区林业生态安全评价………………………………… 174

　一　基于 DPSIR 模型的西南山区林业生态安全评价指标体系构建

　　　…………………………………………………………………… 174

　二　西南山区林业生态安全综合评价方法……………………………… 190

　三　西南山区林业生态安全评估结果分析……………………………… 195

　小　结…………………………………………………………………… 218

第六章　西南山区林业生态安全小尺度评价实证案例……………… 219

　一　总体思路……………………………………………………………… 219

　二　乡村振兴背景下的林业生态安全评价

　　　——楚雄彝族自治州案例………………………………………… 221

　三　基于林业与产业共生的林业生态安全评价

　　　——保山市昌宁县案例…………………………………………… 248

　四　重点林业生态工程区生态公益林价值评估

　　　——云南迪庆藏族自治州维西傈僳族自治县案例……………… 261

　小　结…………………………………………………………………… 274

第七章　西南山区林业生态安全与乡村振兴协同路径……………… 276

　一　西南山区林业生态安全与乡村振兴协同共生机理………………… 276

　二　西南山区的林业生态安全和乡村振兴协同的原则………………… 289

　三　西南山区林业生态安全与乡村振兴的协同路径…………………… 295

　小　结…………………………………………………………………… 311

第八章　结语 ………………………………………………………… 312

附　录 …………………………………………………………………… 316

附录1　西南山区林业生态安全评价指标体系驱动力系统基础数据

……………………………………………………………… 316

附录2　西南山区林业生态安全评价指标体系压力系统基础数据 …… 318

附录3　西南山区林业生态安全评价指标体系状态系统基础数据 …… 320

附录4　西南山区林业生态安全评价指标体系影响系统基础数据 …… 324

附录5　西南山区林业生态安全评价指标体系响应系统基础数据 …… 326

第一章　绪论

一　研究背景

（一）生态安全和林业生态安全的重要性

生态安全是人类赖以生存与发展的基础，是国家安全体系的重要基石，在资源开发利用、环境管理、生态保护等领域起着至关重要的作用。生态安全与政治、军事和国土安全一样，都对国家安全意义重大。着力构建生态安全型社会是当前我国生态文明建设的重大任务之一，也是生态文明的最终归属。维护生态安全，实现人与自然的和谐共生、永续发展已经成为全社会追求的共同目标和关注的焦点问题。

一般意义上的生态安全指的是在外界因素作用下，人与自然不受损伤、侵害或威胁，人类社会及所处的自然生态系统能不断改善其脆弱性，并维持健康、稳定和可持续发展的状态。[①] 对于区域性环境而言，生态安全有赖于特定资源系统内部各要素对外部冲突和压力的响应及协调能力，尤其是作为系统重要构成要素的人类生计活动的协调能力。也就是说，当一个地区的自然资源及环境状态能够维系其经济社会的存续及可持续发展时，其生态就是安全的，反之，则不安全。[②] 生态安全的实现是一个动态过程，需

[①] 丁丁：《对生态安全的全面解读》，《经济研究参考》2007 年第 3 期，第 51 ~ 60 页；劳燕玲：《滨海湿地生态安全评价研究》，《中国地质大学》，2013，第 5 页。

[②] 张浩、张智光：《林业生态安全的二维研究脉络》，《资源开发与市场》2016 年第 8 期，第 965 ~ 970 页；张智光：《基于生态—产业共生关系的林业生态安全测度方法构想》，《生态学报》2013 年第 4 期，第 1326 ~ 1336 页。

要不断改善并消除发展过程中的各类脆弱性和阻碍条件，创造保障人与自然之间健康、有活力的各类条件。可以看出，生态安全的原动力来自生态系统本身，同时受制于人类的生计活动安排，二者之间的交互作用十分显著。所以，就宏观角度而言，生态安全问题与环境、自然资源以及生计活动、可持续发展等要素紧密相联，对一个聚落、社区、区域、国家乃至全球的可持续发展和未来的自然资源合理利用等至关重要。

森林资源是全球最重要的自然资源之一，也是人类社会发展最重要的物质基础之一。人类与森林的关系起源久远，可以追溯到史前时期。遮风挡雨、采食狩猎，森林曾是人类远祖最早的家园。当人类学会使用火伐薪采枝、烹食取暖，森林给予了人类更多的恩惠。森林供给了人们衣食住行所需，为人们的生存提供了保障，在这一时期，人们依赖森林、尊重森林也爱护着森林，人与森林之间形成了一种朴素的安全关系。农耕的开始推动了人类社会的快速发展，农耕为人们提供了稳定且丰富的食物来源，促使游徙的人群定居形成了稳定的社会。依靠农耕的力量，人们开始改造环境来满足自己的需求。随着农业生产发展和占有疆域的不断扩大，山地和森林成为农耕社会人们赖以生存的土地、食物、建筑材料和能源的提供者，"食尽一山则移一山"，人与森林之间朴素的安全状态逐渐被打破。进入工业时代以后，随着科学技术的进步，人们对森林资源的破坏程度和攫取程度不断加深。森林产品尤其是木材被完全商品化，商业性采伐给人们带来了巨大的经济效益，贫困地区的人们依靠出售木材来改善自己的生活。然而，无节制地滥伐森林、毁林开荒、过度放牧、征占林地等行为，导致地球上的森林资源尤其是天然林资源急剧减少，生态环境不断恶化，由此带来的如水土流失、生物多样性减少、土壤退化、气候变化，以及山地社区生计滞后等问题深深困扰着各地的人们，林业生态安全问题越来越突出。

在我国，林业既是生态建设的主体，也是国民经济的重要组成部分。发达的林业不但是山区、林区人们高质量生活的象征，也是维护国家和区域生态安全的关键保障。解决林业生态安全问题，一方面有助于实现森林生态系统的动态平衡，维护生态环境的安全和健康；另一方面，对于满足经济社会对林业的生态和资源需求，实现区域经济在更高层次上的发展起着关键性作用。长久以来，人类社会对森林价值的认识倾向于两个方面，一是森林的生态作用，即认识到森林在维持地球生态系统平衡方面所发挥的作用，主要包括涵养水源、保育土壤、防风固沙、固碳制氧、净化空气、调节气候、保护生物多样性以及提供景观游憩场所等；二是森林的经济作用，即通过商品化渠道生产木材和相关林产品以获取经济利润。出于对森林生态作用的重视，各地采取了大规模植树造林、国土绿化，建立自然保护区和国家公园，颁布各种自然保护和限额采伐法令等措施来维护破坏日益严重的自然环境。为了凸显森林的经济作用，将以木材为中心的系列森林产品进行商品化，对森林进行单一、规模化的培育与采伐，而这种以"森林农场"的方式经营森林所带来的后续影响则成为另一个需要解决的生态问题。

而从以森林和树木为主要关注对象的林业行业来看，在过去很长一段时间里其工作的主要领域是以生产木材为中心，同时注重森林生态作用的森林资源经营，关注的是如何在单位面积土地上以最优的成本和速度生产林木及其产品以获得最大的利润。因此，在技术层面上，主要通过加强森林栽培和保育技术，如良种选育、病虫害防治、营养与健康、森林防火等的研究来提高森林和林木的生产率。此外，在非常重视森林的生态作用、资源管理和保护制度非常严格的今天，各地大多数森林资源的经营管理和利用基本上成为一种自上而下的行为，森林资源管理的外部主体性十分明显。生活在山地和森林环境里的人们如何以林为生、如何经营和管理森林，传统的生计方式和资源管理方式对当地的林业生态安全产生着何种影响，具有怎样的价值；山地居民的生计安全和林业生态安全的相互关系是什么；怎样利用社区农户自身的能力来促进森林资源的可持续管理，以及实现社区生计的高质量发展等问题往往被忽略。

（二）问题的提出

中国西南山区疆域辽阔，民族众多，文化多样，森林资源非常丰富，是我国五大林区之一，经济发展相对滞后。以西南重要林业省区云南为例，全省 39.4 万平方公里的土地面积中，山地占了 94% 以上。林地面积 2476 万公顷，占土地面积的 64.7%，居全国第二位。集体林地 1942.50 万公顷，占全省林业用地的 80.11%，涉及山区农户 854 万，占全省总农户的 92.3%。① 世居于云南的 25 个少数民族大多分布在林区，直接或间接以森林为生，森林成为和这些民族日常生计联系最为紧密的自然资源。云南又是一个经济欠发达、交通信息相对滞后、社区生计发展任务艰巨的省份。2019 年之前，云南省农村贫困人口数量一直居全国前列。其中，少数民族贫困人口占全省农村贫困人口的一半左右，云南特有的 15 个少数民族贫困发生率很高②，部分少数民族处于整体贫困和深度贫困的状况。以滇西北怒江州、迪庆藏族自治州为代表的少数民族聚居区乡村整体发展程度低下。这是历史、地理环境、资源可获得性以及受教育程度等多种因素叠加作用导致的结果。③ 至 2020 年，云南省的脱贫攻坚工作在全省各民族数十年的不懈努力下取得了决定性成就，11 个人口较少民族和"直过民族"的绝对贫困问题得到了历史性解决，全部实现整族脱贫④，从而全面完成了脱贫的底线任务。然而，和中国发达地区相比，云南山区的小康水平和质量还比较低，部分山区家庭基本生计需求虽被满足，但是个体和家庭的生计能力较差，难以有效进行社会再生产，很容易受到各类风险的冲击和影响。⑤ 西南山区当前的情况是绝对贫困虽然已经被消除，但是相对贫困依然存在，很多地区呈现不均衡的发展状况，甚至部分地区还存在相当大的返贫风险。无论是从当前还是长远来看，山区生计的发展需求和愿望仍然非常强烈。

① 张媛、刘选林：《云南集体林权制度改革配套措施存在的问题及对策研究》，《中国林业经济》2011 年第 4 期，第 17~20 页。
② 云南特有的 15 个少数民族包括：白族、哈尼族、傣族、傈僳族、拉祜族、佤族、纳西族、景颇族、布朗族、普米族、阿昌族、怒族、基诺族、德昂族、独龙族。
③ 郑宝华、宋媛：《未来农村扶贫需以提升可行发展能力为方向》，《云南社会科学》2020 年第 3 期，第 65~74 页。
④ 宋媛：《云南脱贫攻坚的经验、成效及展望》，《新西部》2021 年 2~3 期合刊，第 69~78 页。
⑤ 董帅兵、郝亚光：《后贫困时代的相对贫困及治理》，《西北农林科技大学学报》（社会科学版）2020 年第 6 期，第 1~11 页。

在过去很长的一段历史时期内，边远、交通信息相对闭塞、经济来源单一等多种原因使山区农户对周边的森林资源依赖性很强，无论是物质层面上满足衣食住行的基本生计需求，还是精神层面上对人生观、价值观的塑造，抑或生态哲理和宗教信仰形成的影响，等等，山区居民与森林资源的关系可谓错综复杂、多种多样。随着社会经济的发展变化，"绿水青山就是金山银山"的理念逐渐深入人心，山区居民追求高质量小康生活的愿望也越来越强烈。因此，经营和利用现有的森林资源来提高经济效益，实现社区生计高质量发展成为一个必然的目标选择。但是，综合当前的情况来看，因为缺乏对森林资源科学规范的经营管理，加之各类政策限制，很多山区对森林资源的利用率并不高，林业收益对于促进乡村生计发展的效果并不明显；同时，在一些国家政策允许开发利用的山地，出现了只注重经济发展单一目标，不注重对资源的多种经营、复合经营和可持续经营，导致环境恶化、生态环境安全受到威胁的情况。比如，在发展规模性、单一性的经济林或者其他相关产业时，普遍的做法是改变林地原来的植被结构，创设目标经济林所需要的生长环境，同时喷施农药化肥，有时甚至出现征（占）用林地、改变林地用途的情况，导致当地保存良好的社区集体森林遭到结构性破坏，生物多样性减少，生态系统服务功能减弱；再加上受外部工业化、城镇化发展的影响，一些山地林区生态灾害频发，气候异常，社区生计发展受到制约，等等，林业生态安全问题与乡村欠发达问题相互关联、交互共生，成为西南山区经济社会整体高质量发展的瓶颈。

党的十八大以来，我国以前所未有的力度推动生态文明建设和生态环境保护工作。党的二十大报告中明确提出，要尊重自然、顺应自然、保护自然，站在人与自然和谐共生的高度谋发展。党的十九届六中全会通过的《中共中央关于党的百年奋斗重大成就和历史经验的决议》中也指出，生态文明建设是关乎中华民族永续发展的根本大计，保护生态环境就是保护生产力，改善生态环境就是改善生产力。① 在生态文明建设的所有要素中，林

---

① 《中共中央关于党的百年奋斗重大成就和历史经验的决议》，《人民日报》2021年11月17日。

业处于基础性地位，既维系着国家的国土生态安全，又关系到民生福祉，是经济社会可持续发展的根本性问题。2016年，习近平总书记主持召开中央财经领导小组第十二次会议，专门研究森林生态安全问题，明确提出了森林关系国家生态安全的重要论断，将森林生态安全从中华民族生存发展的战略高度予以深刻阐述，要求在充分认识林业在维护国家生态安全中的重要地位和独特作用下，深入实施以生态建设为主的林业发展战略，以维护森林生态安全为主攻方向，着力解决影响国家生态安全的重大问题，全面提升森林生态系统稳定性和生态服务功能。

随着各种强有力的政策和实践的不断推进，"山水林田湖草"生命共同体与绿色发展理念逐渐深入人心，经济发展与生态修复保护实现了基础性的良性互动，生态文明建设被推向了一个新高度。"森林是水库、钱库、粮库和碳库"，"森林和草原对国家生态安全具有基础性、战略性作用，林草兴则生态兴"，"绿水青山就是金山银山"，"林业建设是事关经济社会可持续发展的根本性问题"，"环境就是民生，青山就是美丽，蓝天也是幸福"，"必须坚持以人民为中心的发展思想，做到生态惠民，生态利民，生态为民"……这些国家重要报告中耳熟能详的论断充分说明森林生态系统和林业生态安全在当前被摆在了一个前所未有的重要位置，可以毫不夸张地说，在当前社会发展背景下，林业已经成为我国生态文明建设的主战场。

与此同时，作为一个农业大国，我国一直非常重视解决"三农"问题，随着国家经济和社会发展实力的不断壮大，推动农村地区发展的力度也越来越大。以习近平同志为核心的党中央高瞻远瞩，审时度势，准确把握未来农村发展的方向，在党的十九大报告中开创性地提出了乡村振兴战略，全面阐释了乡村振兴在当前中国特色社会主义建设中的重要意义，提出"乡村兴则国家兴，乡村衰则国家衰"，乡村振兴问题不仅是涉及国计民生的大事，也是关乎中国实现"两个一百年"奋斗目标、关系中国未来发展方向与命运的重大战略。2018年2月发布的中央一号文件——《中共中央 国务院关于实施乡村振兴战略的意见》，深入贯彻党的十九大精神，对实施乡村振兴战略进行了全面部署。与以往较多注重农业及农村经济发展不同，该文件非常注重协同性、关联性和整体性，提出要统筹推进农村经济建设、政治建设、文化建设、社会建设、生态文明建设，尤其将生态文明建设提到历史新高度，重点着墨，要求牢固树立和践行"绿水青山就是金山银山"的理念，以绿色发展引领乡村振兴。2023 年中央一号文件——《中共中央　国务院关于做好 2023 年全面推进乡村振兴重点工作的意见》发布，这是第 6 个专门指导乡村振兴工作的中央一号文件。该文件提出了继续推进生态文明建设，创造人与自然和谐共生的现代化发展状态，还将防止规模性返贫、增强脱贫地区和脱贫群众内生发展动力作为全面推进乡村振兴的底线任务。在当前形势下，乡村振兴战略已经成为指引我国未来农村发展的总纲领。

从以上分析可以看出，生态安全问题与贫困、民生、可持续发展等紧密相联。其中，林业生态安全与林区、山区的生计可持续发展和乡村振兴密不可分。但是，有关生态安全的研究在我国仍处于起步阶段，理论和方法还需要完善；关于林业生态安全的研究更是少见。而从已有的研究来看，无论是生态安全的整体性研究还是林业生态安全这样的特色生态系统的研究，大多只注重自然生态系统本身的安全性问题，即"见山是山，见林是林""就生态论生态"，十分缺乏对"人"的关注、对"文化"的关注，以及对贫困、生计与林业生态安全之间关系的探讨。此外，从学科角度来看，目前生态安全更多受到生物学、生态学、资源环境科学等领域的研究者的重视，而社会科学研究者少有关注。基于以上诸多原因，结合国家大政方针和中国西南山区的实际情况，本研究以西南山区林业生态安全为研究对象，以多元共生理论为基础，将林业生态安全建设与脱贫、扶贫的民生林业、社区林业相结合，力图探索符合西南山区经济、社会、文化和自然资源特点的可持续发展与乡村振兴的协同路径。

二　研究目的和意义

（一）研究目的

着力构建生态安全型社会是当前我国生态文明建设的重大任务之一，

也是生态文明的最终归属。维护生态安全，实现人与自然的和谐共生、永续发展已经成为全社会追求的共同目标和关注的焦点问题。森林是西南山区生计发展的基础。然而长期以来，森林资源的经营管理和相关林业研究大多只从林业行业内部或纯技术角度去解决森林管理和保护的问题，而较少主动关注居住在山区和森林的农户对森林的依赖和需求，忽略了他们作为森林资源重要管理者的角色和在森林资源管理中所能产生的力量，导致农户参与森林管理的积极性不高；国家和地方的很多营林和植被恢复项目受挫甚至失败；部分农户对于国家制定的森林管理和保护措施视而不见，毁林开荒、乱砍滥伐、偷砍盗伐的行为屡禁不绝，森林破坏严重等诸多问题。森林植被退化一方面给当地的林业生态安全带来了很大的负面影响，另一方面也使靠山吃山的社区农户丧失赖以生存的基本条件，很容易陷入贫困的恶性循环当中。

基于此，本研究将林业生态安全问题与山区居民的生计发展紧密结合，将林业生态安全建设与民生林业相结合来探讨西南山区林业生态安全和乡村振兴的协同路径。主要目标有三：其一，探讨西南山区森林资源的生态作用和经济作用的关系，协调好林权持有者所追求的经济利益与社会公众所需要的生态效益之间的关系，提供解决生态林业和民生林业问题的思路；其二，根据西南山区的实际情况建立指标体系，采用相关模型和评价方法定量评价和分析西南山区林业生态安全的状态，为探索林业生态安全和乡村振兴协同发展路径提供科学依据；其三，构建西南山区基于生态文明背景的林业生态安全体系，探讨林业生态安全与乡村振兴的协同路径。

（二）研究意义

生态安全是构建国家安全体系的重要内容，西南山区的林业生态安全具有促进区域经济社会整体可持续发展和国家安全的战略意义，同时也是推进西南地区生态文明建设的重要目标和实现路径。目前，有关生态安全和林业生态安全的研究尚处于起步阶段，理论、方法和实证研究都非常缺乏，还需要完善。而且从已有的研究来看，生态安全的研究视角相对单一，主要为地理环境科学、生态学等自然科学领域的研究者所关注。学者们立足于专业视角，将自然生态系统作为研究对象和研究主体，更多探讨的是区域生态安全的时空特征、安全格局、生态系统服务与生态安全，生态安全预警机制，以及特定地域的生态安全评价，等等。人类活动在其中仅被当成影响生态系统和生态安全的一个主要干扰要素，而不太关注对生态安全产生严重影响的人类活动所产生的原因以及解决问题的办法。所以，本研究将立足于"人"视角展开，关注山区对森林资源的生计需求，对贫困、生计与林业生态安全之间的关系进行探讨，不仅仅注重林业生态安全的价值，更要去探讨实现林业生态安全与社区生计发展的协同路径。本研究从社会科学视角涉入，既丰富了生态安全的研究视角，也为乡村振兴提出了新的发展思路，具有理论意义。

从现实来看，在过去的几年里，中共中央对我国农村未来的发展提出了明确的方向和路线，将乡村振兴作为当前农村发展的主要任务，将解决社区村民的生计，实现农村社会的快速、健康发展作为当前国家建设的重要目标。西南山区地处大江大河的源头或上游，动植物种类汇集，森林资源丰富，生态区位非常重要；而也正是受西南生态地理屏障的影响，山区经济发展滞后、发展能力有限，生计贫困和能力贫困问题久治不愈，生态环境脆弱和经济欠发达因素叠加，形成了"加快地区经济发展"与"森林资源保护和可持续利用"之间漫长的拉锯。优势和劣势循环转换、保护与发展相互牵制，各种矛盾和特性交织牵制成为西南山区经济社会发展过程中最显著的特点。在生态文明建设不断推进的社会大背景下，通过林业建设恢复和改善生态环境，带动山区农户增收致富，促进林业生态安全与区域经济社会发展的良性循环是西南山区实施乡村振兴的必然要求。因此，协同西南山区的林业生态安全与乡村综合可持续发展，不仅关系到森林生态系统多种效益的有效发挥，而且是解决广大山区贫困人群的生计问题，推进生态文明建设，构建社会主义和谐社会的重要物质基础，具有重要的现实意义。

三　研究方法和主要内容

（一）思路和方法

本研究采取案例研究与理论研究相结合的方式，"剖析典型，取其共性"，以西南重要林区云南省为主要的案例研究区域，在云南省内林业生态安全问题比较突出、乡村欠发达问题比较严重的怒江州、迪庆藏族自治州、红河哈尼族彝族自治州、楚雄彝族自治州、保山市、普洱市、西双版纳傣族自治州等典型森林社区进行田野调查。研究点涉及不同的森林资源经营利用方式。比如，选取怒江州，主要考虑当地人对森林资源天然依赖性较强，经营管理保留有浓厚的传统模式；选择迪庆藏族自治州，主要考察国家重点生态保护工程区的林农如何通过合理经营森林资源来实现生计发展；选取红河哈尼族彝族自治州，主要考察在国家政策的允许下，当地社区采用多种经营方式发展生计的情况。除云南的案例外，也结合西南其他地区的特殊和典型案例进行比较分析。

在具体的调查技术上，结合了社会学、人类学和社会林业的调查方法以及目前一些国际项目中倡导使用的参与式农村调查评估方法及相关技术。在分析方法上，采用了定性分析和定量分析相结合的方法，定性分析的资料主要来源于田野调查的一手资料和二手资料，定量分析的资料主要来源于西南各省（市、区）、州市的各类统计年鉴、经济年报、地方志以及森林资源一调、二调和三调①数据等，并应用模型通过相关的计量方法进行统计

---

① 森林资源的连续清查，简称一类调查，是以全国为调查对象的森林资源调查，每5年清查一次。清查成果是反映全国和各省份森林资源与生态状况，制定和调整林业方针政策、规划、计划，监督检查各地森林资源消长任期目标责任制的重要依据。森林资源规划设计调查，简称二类调查，是以国有林业局（场）、自然保护区、森林公园等经营单位或县级行政区域为调查单位，以满足森林经营方案、总体设计、林业区划与规划设计需要而进行的森林资源调查。目的在于查清本地森林资源的种类、质量、数量、分布等，服务于本地的森林资源可持续经营管理。作业设计调查简称三类调查，是林业基层单位对本地森林资源进行的调查。三个种类的调查实际上就是从不同层次上对森林开展的资源普查，是各类林业研究的重要数据来源。

分析。

（1）文献分析。搜集国内外关于山区生态安全、林业生态安全与乡村发展等方面详尽的文献资料，了解理论、方法、研究视角等相关研究动态。

（2）人类学、民族学和林学的田野调查方法。对西南山区森林资源的保护与利用现状、林业生态安全与乡村生计发展的状况进行实地的深入调查与分析。

（3）参与式调查方法。深入考察不同山区的典型村寨，获取当地经济、生态环境和传统文化方面的一手资料。

（4）比较分析和统计分析。运用生态安全的PSR（压力—状态—响应）、DPSIR（驱动力—压力—状态—影响—响应）以及ESIPS等概念模型和生态承载力分析方法，构建西南山区林业生态安全动态评价指标体系，结合综合指数法、FDA（模糊综合评价—层次分析—主成分分析）变权评价法等，对西南山区林业生态安全状况进行动态分析和评价。

（二）主要内容

第一章绪论，主要阐述了生态安全和林业生态安全的重要性，提出本研究要解决的问题、研究目的和意义、研究内容和研究方法，并从地理区域、历史变迁、基本特征等几个方面对西南山区的概念进行阐释，界定了本研究所涉及的地域范围。

第二章为林业生态安全研究动态及基础理论述评，阐释了生态安全和林业生态安全的概念、内涵、特征，以及国内外研究现状及发展方向，并对支撑本研究的几个基础理论包括多元共生理论、乡村振兴理论、可持续生计理论、社区林业理论和民生林业理论进行了总结和评述。

第三章探讨了西南山区林业生态安全的要素禀赋与驱动力。首先总结了林业生态安全的基本要素，主要包括森林资源要素、经济产业要素、社区生计要素和社会文化要素；然后分别从生态与森林资源禀赋、经济与生计禀赋、传统文化与技术知识禀赋三个方面分析了西南山区林业生态安全格局形成的优势，这些禀赋和优势是维持西南山区林业生态安全的重要驱动力。

第四章为西南山区林业生态安全的约束与承载力。从分析林业生态安全承载力的构成要素入手，一方面探讨了西南山区人口和社会发展过程中对森林生态系统造成的双向压力和负面影响，另一方面探讨了以社区生计为主的林业活动对西南山区生态建设、经济社会发展等所形成的稳定支撑力与持续推动力。西南山区林业的发展不应该超过林业生态承载力范围，而提高林业生态安全承载力也是区域经济社会和生态可持续发展的重要目标。

第五章为西南山区林业生态安全评价，主要开展了西南山区林业生态安全的定量评价研究。本章在收集大量数据的基础上，建立了相应的指标体系，应用相关模型和统计分析方法对西南山区的林业生态安全格局及林业生态安全的变化与现状进行定量评价，分析证明西南山区近10年来林业生态安全状态虽然处于向好发展的过程，但是，整体林业生态安全等级仍处于临界安全状态，西南山区的森林生态系统目前尚不能承载人类各种生计活动对森林资源的消耗以及森林生态的破坏，要实现森林资源的整体可持续发展状态仍需时日。本章为本研究的技术核心，也是重要成果产出部分。

第六章为西南山区林业生态安全小尺度评价实证案例。因为西南山区地域广阔，各地的情况有所差别，为此，本章从小区域尺度上选取了云南省楚雄彝族自治州、昌宁县和维西傈僳族自治县三个案例区，采用不同的评价方法从不同视角进行林业生态安全的实证评价。本章研究结果与第五章的整体评价相互印证、相互补充，从定量分析视角揭示了西南山区的林业生态安全状况。

第七章为西南山区林业生态安全与乡村振兴协同路径。在前文分析的基础之上，本章总结了西南山区林业生态安全与乡村振兴协同共生机理，分析了西南山区的林业生态安全和乡村振兴协同的原则，并从六个方面提出了西南山区林业生态安全与乡村振兴的协同路径。

本研究旨在协调山区林业生态作用和经济作用的关系，构建基于生态文明的林业生态安全体系并进行评价，提出林业生态安全与乡村振兴协同发展的可行路径。构建林业生态安全体系和乡村振兴的核心是社区与农户能力和认知的提升，因此，如何稳固山区在林业经营和乡村振兴中的主体地位，强化其主人翁意识，培养和塑造内生繁荣能力是本研究的难点。

四　西南山区界定

（一）西南山区范围的历史变迁

中国西南，在中国历史"一点四方"[①] 的版图上位于远离中原的方位，是一个同时含有地理区域、族群文化和政权辖制等多重意义的特殊空间。历史上的"西南"是一个动态的概念，在不同时代指代着不同的区域和范围。秦汉以前，西南大概指的是巫山以西、秦岭以南的广大区域。秦王朝统一六国之后，以巴郡和蜀郡为据点，对西南边地进行经营，司马迁《史记·西南夷列传》中曾界定为"巴蜀西南外"；汉室开拓西南夷地区，在原益州郡基础上新设永昌郡，使西南地区扩展到了怒江、澜沧江以西和以南地区；三国时期，中央集权衰微，西南被限定为蜀都以西的较小范围；宋室南渡之后，旧时的长安变成了"西安"，此时的西南变得极为辽远而广阔。至元代，西南真正实现"融夷入华"，成为中央王权治下的管辖行省，由原大理国辖境内向外扩张，范围相对比较确定。[②] 明清时期情况较为复杂，明时西南地区成立了贵州省，将金沙江以北地区划入四川省，云南边疆地区因为殖民势力改变了边界线，有些地方已在今天的国界之外。尽管地域范围在不断变化，但历史著述中的"西南"也一直存在着某些稳定而统一的含义，如"治外""边陲""边地""蛮夷"等，体现了该区域在政治、地理和文化上与中原的隔断或疏离特点。

---

① 历史上的"一点四方"结构是以中原汉文化为本位，以其为中心向四周延伸的文化和区域格局。

② 尤中：《中国西南边疆变迁史》，云南教育出版社，1987，第 103 页。

近现代以来，不同领域学者根据自己的研究侧重点对西南所涉范围也做了不同界定。比如，方国瑜先生将西南界定为：现在云南全省，四川省大渡河以南，贵州省贵阳以西的地区。[①] 有的研究者认为，西南主要为秦岭大巴山以南的滇、川、黔三省区。[②] 有的则将范围扩展到更广阔的区域："中国的西南地区，包括四川、云南、贵州三省和西藏自治区。其西部为西藏高原，南部为云贵高原，北部为四川盆地。全境海拔高差悬殊，动植物的垂直分布差异很大，故而品种繁多，物产丰饶，十分适宜原始人类的繁衍生息。"[③] 综合来看，大多数研究将今天的西南地区进行了狭义和广义的区分，狭义的范围主要指滇、黔、川三地；广义的西南则是以云贵高原为核心，包括了滇、黔、川西、桂西北、藏东南以及湘、鄂西部的广大地区。[④]

（二）西南山区的基本特征

西南山区，从古至今一直是中华大地上最为独特的区域之一。这里高山耸峙，河谷纵横，自然地理、气候、生物物种类型和各类资源、物产都极为丰富多样。在这个特别的地理空间内，还孕育了同样多元的民族生计文化空间。生物多样性和民族文化多样性在这里汇聚交融，使西南区域成为多元素、多物种、多文化共生共存的世界。作为一个相对完整的地域性单元，西南山区具备"多样性"、"共生性"和"互融性"特征。

西南山区首先是一个具有相对独立范围的生态圈，具有环境和自然资源的多样性。"山区"顾名思义，指的是陆地表面具有显著起伏度和坡度，且明显高于周围平地的地貌体，由不同高度、形态和不同排列组合的独立山体或者山链组成，同时受到河流的强烈切割，形成岭谷交错的地形。有研究者从高度上界定山地为大陆上绝对高度（海拔）大于 500 米、相对高

---

① 方国瑜：《〈中国西南历史地理考释〉叙录》，《思想战线》1979 年第 5 期，第 36~40 页。
② 蓝勇：《历史时期西南经济开发与生态变迁》，云南教育出版社，1992，第 1 页。
③ 童恩正：《中国西南民族考古论文集》，文物出版社，1990，第 16 页。
④ 徐新建：《西南研究论》，云南教育出版社，1992，第 9 页。

度（切割深度）大于 200 米的凸起高地。① 西南山区具备最典型的山地特征，其地势西北高、东南低，崇山峻岭连绵起伏，大江大河纵横交错，雪域高原和热带亚热带低地南北对视，跨越了多种气候带和生态系统类型带。这里分布着被地理学家和生态学家命名为"西南纵向岭谷区""横断走廊"② 的全球闻名的生态廊道。独一无二的地理结构对该区域物质和能量分配起到了极大的调控作用，一方面，表现为南北向的地带性差异与东西向的非地带性特征相互交织，形成了多样化的自然生态与水热格局；另一方面，一系列纵向排列的山脉成为动物南来北往的重要生态廊道，而耸立的高山和深切的江河就像巨大的屏障阻碍了动物物种的东西横向交流，这种特殊的"通道—阻隔"作用及其管理效应对生物的隔离分化、扩散及物种形成与演化有特别的意义。③ 在极为复杂多样的地质地貌、气候、温度、降水、土壤等自然要素的综合影响下，西南地区成为生物种类、生态系统类型等异常丰富的地区，这里拥有北半球绝大多数生物群落类型和除沙漠、海洋以外的各类生态系统，是我国原生生态系统保留最完好的地区之一，很多古老孑遗物种也把西南山区当成最后的避难所和重要栖息地。与中国其他地区相比，西南山区在自然生态上的多样性和独特性非常突出，具有极为重要的生态区位优势。

西南山区也是一个民族文化的活态陈列馆，具有民族族群和文化的多样性。西南是一个多种民族、多种生计、多种风俗习惯和宗教信仰并存交

① 王锡魁、王德：《现代地貌学》，吉林大学出版社，2009，第 17 页。
② 西南纵向岭谷区（Longitudinal Rang-Gorge Region，LRGR）指的是位于我国西南部，包括与青藏高原隆升直接相关的横断山及毗邻的南北走向山系和河谷区，地处元江—红河、澜沧江—湄公河、怒江—萨尔温江和伊洛瓦底江 4 条国际大河的上游。其地形由于受到区域地质构造尤其是多条深大断裂的深刻影响，呈现高山峡谷相间的格局。"横断走廊"是另一种说法，第四纪冰川时期青藏高原大规模隆起，强烈的地壳运动致使山地抬升断层线下沉，伴随着河流深切和冰川溶蚀等作用，形成了一系列南北分布纵向发育的横断山高山峡谷区。横断山有"七脉"之说，即自东向西有岷山—岷江、邛崃山—大渡河、贡嘎山—雅砻江、云岭—金沙江、芒康山—澜沧江、他念他翁—怒江、舒伯拉岭—高黎贡山分布，跨越了川、滇、藏众多省区。
③ 潘韬、吴绍洪、何大明等：《纵向岭谷区地表格局的生态效应及其区域分异》，《地理学报》2012 年第 1 期，第 13~26 页。

错的地区，各种民族文化在这里大碰撞、大交汇、大融合，形成我国独一无二的活态民族文化保留区，同时也是我国民族原生态文化保留最完整的地区。西南山区民族种类最多，支系最复杂，彼此之间交往最密切，这里世代聚居着中国一半以上的少数民族，其中，有很多是西南地区独有的少数民族，仅云南一省就有 26 个世居主体民族和 15 个特有民族①以大杂居、小聚居的方式繁衍生息于山地复杂的生境中。由于藏彝走廊、茶马古道以及西南丝绸之路等经济贸易和文化交流的古老大通道存在，自古以来西南山区一直都是众多民族南来北往、迁徙流动的场所，也是西北与西南各民族之间沟通往来的重要渠道。② 各民族在频繁的社会交往互动中于生计上共促、经济上互补、文化上共生，通过多元文化相互适应、调和、吸收和演化，形成了"你中有我，我中有你""和而不同""多元共生"的族际关系。

在西南山区，特殊的自然生态格局与多样的民族文化之间存在着不可分割的天然联系。一方面，西南山区是巨大山脉的骈列之地，是长江、珠江及西南大河诸水系的上游及源头区域，是中国生物种类最丰富的重要区域，丰富的自然资源哺育了生活在这里的生命有机体，为其提供生存和发展的物质基础。另一方面，对高山、森林和各类自然资源的生计需求模塑了西南山地文化，这个地区孕育了中国最典型最特殊的"森林文化"、"山地文化"、"照叶树林文化"和"上游文化"等，其中蕴含了诸多生物多样性保护和资源可持续利用的宝贵知识，它们相互作用、相互制约、相互成就、不能分离。因此，本研究着重考虑了西南山区重要生态安全屏障区和民族文化保留区并存的特征，并采用共生的视角来进行观照与考量。

（三）本研究对西南山区的范围界定

西南山区，从来是和丰富的森林资源联系在一起的。如前文所述，西

---

① 世居民族指祖祖辈辈居住于云南，人口在 5000 人以上的民族；特有民族指的是仅分布于云南的世居民族。
② 石硕：《藏彝走廊历史上的民族流动》，《民族研究》2014 年第 1 期，第 78~89 页。

南山地林区是中国森林资源集中分布的五大林区①之一，其范围主要涉及云南、四川、重庆、贵州和西藏 5 省区交界处的横断山区，青藏高原东南部、云南南部至东南部热带亚热带地区等地，是我国的第二大林区。西南山地林区纬度低、海拔高，地理、气候、森林类型多样，垂直分布明显，是中国林区中生物多样性最丰富的区域，也是天然林最集中、森林类型最多样的林区。综合从自然地理视角界定的纵向岭谷区、大横断走廊、华西雨屏区、西南山地林区，以及从民族文化视角界定的藏彝走廊、茶马古道等特点，将西南地区的森林分布范围和各民族聚居范围进行重合之后，本研究所指的西南山区范围具体为云南全区、四川西部、西藏东南部以及贵州等四省区森林资源尤其是天然林资源分布比较丰富，世居民族众多，且当地农户生计对森林依赖性较高的区域。本研究据此范围开展林业生态安全的研究与评价，同时在分析过程中着重以西南山地的核心区——云南省的情况为侧重点进行案例研究和阐释。

---

① 我国的五大林区如下。一为东北、内蒙古林区，主要涉及黑龙江、吉林、内蒙古等省区，总面积达 6077 万公顷，占国土面积的 6.33%，跨寒温带、寒带等气候带，分布以落叶松为主的寒温带针叶林、温带针叶林、落叶阔叶混交林（大小兴安岭，长白山）；森林面积占全国的 26.9%，森林蓄积量占全国的 32%，是我国最大的国有林区；二为西南山地林区，位于中国西南边陲、青藏高原西南，主要涉及云南、四川和西藏等省区，总面积为 18901 万公顷，占国土面积的 20.69%。西南山地林区纬度低、海拔高，地理、气候、森林类型多样，垂直分布明显，是中国生物种类最丰富的区域，原始天然林较为丰富；三为东南低山丘陵林区，范围涉及 12 个省区，跨越南温带、北、中、南亚热带和北热带，主要属亚热带气候，总面积为 11122 万公顷，占国土面积的 11.58%，自然条件优越，树种资源丰富，是马尾松、杉木、毛竹等速生用材林的主要分布区，也是油茶、果树等经济林的主产区，该区域是中国经济林和速生丰产林发展最具潜力的地区，同时也是我国最大的集体林区；四为西北山地林区，涉新疆、甘肃、陕西等省区，总面积为 1300 万公顷，占国土面积的 1.35%。这个区域以天然林为主，大多分布在高山峻岭及水分条件好的山地，对西北地区生态环境和经济发展举足轻重；五为热带林区，地处我国沿边、沿海地区，涉及云南、两广、海南、西藏五省区，总面积为 2648 万公顷，占国土面积的 2.76%，热量充裕，水热条件好，干湿季分明，分布着热带森林类型。景观资源丰富，有利于旅游产业的发展（注：为方便统计，此处的面积指的是国土面积，并非森林和林地面积）。此外，有的也将我国的森林划分为三大林区，即去除森林面积较小的西北山地林区，从地理分布和权属主体上划分为东北国有林区、西南山地林区和南方集体林区。

第二章　林业生态安全研究动态
及基础理论述评

林业生态安全的概念和理论具有丰富性和复杂性，所涉及的内涵和外延非常广泛，不同的研究视角对其的阐释有较大差别。本章将梳理生态安全和林业生态安全的概念、内涵与基本特征，总结国内外的相关研究动态和研究方向并进行评述。同时，因为本研究的整体目标是要探讨西南山区森林资源的生态作用和经济作用的协调关系，解决林权持有者所追求的经济利益与社会公众所需要的生态效益之间的矛盾问题，并构建西南山区基于生态文明建设的林业生态安全体系，其间涉及一些相关基础理论，本章将梳理总结这些理论并进行评述，为本研究提供理论支持。

一　生态安全研究动态

（一）生态安全内涵和特征

1. 概念与内涵

生态安全这一概念来源于 1977 年美国世界观察研究所创办人 L. R. Brown 所提出的"环境安全"，即生物与环境在相互作用下，不会导致生物个体或生态系统遭受损害，从而保障生态系统可持续发展的一种动态过程①，他认为环境的退化会在一定程度上导致政治、经济的不安全，目前

① Amalberit R. Safety in Process-control: An Operator-centred Point of View ［J］. Reliability Engineering & amp, *System Safety*, 1992, 38 (1-2): 99-108.

对于安全的威胁，来自国与国之间的关系较少，而来自人与自然之间的关系较多，① 从而明确了环境与安全之间的紧密联系。L. R. Brown 也是最早提出"国家安全"的学者。由于生态安全内涵的丰富性和复杂性，以及人们对生态安全研究还不够深入，目前学术界对生态安全的认知尚未达成完全共识，大致认同于：生态安全是在外界因素的作用下，人与自然不受损伤、侵害或威胁，人类社会及所处的自然生态系统能够维持健康可持续发展的状态。具体可指人的生活、基本权利、必要的资源、社会秩序和人适应环境变化的能力，以及自然环境本身等不受威胁或者少受威胁的一种健康的状态。② 其中，自然生态系统的健康状态可以被理解为具有正常运行功能的生态系统，它是可持续和稳定的，能够维持自身的组织结构完整和保持对外界胁迫的恢复力。反之，不具有正常功能和结构不完整的生态系统，就是不健康的，它的生态安全状况处于威胁之中。③ 在这个概念中，生态安全的内涵被分成两个部分，前者强调生态系统对人类提供完善的生态服务或人类的生存安全，后者强调生态系统自身健康性、完整性和可持续性。④ 在逻辑关系上，生态系统自身健康性、完整性和可持续性是生态系统可以为人类提供服务的基础，二者交互共生、相互依存。

生态安全所涉及的内涵和外延都非常广泛，国内学者也从不同角度对生态安全做了一些具体的界定。比如，有的学者从资源与生计关系的角度，认为生态安全包含两层基本含义：一是防止由于生态环境的退化对经济基础构成威胁，主要指环境质量状况低劣和自然资源的减少和退化削弱了经济可持续发展的支撑能力；二是防止环境破坏和自然资源短缺引发人民群

---

① 〔美〕莱斯特·R. 布朗：《建设一个持续发展的社会》，祝友兰译，科学技术文献出版社，1984，第 289 页。

② 沈茂英：《生态安全问题研究进展与展望》，《四川林勘设计》2011 年第 3 期，第 1～8 页；丁丁：《对生态安全的全面解读》，《经济研究参考》2007 年第 3 期，第 51～60 页。

③ 肖笃宁、陈文波、郭福良：《论生态安全的基本概念和研究内容》，《应用生态学报》2002 年第 3 期，第 354～358 页。

④ 陈星、周成虎：《生态安全：国内外研究综述》，《地理科学进展》2005 年第 6 期，第 8～20 页。

众的不满，特别是环境难民的大量产生，从而导致国家的动荡。① 可以认为，在一般情况下，当一个地区所处的自然环境状态能够维系其经济社会可持续发展时，它的生态就是安全的；反之，则不安全。② 有的学者偏重对生态系统健康层面的认知，他们认为生态安全是人类赖以生存的环境，包括聚落、社区、区域、国家乃至全球，不受生态条件及状态变化的威胁、损害、危害至毁灭，同样能处于正常的生存和发展状态。所以，生态安全就是生态系统保持过程连续、结构稳定和功能完整的一种超稳定状态。而生态不安全状态的表现形式就是生态系统所提供功能的数量或质量出现了异常。③ 还有的学者偏重生态安全与人类的关系方面，认为生态安全是人类生产生活的环境处于一种健康可持续发展的状态，在生态安全状态下，人类才能够与自然界共生共荣、协同进化。生态系统是否遭到破坏，生态系统所提供的服务功能是否能够满足人们日常生存需要是影响生态安全的主要因素。④ 只有持续、健康、稳定的生态系统才可以在满足经济发展需求的同时，为人类社会提供优质的生态产品和服务，才能保障人民的生态权益，降低其对自然资源和生态环境的刚性约束。⑤

2. 特征

相较于其他安全领域，生态安全是一个较新的概念，它是伴随着人类对地球上自然资源的攫取程度不断加深、全球环境问题持续加剧而产生的。生态安全对聚落、社区、区域、国家乃至全球的可持续发展和未来的自然

---

① 曲格平：《关注生态安全之一：生态环境问题已经成为国家安全的热门话题》，《环境保护》2002 年第 5 期，第 3~5 页。
② 张智光：《人类文明与生态安全：共生空间的演化理论》，《中国人口·资源与环境》2013 年第 7 期，第 8~13 页。
③ 郭中伟：《建设国家生态安全预警系统与维护体系——面对严重的生态危机的对策》，《科技导报》2001 年第 1 期，第 54~56 页；王朝科：《建立生态安全评价指标体系的几个理论问题》，《统计研究》2003 年第 9 期，第 17~20 页。
④ 陈国阶：《论生态安全》，《重庆环境科学》2002 年第 3 期，第 1~4 页；尹希成：《生态安全：一种新的安全观》，《科技日报》1999 年 5 月 11 日。
⑤ 张梅、刘海霞：《发展中国家生态安全的现实困境与对策思考》，《中共石家庄市委党校学报》2022 年第 7 期，第 44~48 页。

资源合理利用起着至关重要的作用。与政治、军事、经济、文化等传统领域安全比较偏重于人类社会本身不同，生态安全表现为极为显著的"人"、"文化"、"社会"与"自然"因素交错融合、协同共生的状态，具有非常独特而鲜明的特征。

第一，生态安全具有复合性和整体性。一方面，生态安全不是单一的体系，而是包含了自然生态安全、社会生态安全和经济生态安全三方面的复合人工安全系统。① 生态安全的构成要素如自然资源、人类文化、知识技术、生计水平等都是相互联通、互为基础的，任何一个构成要素出现变化或者处于风险之中都会导致整个生态环境安全出现问题，比如环境破坏、资源匮乏导致的生计贫困、饥荒、疾病甚至由此引起的暴乱问题都是社会安全问题，但是，其形成的根源却在于生态和资源。所以，生态安全问题是"特定的生产关系和社会关系中的重大社会问题、重大民生问题和重大政治问题"②。生态安全的状态，就是包含经济、社会、生态要素的人类生态系统稳定和可持续运行的状态。另一方面，生态安全具有整体性。生态系统是一个复杂的生命网络，各种生命有机体及其赖以生存的自然环境相互依存、相互作用，通过各种物质和能量的循环共同维持着生命网络的正常运行。人类作为这个生命网络中最主动、最显著的存在，与环境的互动中共同构成了利益相关、相互依存、休戚与共的生命共同体。很多生态安全问题的出现不仅会对一个区域产生影响，也不仅只是对人类社会产生影响，这种影响会扩展至全球范围内的国家和地区，既包括不同的种族、民族、族群和所有的个人，也包括除人类之外的其他生物物种。比如，2019年，南美洲亚马逊丛林的森林大火使数万平方公里的雨林被毁坏，"地球之肺"严重受创，造成了以雨林为生的无数生物物种失去生命和赖以生存的家园，同时也加剧了全球气温变暖程度，造成不可估量的损失。所以，生

① 肖笃宁、陈文波、郭福良：《论生态安全的基本概念和研究内容》，《应用生态学报》2002年第3期，第354～358页。

② 方世南：《论人类命运共同体的生态安全与生命安全辩证意蕴——基于生态政治哲学的分析视角》，《南京师大学报》（社会科学版）2021年第3期，第99～105页。

态安全是整体性的，它所带来的挑战是全球性的、跨区域的，没有任何一个国家或地区可以将自己划成孤岛，单方面维护自己的生态安全，需要协同发展。随着全球经济一体化进程以及国与国之间的联系越来越紧密，这种趋势愈加明显。这一切正如著名环境学家诺曼·迈尔斯所言，气候模式包括了整个世界，而风的流动不需要护照。①

第二，生态安全的实现具有动态性和长期性。生态安全是一个相对的概念，即没有绝对的生态安全，只有相对的生态安全②，生态安全的实现是一个动态的过程，当环境中的某个生态因子发生变化的时候，必然会影响其他系统构成。任何一个区域、国家的生态安全都不是一劳永逸的，它总是随着环境的变化而变化，人们可以通过不断的努力，消除障碍因子，实现生态安全，也可能各种生态问题的出现导致生态不安全。所以，要建立稳定、安全的人类生态系统，就需要不断改善发展过程中的脆弱性，努力实现保障人与自然健康、有活力的各类条件。③ 此外，生态安全问题是经过长期的自然演化，人与自然的矛盾不断积累形成的，比如生物多样性减少、气候变化、环境污染、土地沙化等问题，对其治理和修复是一个长期的过程，有的甚至出现不可逆的情况，比如环境污染治理和土地沙化治理非常困难，需要付出很大的代价，而生物物种灭绝则是不可恢复的。正如"地球日"发起人之一盖洛·纳逊尔所说，生态威胁是比军事威胁更严重的问题，国家打败仗还可以恢复元气，但环境的破坏要恢复元气则极为困难。因此，生态治理和修复需要很长时间，并需要全社会共同努力。

第三，生态安全具有社会性和政治性。生态安全从表面上看虽然是关于环境和自然的问题，但究其起因与人有着根本的联系。目前，我们所面临的比较严峻的生态危机如生物多样性减少、土地退化、环境污染、气候变化、农业生态系统受到破坏等无一不与人类活动相关。其他一些环境问

---

① 〔美〕诺曼·迈尔斯：《最终的安全——政治稳定的环境基础》，王正平、金辉译，上海译文出版社，2001，第26页。
② 陈国阶：《论生态安全》，《重庆环境科学》2002年第3期，第1~3+18页。
③ 丁丁：《对生态安全的全面解读》，《经济研究参考》2007年第3期，第51~60页。

题如干旱、洪涝、山体滑坡、泥石流、森林火灾、沙尘暴、雾霾等正在严重地危害和制约着人们的生产生活，而人类的某些行为活动正是促成这些问题加剧的重要原因。与此同时，人类的主动认知和社会活动又能够对生态问题起到预警、防范和控制作用，从而减少对人类社会造成的损害。所以，所谓的"安全"是以人为标准的，是以人的利益来定义的，具有显著的社会性。[①]

从国家治理的高度来看，生态安全还具有政治性。生态环境与政治的关系问题最早可以追溯到古希腊时代，当时的思想家希波克拉底、柏拉图、亚里士多德等已经开始探讨政体的差别性与自然环境的关系。历史上玛雅文明、楼兰文明和古巴比伦文明衰落湮灭的表面原因是自然演化导致人类的生计难以存续，其深层次原因是不合理的政治制度和治理方式引起的人与自然关系的恶化，最终反过来制约了人类社会的发展。[②] 中国古代历史上生态安全问题大多以灾荒频发、资源耗竭、食物短缺致使民生凋敝的方式出现的。灾荒发生之时，当地吏治对灾害的防范、应对和处理措施直接影响社会秩序和政治安全、政策失当、吏治腐败等"人之祸"会加剧灾变的破坏程度和民生的艰难程度，致使社会动荡不安，严重者可导致政权颠覆，朝代更迭。到了近现代社会，由对生态环境问题采取不当社会治理方式引发的政治危机更是屡见不鲜。比如，尼加拉瓜、洪都拉斯等中美洲国家受到气候变化的严重影响，很多当地居民离开故土，成为气候移民，仅 2020 年一年时间，该地区至少有 150 万人因气候相关灾害流离失所。大规模的气候移民不仅给本国治理带来严重影响，而且给移民国家带来很大的社会压力，出现了一系列难以解决的问题。可以看出，政治既对生态问题有着不可推卸的责任，又是解决生态危机的重要资源。[③] 目前，全球范围内对生态

---

① 余谋昌：《论生态安全的概念及其主要特点》，《清华大学学报》（哲学社会科学版）2004年第 2 期，第 29~35 页。

② 刘建伟、侯捷：《生态安全问题研究：焦点与展望》，《西安电子科技大学学报》（社会科学版）2022 年第 3 期，第 79~86 页。

③ 张首先：《生态危机与政治危机：传统中国的生态、战争与政治》，《天津行政学院学报》2017 年第 6 期，第 38~43 页。

危机作出了强烈的反应，在联合国和一些国际组织倡导下，联合国生物多样性大会、联合国气候变化大会、世界自然保护大会等在全球环境治理中发挥的作用越来越大，各国不断从本国实际出发，制定各种环境和生态保护的法规和政策并予以实施，保障地区和全球的生态安全已经成为世界政治发展的重要组成部分。

第四，生态安全具有外部性和公共性。外部性又称为溢出效应、外部影响或外差效应，是指一个人或一群人的行动和决策使另一个人或一群人受损或受益的情况，可分为正外部性和负外部性。生态安全问题的成因、产生的危害以及安全状态所产生的惠益等所涉及的主体或对象均不一致，具有明显的空间与时间外溢效应，这与生态环境的公共物品性质紧密相关。从正外部性角度来看，一个区域或者流域的生态系统服务和生态产品具有天然的外溢性，从而造成大部分生态服务和产品的生产主体与使用主体具有空间外部性。比如，上游地区积极采取控制污染与生态环境保护行为，可以为下游地区带来水资源优质或避免水土流失危害的外部效益；上风向地区控制大气污染排放，可以为下风向地区带来空气质量改善的外部效益；大力开展国土绿化和植树造林产生的碳汇价值，可以缓解温室效应，给跨区域的人群带来福利。此外，某些生态服务还具有代际溢出效应，比如，保护好绿水青山，不仅对当代人有重要价值，对后代也有积极意义，等等。反之，从负外部性的角度来看，某些个人、集体、企业从无序攫取自然资源、随意排放污染物的活动中获取巨大财富，而这种行为造成的资源耗竭和环境污染后果所影响的是世代生活于这个地区的人群，也就是说，少数人造成的生态安全问题可能会转嫁给其他人甚至全社会，使整个区域处于不安全状态。

（二）相关研究

1. 国外相关研究

国外对生态安全的研究起源于生态风险分析，主要围绕"环境变化"

和"安全"之间的关系展开，大体可分为以下四个阶段。[①]

第一阶段：将安全的概念扩大到环境范畴，思考人类生态环境所面临的安全性问题。1977 年美国世界观察研究所创办人 L. R. Brown 将"环境变化"一词与"安全"概念相结合，扩大了国家安全的范畴，并在 1981 年的著作《建设一个可持续发展的社会》中正式提出了包括生态安全在内的国家安全新概念。20 世纪 80 年代之后，不同的机构和学者们开始关注军事意义之外的安全问题，比如，联合国裁军和安全委员会在 1981 年对集体安全和公共安全进行了区分，界定前者为传统的国家与地区间的军事安全问题，后者则指资源匮乏、人口增长、环境退化、贫困等问题。1987 年，世界环境与发展委员会（WCED）在其著名的报告《我们共同的未来》中明确提到，安全的定义必须扩展，超出对国家主权的政治和军事威胁，还应包括环境恶化和发展条件遭到的破坏。这一时期，是生态安全意识产生和概念初步形成的时期。

第二阶段：对自然环境变化与安全的经验性研究，重点关注环境退化与各类冲突的内容。20 世纪 90 年代初期，围绕生态安全与国家安全、军事战略、民族发展、环境退化与社会矛盾、贫困与生计可持续等问题，不同机构和学者开展了大量的研究。英国学者 Norman Myers 1993 年提出生态安全涉及由地区资源战争和全球生态威胁引起的环境退化问题，这些问题继而波及经济和政治安全。[②] 一些重要的国际组织如联合国粮农组织（FAO）、世界自然保护联盟（IUCN）等开始在全球范围开展相关项目，研究结果表明，环境退化与贫困、资源不合理利用、制度缺陷和不公平等因素紧密关联，是一个国家和地区冲突和不安全的重要诱因。1992 年联合国在巴西里约热内卢通过的《21 世纪日程》中也将生态环境保护和"创建一个更安全、更繁荣的未来"以及"人类对安全稳定的自然环境的需求"等问题联系起来，强调了生态安全的重要性。

---

① 丁丁：《对生态安全的全面解读》，《经济研究参考》2007 年第 3 期，第 51~60 页。
② 葛京风、梁彦庆、冯忠江等：《山区生态安全评价、预警与调控研究——以河北山区为例》，科学出版社，2011，第 4 页。

第三阶段：环境变化与安全的综合性研究。20 世纪 90 年代后期，对生态安全的探讨范围不断扩大，包括保护生态环境、促进可持续发展的政策、制度研究，区域生态安全研究，责任和义务等综合性内容。除了研究者之外，大量的政策制定者、政治家、实践家和市民都加入了讨论。1996 年，全球 100 余个国家参与，有 200 余万人在《地球公约》的《面对全球生态安全的市民条约》上签字，加深了社会大众对生态安全及其应承担的责任和义务的认知。1997 年由美国马里兰大学和韩国延世大学联合举办的"东亚生态安全"会议对生态问题可能影响的区域安全内容给予了专门关注，探讨了环境退化、生计贫困和不安全因素之间的关系。生态安全在这一时期已经成为热点并逐渐被越来越多的专家学者、政策制定者以及大众所重视。

第四阶段：环境与安全的内在关系研究。21 世纪以来，生态安全的研究从范畴和层次上都有了质的飞跃，研究者们认识到环境变化、贫困和不安全在概念上的显著区别和联系，并从以往对环境变化与安全关系的表层讨论进入其内在关系的探讨，而且深入不同区域影响环境安全的具体因素及其评估上。各区域基于各种案例的经验性研究不断涌现，生态安全逐渐成为持续性科学研究的重要内容，并趋于融合。此外，研究方法也得到了不断创新，生物统计方法在国外生态安全研究中被广泛应用，遥感和地理信息系统等高新技术被越来越多地引入生态安全研究体系，基于各种模型的分析评价方法也得到了利用。

总的来说，国外相关研究集中于辨识生态安全系统外部的冲突及压力，解析外部压力与生态安全系统间的互动，并注意到人文社会系统演变对生态脆弱性的影响，着重于从可持续发展的角度论证生态安全的重要性。研究方式多偏重对各类资源生态系统与外部关系的整体性研究，研究尺度大多是全球或国家层面上，研究区域主要针对发展中国家及处于贫困和边缘化的国家。

2. 国内相关研究

国内对生态安全的研究始于 20 世纪 90 年代。改革开放以来，中国保持

了经济社会的快速发展，与此同时，各地环境安全问题，1998 年，长江、
松花江、嫩江全流域百年不遇的洪水更是给人们敲响了环境保护的警钟。
社会各界开始纷纷讨论环境和生态安全问题。2000 年 12 月，国务院颁布的
《全国生态环境保护纲要》中首次明确提出"维护国家生态环境安全"的目
标，认为保障国家生态安全是生态保护的首要任务。由此，生态安全问题
开始进入国内研究者和公众的视野，并逐渐成为大家所关注的热点。目前，
国内的生态安全研究主要集中在生态安全起源、概念和基础理论，生态系
统自身健康、完整性和可持续性，生态安全分析与评价等内容。

在生态安全的起源、概念和基础理论研究方面，2002 年出版的《生态
安全与生态建设》① 一书梳理了当时生态与环境研究的前沿和热点问题，主
要涉及生态安全与区域生态、生物多样性与恢复生态、生态工程与系统生
态、生态健康与农业生态等多方面内容，集中反映了我国的生态环境研究
者在生态建设和社会经济可持续发展中的成果与贡献。之后，更多的研究
者从不同角度阐释了生态安全的概念。如前文所述，研究者普遍认为广义
的生态安全包括自然、经济和社会三个方面，泛指人们的基本生计、满足
经济社会可持续发展的资源以及人们适应环境、利用资源的能力不受威胁
的状态。认为生态系统的完整性、健康性和稳定性是实现生态安全的前提
和保障，也是实现社会经济可持续发展的判别标准。生态安全应考虑两方
面的内容：一是生态系统自身是否安全，即其自身的结构是否受到破坏；
二是生态系统对于人类是否安全，即生态系统所提供的服务是否满足人类
的生存需要。

在生态系统自身健康性、完整性和可持续性研究方面，不同学者对农
业、土地利用、水资源、流域、湿地、草原、生物多样性等进行了安全性
研究。比如，吴国庆认为生态安全研究是当前可持续发展问题研究的前沿
课题，并以资源生态环境为评价核心，从压力、质量和保护整治能力三方
面设定区域农业可持续发展的生态安全评价指标体系，以浙江省嘉兴市为

---

① 李文华、王如松主编《生态安全与生态建设》，气象出版社，2002。

研究对象进行了区域农业可持续发展的生态安全评价。[1] 马丽君等提出了农田生态系统生态安全的概念,分析了农田生态系统生态风险源及我国农业生态系统的现状,探索了农田生态系统生态安全评价的方法。[2] 王庆日等以西藏的土地利用及其生态安全为研究对象,对西藏自治区土地利用的生态安全状况进行了评估。[3] 吴健生等对深圳市湿地生态安全进行了综合评价,指出深圳市湿地破碎化严重,湿地生态安全受人为胁迫严重等问题。[4] 高吉喜等从多方面综合分析了流域生态安全的关键问题,指出流域生态安全评价应该以人为主体对象,从不同层次开展动态评价,并且不仅要考虑功能安全,还应考虑结构安全。[5] 艾尼瓦尔·斯地克等对新疆喀什境内水流域生态安全问题进行分析,指出实施科学合理的流域生态补偿机制以及全流域合作管理模式是解决日益严重的水安全问题的关键。[6] 这些研究主要侧重于对不同资源利用与保护以及区域生态安全影响评价。

生态安全的分析与评价是近年来国内研究者关注最为广泛、研究成果最多的领域,已有的应用研究主要集中于采用的不同分析方法对不同区域层次生态安全水平的评价和分析。比如,韩宇平等从社会经济安全、粮食安全、水资源安全三个方面构建了指标体系,以郑州市为研究对象对该区域的水安全状况进行了评价。[7] 陈东景等针对西北地区的生态环境设计了一套生态安全评价指标体系,对我国第二大内陆河黑河流域中游的张掖地区

① 吴国庆:《区域农业可持续发展的生态安全及其评价探析》,《生态经济》2001 年第 8 期,第 22~25 页。
② 马丽君、杨学军、陈杰:《我国农业生态系统生态安全分析》,《现代农业科技》2009 年第 16 期,第 258~261 页。
③ 王庆日、谭永忠、薛继斌等:《基于优度评价法的西藏土地利用生态安全评价研究》,《中国土地科学》2010 年第 3 期,第 48~54 页。
④ 吴健生、张茜、曹祺文:《快速城市化地区湿地生态安全评价——以深圳市为例》,《湿地科学》2017 年第 3 期,第 321~328 页。
⑤ 高吉喜、张向晖、姜昀等:《流域生态安全评价关键问题研究》,《科学通报》2007 年第 2 期,第 216~224 页。
⑥ 艾尼瓦尔·斯地克、瓦哈甫·哈力克、艾克白尔·阿布力米提:《喀什境内河流流域生态安全问题及对策》,《新疆农业科学》2008 年第 6 期,第 1152~1156 页。
⑦ 韩宇平、阮本清:《区域水安全评价指标体系初步研究》,《环境科学学报》2003 年第 3 期,第 267~272 页。

进行了实证分析。[①] 左伟等通过研究提出了 27 个指标，对我国区域生态系统综合性的安全评价和管理提供了技术支持。[②] 李玉照等基于 DPSIR 模型，以金沙江流域为研究区域，构建了包含五类一级指标的流域生态安全指标体系，涵盖了人均 GDP、污染物排放量、土壤侵蚀模数、林草覆盖率等 59 个二级指标，全面反映了金沙江流域的生态安全状况。[③] 伍阳等以"自然—经济—社会"三个子系统为依据，设定了我国 34 个城市的生态安全评价指标，并分析了京、津、沪、渝四个直辖市及其各子系统的生态安全等级。[④]

　　生态安全分析与评价的核心在于构建评价指标体系和确定评价指标值，分析方法的应用发展一直非常重要。从目前的研究来看，已有的评价主要利用生态模型法、景观分析法、3S 技术和生态安全评价模型等方法构建指标体系进行量化评价。生态模型法是借用生态学方法论和思维范式，如整体观、系统观、层次观等，通过野外调查、实验室分析、模拟实验以及生态网络综合分析等方法开展生态安全评价研究。景观分析法是从生态系统自身特点出发，以景观的结构、功能、斑块动态、生态演替，关键生态系统的完整性和稳定性、抗干扰能力和恢复力等为基础进行综合性分析评价。3S（RS、GIS、GPS）技术是一门正在发展中的高新技术，它集中了空间信息、电子科学、地理科学、人工智能等学科的最新发展成就，已经被广泛应用到农业、林业、自然资源管理、测绘、各类规划设计等各个领域，目前，社会科学的部分领域也在尝试使用 3S 技术开展研究。在生态安全评价领域，主要是综合应用 3S 技术对生态安全与人类活动的响应进行动态监控、空间分析、生态风险评价和管理，从而建立区域生态安全决策模型，实现科学管理。

---

① 陈东景、徐中民：《西北内陆河流域生态安全评价研究——以黑河流域中游张掖地区为例》，《干旱区地理》2002 年第 3 期，第 219~224 页。

② 左伟、王桥、王文杰等：《区域生态安全综合评价模型分析》，《地理科学》2005 年第 2 期，第 209~214 页。

③ 李玉照、刘永、颜小品：《基于 DPSIR 模型的流域生态安全评价指标体系研究》，《北京大学学报》（自然科学版）2012 年第 6 期，第 971~981 页。

④ 伍阳、蒋家洪、甘欣：《京津沪渝生态安全评价指标体系的选择及其评价》，《四川环境》2017 年第 1 期，第 89~95 页。

　　生态安全评价模型是目前使用较多的评价方法，主要包括 P-S-R 模型、D-S-R 模型、D-PSR 模型、D-P-S-I-R 模型等。P-S-R（Press-State-Response）模型即"压力—状态—响应"，是应用较多的模型，该模型由联合国可持续发展委员会在 1989 年七国集团峰会上首次启动的生态环境指标项目的理念基础上开创，此后一直被广泛应用于生态安全评价研究。其中压力指标（P）反映生态系统中人类活动的有害干扰；状态指标（S）表征环境质量、自然资源与生态系统的状况；响应指标（R）反映森林生态系统中人类活动的有益干扰，即人类在面对环境问题时所采取的对策。压力、响应、状态之间相互制约、相互影响，体现了环境压力与环境变化之间的因果关系。由于 P-S-R 模型仅考虑了人类活动对生态造成的影响，而忽视了生态系统本身的自然因素可能带来的影响，联合国可持续发展委员会又提出了 D-S-R 模型，即驱动力（Driving Force）—状态（State）—响应（Response）模型，其中用驱动力指标代替了 P-S-R 框架中的压力指标，该模型在 P-S-R 框架基础上考虑了生态自身条件以及经济、社会对于生态安全产生的驱动作用。以这些模型为基础，学者们还提出了 D-PSR 模型、D-P-S-I-R 模型等。D-PSR 模型除了反映人类活动的压力之外，还增加了生态环境驱动力（Driving Force），该模型既考虑了人文社会造成的压力，同时也考虑了自然灾害压力，压力类指标含义更加全面。D-P-S-I-R 模型即驱动力（Driving Forces）—压力（Pressure）—状态（State）—影响（Impact）—响应（Responses），该模型是对 P-S-R 框架的延伸，目的是通过描述驱动力—压力—状态—影响—响应的因果关系链，确定生态系统状态变化的原因。近年来，国内关于生态安全评价体系的应用研究可谓非常丰富，这些从不同角度出发所构建的评价指标，对丰富和完善我国的生态安全评价体系具有重要的借鉴和指导意义。但是，在实际应用中不能照搬照抄，需要综合考虑不同指标体系的适用范围、优势及劣势，尽量科学完整地构建符合本区域经济、社会、文化和自然地理状况的评价指标体系。

二 林业生态安全研究动态

(一) 概念与内涵

森林和林业是陆地生态安全的重要基础，基于加强林业生态建设，维护森林生态安全对推动我国经济社会可持续发展的重要性，一些林业和生态学者提出了林业生态安全这个表征森林生态系统功能、作用与人类活动之间关系的全新概念。与纯粹的森林生态系统安全相比较，林业生态安全侧重于人类活动与森林资源可持续经营之间的关系，其内涵包括了森林生态系统和人类社会，两者是并重的，并存在交互作用关系。[①] 与生态安全的概念相对应，林业生态安全定义有广义和狭义之分。狭义的林业生态安全大致等同于森林生态系统安全，即在与其他相关联的生态系统协调发展的前提之下，保持森林生态系统自身的健康、稳定和可持续性，[②] 森林生态系统的健康、完整是林业生态安全的基础。狭义的林业生态安全主要关注外来因素对森林生态系统本身的影响，比如各种病虫害、森林火灾、地质土壤、气候变化、环境污染对森林的影响等，对其他因素则不太关注，这也是大多数自然科学研究者所秉承的出发点。

广义的林业生态安全则将林业看成一个生态、经济和社会复合的大系统，其安全问题是多因素共同作用的结果，森林生态系统安全只是其中一个重要的影响因素。具体被定义为：一定的时空范围内，森林生态系统在维持其内部结构和功能完整的前提下，提供的生态服务能满足人类生存和社会经济的可持续利用需求，使人类生存不受威胁的一种状态。[③] 有研究者将广义的林业生态安全分为两类。第一类，偏重经济的作用。即将林业生

[①] 张智光：《人类文明与生态安全：共生空间的演化理论》，《中国人口·资源与环境》2013年第7期，第8~13页。

[②] 谢煜、张智光、杨铭慧：《我国林业生态安全评价、预测与预警研究综述》，《世界林业研究》2021年第3期，第1~7页。

[③] 杨伶、张大红、王金龙等：《中国县域森林生态安全评价研究——以5省15县为例》，《生态经济》2015年12月期，第120~124页。

态安全界定为自然生态与社会经济共生关系的一种反映，认为林业生态安全是林业生态与林业产业耦合关系的表现，将林业产业内部各要素的协调与系统发展作为林业生态安全的前提。① 这类观点认为林业生态安全的最终目标是既形成健康稳定的森林生态系统，又建立起发达的林业产业体系，即实现林业生态与产业协调共生下的高水平发展。在此观点指导下，林业生态安全可分为森林生态安全、林业产业生态安全、林业生态—产业安全三个层次。② 第二类，注重经济—社会—生态复合系统下的林业生态安全。森林生态系统的干扰因素除了经济和林业产业之外，还有社会、人为活动、生态环境以及其他自然资源等，这些要素应该被纳入林业生态安全的评价体系中去。所以，林业生态安全既指森林生态系统自身的健康和安全，又指在受到人类行为干扰和影响时保持安全的状态。③ 目前，林业生态安全的概念、研究方法和内容等都还在不断地探讨和形成过程中。本研究对林业生态安全的界定倾向于第二类，即注重自然与社会相互作用的林业生态系统内生态—经济—社会—文化多要素综合协调下的林业生态安全，除林业生态和林业经济的耦合发展外，也关注自然多样性和人类生计、文化多样性的复合特点。

（二）林业生态安全的研究内容

国内对于林业生态安全的专门性研究并不多，从人文社会科学角度开展研究则更为少见。目前可查阅的相关研究主要涉及三个方面，其一，对森林生态系统本身的安全性进行探讨，即把森林看成一个管理和作业的对象，研究纯粹的森林生态效益、可持续经营、森林健康、森林保护等内容。比如，洪伟等对福建省的森林生态系统健康和安全状况进行调查和分析，发现福建

---

① 张智光：《基于生态—产业共生关系的林业生态安全测度方法构想》，《生态学报》2013 年第 4 期，第 1326~1336 页。
② 张浩、张智光：《林业生态安全的二维研究脉络》，《资源开发与市场》2016 年第 8 期，第 965~970 页。
③ 米锋：《中国林业生态安全的评价、预测与保障》，《人民论坛·学术前沿》2018 年第 4 期（下），第 70~76 页。

省森林生态系统的亚健康和不安全状态的表现，并提出了保护和管理的建议。① 房用等以山东的森林生态系统为例，从立地、群落结构、稳定性、植被、环境和生态效益五个方面分别构建了当地森林生态安全的评价体系，对山东的森林健康状况进行评价。② 米锋等应用压力—状态—响应（P-S-R）框架，初步构建出森林生态安全预警体系，并以北京的森林生态系统为例进行了实证研究。该团队还进行了我国森林生态安全评价及其差异化分析研究，认为森林生态系统的安全主要受到森林承载力的影响，森林生态承载力指标中，森林资源状况是导致各省份、各年份之间森林生态承载力差异的最主要原因。③ 刘心竹等从森林有害干扰角度评价了全国 31 个省、区、市的省域森林生态安全状况，认为有一半的省、区、市其森林生态系统处于不安全的状态。④ 这一类研究侧重于对森林生态系统本身及其自然规律的分析，较少考虑人为活动、社区生计、民生问题与森林生态系统安全状况之间的关系。

其二，从林业经济发展的角度，探讨林业产业与林业生态安全均衡发展的关系，构建林业生态—产业共生的林业生态安全体系。南京林业大学的张智光团队较早开始注意到林业生态安全与人类活动影响的相关内容，提出了林业生态安全与林业产业的共生理论，构建了森林生态—林业产业复合系统的共生模型，并首次应用自然生态和社会经济共生理论来评价林业生态安全。谢煜通过收集林业产业和林业生态的相关数据并统计，找出两者发展的不协调之处，提出走林工一体化的道路是实现林业生态与产业共生协调发展的重要途径。⑤ 沈文星等对木质林产品与林业生态安全的耦合

---

① 洪伟、闫淑君、吴承祯：《福建森林生态系统安全和生态响应》，《福建农业大学学报》（自然科学版）2003 年第 1 期，第 79~83 页。

② 房用、王淑军：《生态安全评价指标体系的建立——以山东省森林生态系统为例》，《东北林业大学学报》2007 年总第 41 期，第 77~82 页。

③ 米锋、朱宁、张大红：《森林生态安全预警指标体系的构建研究》，《林业经济评论》2012 年第 2 期，第 9~17 页；米锋、谭曾豪迪、顾艳红等：《我国森林生态安全评价及其差异化分析》，《林业科学》2015 年第 7 期，第 107~115 页。

④ 刘心竹、张大红、米锋：《有害干扰因子对中国省域森林生态安全影响分析》，《林业经济评论》2014 年第 2 期，第 151~166 页。

⑤ 谢煜：《林业生态与产业共生协调度评价模型及其应用研究》，南京林业大学博士学位论文，2011。

度进行研究，分析了木质林产品贸易指数变化特征和林业生态安全的耦合关系。[①] 褚家佳等基于产业—生态共生理论，提出了森林食品安全和林业生态安全的相互作用机理。[②] 顾艳红等基于森林生态系统与自然人类社会系统的交互关系，从森林资源状况、地理机构条件、地区社会经济压力、人类管护响应状况等四个方面，构建了贵州、湖北、浙江、吉林、青海五个省份森林生态安全评价指标体系。[③] 吴远征等使用 P-S-R 模型基于产业—生态共生关系对我国 31 个省、区、市的林业生态安全效率进行评价研究，结果显示我国的林业产业发展对于规模的依赖程度较高，营林技术方面有待加强，目前依然面临人均林业资源不足的问题，在环境治理方面还存在严峻挑战。[④] 赖启福等基于 D-P-S-I-R 分析模型，建立经济发展、森林资源、环境容量三个层级 17 个指标对南方 8 个省份的森林生态安全测度和阻碍因素进行识别，结果发现，森林生态安全主要受经济发展的制约，不同省份在经济条件和森林资源状况等方面存在较大差距。[⑤] 提出将林业生态安全扩展到人类活动对森林生态系统影响领域的主要是林业经济研究者，受专业影响，研究者们关注的内容主要为地区性林业经济和林业产业发展，而对其他众多与森林相关的人类行为，尤其是森林资源的直接利用和管理者——森林社区的群体的行为鲜有关注。

其三，林业生态安全的其他相关研究，主要包括森林生态安全时空格局分析、森林生态安全预测与预警调控研究等。大多数研究者对森林生态安全时空格局的研究主要集中于区域和景观尺度。比如，冯彦等以湖北省

① 沈文星、李峰、牛利民：《我国木质林产品贸易与森林生态安全耦合度研究》，《世界林业研究》2019 年第 1 期，第 69~73 页。
② 褚家佳、张智光：《森林生态安全与森林食品安全相互作用机理模型研究》，《林业经济问题》2014 年第 2 期，第 107~112+192 页。
③ 顾艳红、张大红：《省域森林生态安全评价——基于 5 省的经验数据》，《生态学报》2017 年第 18 期，第 6229~6239 页。
④ 吴远征、张智光：《林业生态安全效率及其影响因素的 DEA-Tobit 模型分析——基于生态与产业共生关系》，《长江流域资源与环境》2021 年第 1 期，第 76~86 页。
⑤ 赖启福、李虎峰、苏慧娟等：《森林生态安全测度及阻碍因素识别研究——以南方八个省份为例》，《福建农林大学学报》（哲学社会科学版）2022 年第 5 期，第 35~44 页。

85 个县（区）为研究对象，分析了从 1999 年至 2014 年湖北省森林生态安全的整体时空变化格局。[1] 王怡然等以黄河流域 9 省 69 个地区为研究点，采用熵权法与空间相关性计算方法分析了森林生态安全格局，发现黄河南岸森林生态安全指数高于北岸，中部地区指数高于西部地区。[2] 刘祖军等对福建省森林生态安全时空演变趋势进行研究，发现闽西北主要林区的安全指数明显高于其他地区，闽东南和闽中地区森林生态安全状况一般，有很大的改善空间。[3] 林业生态安全的预测与预警是指根据对林业生态安全的评价结果，预测未来该地区的林业生态安全变化趋势，以便为森林政策制定和森林资源经营管理提供依据。比如，米锋等采用模糊综合评价方法对北京市的森林生态安全开展预警研究，认为 2011～2015 年北京市森林生态安全状况持续好转。[4] 张红丽等基于 P-S-R 模型及熵值法构建了林业生态安全指标体系，对我国 31 个省、区、市 2005～2015 年的林业生态安全变化动态进行分析，发现其间我国林业生态安全指数略有波动，总体趋于弱稳定上升趋势，状态指数呈现东优西劣的特点。[5] Zhang Q. 等应用系统动力学模型对中国林业生态安全状况进行预测，认为林业安全状况将持续改善，其中，林业政策在不同时期起到了大小不同的影响。[6]

国外的学者相对来说比较注重人类活动与林业生态安全之间的交互作用。1989 年，Robert C. 等就从森林资产和权利的角度分析了林业生态安全

---

① 冯彦、郑洁、祝凌云等：《基于 PSR 模型的湖北省县域森林生态安全评价及时空演变》，《经济地理》2017 年第 2 期，第 171～178 页。

② 王怡然、王雅晖、杨金霖：《黄河流域森林生态安全等级评价与时空演变分析》，《生态学报》2022 年第 6 期，第 2112～2121 页。

③ 刘祖军、吴肇光、马龙波：《福建省森林生态安全的时空特征和成因分析》，《福建论坛》（人文社会科学版）2022 年第 6 期，第 97～107 页。

④ 米锋、潘文婧、朱宁等：《模糊综合评价法在森林生态安全预警中的应用》，《东北林业大学学报》2013 年第 6 期，第 66～72 页。

⑤ 张红丽、滕慧奇：《林业生态安全预警测度与技术干预分析》，《科技管理研究》2017 年第 19 期，第 246～252 页。

⑥ Zhang Q., Wang G., Mi F., et al., Evaluation and scenario simulation for forest ecological security in China [J]. *Journal of Forestry Research*, 2019, 30 (5): 1651-1666.

和乡村贫困的问题。① Micheal 探讨了热带森林的可持续经营及林业安全问题，将研究视角拓展到市场、公共利益、产权以及外力支持、激励机制（含各种补偿）等方面，这构成了林业政策和制度设计的理论基础。Julina R. 等认为在制定林业保护政策的时候，应该慎用经济激励手段，并强调了当地人的文化背景、内在动机和需求与林业生态安全之间的相互作用。② 一些学者结合实证分析验证了这些观点，比如 Suich 通过对莫桑比克和纳米比亚的实证分析得出林业生态安全与当地环境、个人知识、动机和传统文化等相关，并受到地理、经济和政治的影响。③ Pendrill F. 等对越南、印度尼西亚、巴西等众多资源经济主导型国家的热带雨林砍伐情况进行研究，分析了这些国家的农林产品生产、出口和消费数据，认为国际农林产品贸易是当地森林砍伐的重要驱动力，当地人出于经济的需求将大量雨林摧毁后改造成牧场和种植园。因此，要实现这些国家的林业生态安全，应减少森林采伐，限制新建牧场和种植园。并对出口产品加收额外的费用以弥补生产过程中毁林造成的碳排放。④ Pathak R. 等对印度境内喜马拉雅山脉西部森林生态安全状况展开研究，认为低海拔地区缺乏管理、滥伐严重等导致森林破坏严重；海拔较高地区由于交通偏远，且当地居民在长期与森林的互动中形成了与森林之间良好的关系，其传统知识和信仰中有很多森林可持续利用和保护相关的内容，因此高海拔地区的森林生态系统保持了相对健康的状态。⑤

① Robert C., Melissa L., Trees as Savings and Security for the Rural Poor [J]. *Word Development*, 1989, 17 (3): 329-342.

② Julina R., Torsten K., Motivation Crowding by Economic Incentives in Conservation Policy: A Review of the Empirical Evidence [J]. *Ecological Economics*, 2015, 117 (9): 270-282.

③ Suich H. The Effectiveness of Economic Incentives for Sustaining Community Based Natural Resource [J]. *Management Land Use Policy*, 2013, 31 (3): 441-449.

④ Pendrill F., Persson U. M., Godar J., et al., Agricultural and forestry trade drives large share of tropical deforestation emissions [J]. *Global Environmental Change*, 2019, 56: 1-10.

⑤ Pathak R., Thakur S., Negi V S., et al., Ecological condition and management status of Community Forests in Indian western Himalaya [J]. *Land Use Policy*, 2021, 109-121.

（三）研究评述

总体来看，国内对生态安全这一热点问题的研究虽然已基本完成基础理论和研究体系的构架，但仍然存在研究内容过于集中、研究视角比较单一、前沿分支较少、缺乏应用性研究等问题。对于林业生态安全的研究关注得较少，目前已有研究主要侧重于对森林生态系统本身健康状态的评价与分析，以及从外部林业经济和林业产业发展的角度来关注安全状态，较少考虑森林资源经营管理主体的生计问题、文化与精神需求等与森林生态系统安全状况之间的关系。相较而言，国外研究更加全面、深入，更注重林业生态安全内在关系和外在压力的结合，很多理论和方法都值得借鉴。

三　基础理论述评

（一）多元共生理论

1. "共生"的起源、内涵及应用

（1）"共生"的起源和内涵

"共生"（symbiosis）是一个生态学上的概念，1879年由德国真菌学家德·贝里提出，最早指的是动物、植物、微生物等不同生物物种共同生活、相互合作、协同受益的状态。共生在生命世界里是一种非常普遍的现象，大自然中所有的生物都不能脱离其他物种而单独存在，不同的物种之间必然存在各种复杂的关联，形成生物种群的种间关系，共生就是其中最重要的关联。一般情况下，根据受益的对象可将共生分为偏利共生和互利共生两种状态。偏利共生是指不同的物种发生相互作用时产生的利益仅为一方所得而对另一方也无妨害的情况。比如，兰科植物附生在森林里高大乔木的枝干上，可以更容易地获取阳光、空气中流动的新鲜养分和生存基质，附生兰花在获得了有效生存条件的情况下对乔木并没有产生太多的干扰和不良影响。互利共生是指对发生相互作用的物种都有利的情况，比如，有

花植物和传粉动物的互利共生、根瘤菌和豆科植物的互利共生、蚂蚁和蚜虫的互利共生，甚至人类培育农作物和饲养家畜的互利共生，等等，地球上大部分生命都依赖于互利共生而得以延续。

依据共生双方所处的位置还可以分为内共生和外共生两种类型。比如地衣植物就是一种内共生关系，地衣是藻类和菌类的共生体，藻类含有叶绿素，可进行光合作用提供养分给菌类，菌类可提供水分和无机质给藻类，二者内共生合成为一个生命体。外共生是指两种生物通过外部的接触而建立的共生关系。例如，海洋之中海葵和小丑鱼之间的外共生关系，小丑鱼在长满毒刺的海葵间觅食，吃掉海葵消化后的残渣，帮助清理海葵的身体，而海葵虽有毒刺，却不会伤害小丑鱼，还会保护其在觅食期间不受其他鱼类的攻击。与此类似的还有清洁虾和某些海洋生物、犀牛和犀牛鸟、牛背鹭与水牛之间的外共生关系等。生物的共生主要有两方面的作用：一是提高共生伙伴对自然界中各类风险的抵御能力，以实现物种的生存繁衍；二是通过共生协作不断促进生物的进化发展。生物学上的共生理论揭示了生物进化过程中物种间的互惠性、协同性和动态发展的过程，证明了在生命世界里不同物种的合作和协同进化往往比残酷的竞争更有利于生命的存续和发展。科学家们认为，正是共生关系推动了多细胞生物的进化，有的甚至认为，整个地球就是一个巨大的共生有机体。

（2）共生的应用领域

20世纪中后期，共生理念开始从生物科学领域被引申至社会科学领域，众多社会学、人类学、经济学、哲学和管理学者开始应用此理念以人类社会为对象开展研究。日本是较早从社会科学视角开展共生伦理研究的国家之一。在国内外环境的影响和推动下，学者们将共生理论应用到民族纷争、经济竞争、社会秩序建立、人际关系处理、城乡发展等各个领域，期望打造一个兼收并蓄、共栖共存的和谐社会。比如，政治经济学者石原享一在分析日本的多元文化时提出：共生的前提应该是多元存在，脱离了多元共存就丧失了共生的意义，就变成了同质的统一性。共生文化蕴含两个前提：一是行为体在实践中认同他者内生于一个无法分离的共同体、形成共生的观念；二是对行为体差异的承认与认可，即共生不是要实现所有行为体同质化，而是在共生中必须保持行为体的自身特质，在此基础上相互吸收对方有益的因素。① 20 世纪 90 年代之后，日本著名的岩波书店陆续出版了以"共生"为主题的系列学术著作，其出版的《新哲学讲义》第六卷即《共生》。

西方的社会学家、哲学家也在其研究中应用并延展了共生理论，比如著名哲学家卡尔·波普尔在《开放社会及其敌人》一书中提出：正是个人与个人的共生互动造就了社会，人类社会正是人类互动的结果，只要尊重并鼓励个人的理性互动，就能营造出意见共生的理性环境。社会学家安东尼·吉登斯认为社会治理过程就是社会各要素持续互动的共生过程。政治经济学家哈耶克则认为，能够提供自由的环境以促进个人意见、知识等的共生互动是一个社会的合理性所在。美国芝加哥经验社会学派的代表人物罗伯特·伊·帕克借鉴生态学的观点，创立了人文区位学，探讨区位对人类组织形式和行为的影响。其核心理念认为，和自然环境一样，城市社区是一个有机整体，其构成和可利用的各类资源是有限的，共生和竞争在城市的秩序建立中发挥着支配性的作用；凭借着在竞争中不断调适，社区可以成为一个相互依赖的、具备自身调适平衡的共生共存的生态系统，共生性质是社区共生系统运行的目标所在。

20 世纪 90 年代末期，中国学者开始将共生理论应用到社会科学领域。袁纯清《共生理论兼论小型经济》一书对共生理论的起源，共生的要素、基本原理、方法等进行了梳理，分析了共生理论在我国小型经济中的应用问题，开创了将共生理论应用于经济学领域的先河。② 之后，围绕着金融共生、企业管理、产业集群、产业联合、生态产业链发展、低碳与循环经济等关键性问题，共生理论在经济学研究中得到了进一步的应用。在哲学思想领域，共生理论也得到了较好的延展，比如周成名等认为共生是时代特征，共生时代的关系对象既包括人类社会，也包括自然界，其重心在于人类社会各种关系的相互依存、和谐共处和共同发展，共生时代的人类社会

---

① 〔日〕石原享一：《世界凭什么和平共生》，梁憬君译，世界知识出版社，2015，第 38～42 页。
② 〔日〕石原享一：《世界凭什么和平共生》，梁憬君译，世界知识出版社，2015，第 38～42 页。

是具有完善理性的本真社会。① 也有研究者将中国古代的传统哲学理念与共生思想相结合，从更广泛的意义上来理解共生，比如将儒家的"万物一体，一体归仁"思想作为构建共生哲学的思想源泉，基于万物一体的理念，有助于构建生命感通、生生和谐的生态伦理。② 将《易经》中的思想与西方哲学相结合，构建共生学说，将世界看成事物之间或者单元之间所形成的相互促进、共生共荣、和谐统一的关系。③ 随着我国构建和谐社会以及生命共同体理念的提出，共生理论的应用范围不断扩大，在城乡发展、乡村治理、民族共同体建设、人口管理、劳动力转移、国际关系等领域得到了广泛的实践应用。

当前，我们已然认识到世界是一个整体，技术、知识、资本、资源、人才等不可避免地在全世界范围内流动和分配。全球一体化趋势已经势不可当，随之而来的是各种各样的问题和危机，人类的生态环境、社会关系，甚至文明的发展均面临不同程度的挑战，很显然，仅以单一的途径或者思维方式已经无法有效解决当前复杂的问题。多元共生理论蕴含着合作、互利、互补、共存、和谐、共荣的深刻内涵，它要求从整体出发，以动态的、发展的眼光来处理人类社会以及人与环境的各种问题，从而给我们提供了一种认识世界、处理人与自然、人类社会内部各种关系的新思路和新方法。

2. 本研究对共生理论的理解和应用

（1）共生主体

从共生的基本概念出发，可以把那些在一起共同生活，或者聚在一起的有机体称为共生主体。如前文所述，"共生"（symbiosis）一词，是由希腊词"sym"和"bios"组成，"sym"指"共同""一起"，"bios"有"生活"之意，合在一起就是指"共同生活""生活在一起"。在本研究中，共

---

① 周成名、李继东：《共生时代的哲学和伦理基础》，《湘潭大学》（社会科学学报）2000 年第 5 期，第 44~48 页。
② 吴飞驰：《"万物一体"新诠——基于共生哲学的新透视》，《中国哲学史》2002 年第 2 期，第 29~34 页。
③ 李思强：《共生构建说论纲》，中国社会科学出版社，2004，第 135 页。

生主体至少包括两类，一是具体可见的共生主体；二是抽象的共生主体。森林中的各类动物、植物和微生物等自然资源属于林业生态系统中的可见共生主体；西南山地社区的民族群体，属于生活在社区内部，与林业生态系统之间有着依存关系的可见共生主体。抽象共生主体是指由不同的人群、民族所组成的西南山区社会，以及由动物、植物、微生物组成的复合型林业生态系统共生体。

所谓的共生物首先指的是生活或聚居在一起的主体。但是生活或聚居在一起的主体也并不一定就是共生物，只有生活在一起，并能够彼此影响、彼此受惠的主体，才能称为共生物。一方支持另一方存续或发展的两个主体，可以算作共生物；一方支持另一方存续和发展，同时受惠于另一方并作用于自己的存续和发展的两个主体，也可算作共生物。因此，共生物概念中隐含的是两个主体之间不可分割的相互关系，以及多个主体之间形成的关系网。在两个共生主体之间，其中一个主体的撤出，可能导致另一个主体受损。存在于生物界的共生主体之间主要依赖物质和能量的传输实现共生。涉及人与自然之间、人与人之间、人与社会之间的共生关系时，除了物质和能量的传输与流动之外，还包括了信息的流通。

（2）共生单元

具有共生关系的两个或多个主体构成了共生单元。不论是寄生型共生，还是偏利共生和互利共生，都体现出两个共生物之间的相互关系。前文所述的蚂蚁和蚜虫、海葵和小丑鱼、根瘤菌和植物宿株之间的物质、能量和信息的交换流通，体现的就是或偏利或互利的共生关系。所以，作为共生物的蚂蚁和蚜虫可以被视为一个共生单元；海葵和小丑鱼两个共生主体也构成了一个共生单元。

在本研究中，至少包括四种不同类型的共生单元。第一，人与人、人与社会所构成的共生单元。比如一个民族群体内部不同的人之间构成诸多不同的共生单元；一个民族群体内部每个人与其居住的村落社会构成不同的共生单元；一个民族群体中，不同的家庭之间构成不同的共生单元；西南山区的不同民族之间，构成了不同的共生单元。第二，栖息于自然界的不同物种之间共生而形成的共生单元。就本研究中的林业生态系统而言，其中存在不计其数的共生单元，不同木本或草本植物与野生菌类构成的共生单元，蜜蜂、蚂蚁等昆虫与花果类植物之间构成的不同共生单元，鸟类与植物形成的共生单元，不同的微生物与动物、植物之间构成的共生单元等。第三，人与自然、人与周边环境组成的共生单元。生活在西南山区的居民与林业生态系统中的自然资源构成共生单元；某一个山地民族群体与周边的林业生态系统之间构成共生单元。第四，由本研究主要目标中确定的两个共生物构成的共生单元，即西南山区的林业生态系统和发展中的乡村。

需要注意的是，一个共生单元中的共生主体，可能与其他共生单元中的共生主体之间发生关联，从而构成新的共生单元。在西南山区，一个人和另一个人因为婚姻关系的缔结而生成一个新的共生单元，从而促成了一个家庭和另一个家庭、一个家族和另一个家族构成共生单元的结果。随着季节的变化，因为耕种或者收获的需求，一个人与另一个人、一个家庭与另一个家庭、一个年龄组与另一个年龄组临时结成相帮互助的关系，从而构成了新的共生单元。在同一个社区或民族群体内部，因为婚丧嫁娶不同的人、家庭、家族临时组合起来，从而形成新的、临时性的共生单元。所以，林业生态系统内部的共生单元具有相对稳定的特点，但山地社区内部的共生单元，则具有灵活多变的特征。在探求林业生态安全与乡村振兴协同路径，制定乡村发展政策和计划时，要充分考虑这些共生单元的特征，以及这些共生单元之间可能形成的恒久或临时的互动关系。

（3）共生环境

在生物学经典菌根共生体——由根瘤菌和植物根系所组成的互利共生体中，宿主植物能给根瘤菌提供能源和碳源，根瘤菌则将空气中的氮类化合物提供给植物宿主作为氮源。[①] 在这个共生单元的维系过程中，共生单元所处地域的降水量、温度和湿度、土壤的酸碱度、土壤中的化学成分、空

---

① 何平林：《资本共生与产业发展》，中国水利水电出版社，2011，第40页。

气、日照时间、霜期长短等，构成了根瘤菌和植物的共生环境。所谓的共生环境，是指支持和保障共生单元内部共生物之间物质、能量和信息流通得以实现的基础和条件。

就本研究而言，不同共生单元得以维系的共生环境可以分成三种类型。

第一，西南山区林业生态系统中不同共生单元得以维系的共生环境。林业生态系统所处的经度、纬度和海拔，森林环境内部土壤的酸碱度，土壤中包含的化学成分，以及年平均降水量，光照、霜期长短等，都是林业生态系统中不同共生单元的共生环境。对于林业生态系统来说，有些共生环境是难以改变的，比如地理位置、森林中的某些自然基质等。有些共生环境是不确定的，比如严重的暴风雪、过度干旱、频繁暴发的病虫害、过量的雨水等，这些可改变的因素会让林业生态系统中不同共生单元丧失安全的共生环境。

第二，西南山地社区内部的不同共生单元得以维系的共生环境。如前文所述，西南山地社区内部人与人、家庭与家庭、家族与家族、村寨与村寨、民族与民族间构成多元共生单元，其共生环境也是丰富多元的。这些共生环境，既包括共同的地域、共同的生计模式，以及能够让人与人、民族与民族之间构成共生单元的其他因素，比如保证共生主体之间能够相互沟通的语言，共生主体共同认可的价值观和世界观。

第三，西南山地社区与林业生态系统构成的共生单元得以维系的共生环境。该共生单元依赖的共生环境主要包括三个方面：①西南山区居民世代积累下来的对于森林经营的传统知识，即对森林资源进行可持续利用和保护的传统知识；②西南山地社区居民形成的民间信仰，以及为了维系这些民间信仰而定期举行的仪式活动；③山地社区制定的村规民约，以及国家制定和颁布的关于林业生态系统保护的法律法规。只有在尊重西南山地民族的民间信仰，尊重居住在森林周边社区中的居民积累的传统知识，以及社区制定的村规民约，同时结合国家林业部门制定的法律法规，才能保证山地社区居民和林业生态系统之间的共生单元具备可持续性。

3. 本研究中的共生模式和共生机制

从共生物、共生单元和共生环境的内涵和联系可以看出，所谓的共生实际上相当于一个庞大的关系网，这个关系网包括共生单元内部不同共生物、共生主体之间的相互关系，不同共生单元之间的相互关系，不同共生环境对共生单元或制约或促进的关系。从本研究的主题来看，这些关系既包括人与人之间的关系，也包括人与自然之间的关系，以及人与社会之间的关系。这些错综复杂的关系中，能够在历史的长河中逐渐沉淀下来的、相对稳定的部分，就是共生模式和共生机制。

探讨共生模式和共生机制需要注意以下几个问题。

第一，共生不等于绝对和谐。正如共生包括寄生型共生和偏利共生一样，共生单元内的共生主体之间并不一定处于绝对的互惠和谐状态。当共生单元内部的共生物之间的物质、能量和信息流通失去平衡的时候，矛盾和冲突就会出现在共生单元内。比如西南山区居民和森林资源之间形成的共生单元内部，可能因为人口的增长打破和谐状态；可能因为社区居民对森林资源的过度开发利用，形成矛盾和冲突；也可能因为共生环境改变，比如林权制度改革、林地流转不当，失去往日的平衡和谐状态。所以，考察西南山区林业生态安全与乡村协同发展时，必须考虑共生模式和共生机制的动态平衡性。

第二，充分理解和认识"人"在共生模式和共生机制中的地位与作用。如前文所说，林业生态系统内部的共生机制和共生模式，主要依赖于共生单元内部的物质和能量交流，以及共生环境中能够为共生单元提供的阳光、雨水、温度和湿度等。但是就西南山地社区、森林生态系统和乡村生计发展之间的共生模式和共生机制而言，"人"在其中是最关键、最活跃，也是最不稳定的因素。在探索共生模式和共生机制的过程中，既不能忽视人在共生单元中的主观能动性，也应该避免站在人类中心主义的立场来对待林业生态系统，而是应该把人自身作为经济社会的一部分，作为林业生态系统的一部分来对待，从而探索和总结林业生态安全和乡村生计协同发展的共生模式和共生机制。

第三，从前文关于共生物、共生单元和共生环境的概念剖析来看，本研究中涉及的诸多共生单元，都可以归并到更高级别的共生单元中，也即人与人的共生单元、人与自然的共生单元、人与社会的共生单元中。不过，也需要防止一种"泛共生"的分析方法和理论，应避免把共生简单地等同于共存、共在和共处。所以，本研究最为重要的目标是，通过调查研究，分析出西南山地社区、林业生态系统、乡村发展三个方面真正发挥作用的共生物，不同共生物构成的共生单元，以及促进或阻碍共生单元内部不同共生单元之间的物质、能量和信息流通的共生环境，有的放矢，总结出真正有效的共生模式和共生机制，实现西南山社林业生态安全与乡村振兴的协调可持续发展。

（二）可持续生计理论

1. 生计的概念

关于"生计"（livelihood）一词，英语中的含义是指"维持生活的方式和手段"。生计的概念在不同的学科中都有所提及，人类学、社会学、贫困和农村发展等领域中都把生计问题作为重要的内容来关注。但是，不同的学科对生计的内涵有不同的解释。

人类学家认为生计就是人们为了生存并满足其社会成员的一系列需要而发展出来的一套从生存环境中谋取食物的方法。而一个社会获取食物的方式可能会对其文化的其他方面带来深刻的影响。不同的环境会产生不同的生计方式。人类社会至今共发展出五种生计，依次是狩猎—采集、初级农业、畜牧业、精耕农业和工业化的谋生方式。前者是向自然攫取和收集食物，后四者是生产食物。① 多数社会并非只实行一种生计方式，而是几种方式混合使用。出于对研究对象的考虑，人类学者所涉及的生计范畴重点在农业社会。从农业发展的角度来看，因为食物获取的方式不同，产生了

---

① 汪宁生：《文化人类学调查——正确认识社会的方法》，文物出版社，1996，第38页。

诸如刀耕火种、狩猎采集、梯田耕作、畜牧等农业形态，而不同的农业形态与森林的关系不一样，对森林的认识、理解和管理不相同，对资源的利用方式也不同。此外，一个民族的生计方式的形成并非对自然环境和社会环境的被动应对，而是针对其特定的生存环境，经由文化的创造和作用的结果。也就是说，一个民族的生计方式是其所处的自然环境和社会环境综合作用的结果。[①] 在此过程中，生计方式、生存环境及文化的关系形成了一个复杂的网络。环境是影响生计方式形成的重要条件但非决定性条件，特定的文化也会影响该民族去拣选适合自己发展的生计方式，去利用特定环境中的某些资源而非全部资源。一个民族具体的生存环境和资源既是该民族生计方式的依托，同时也是制约其发展的渊薮。所以，人类学者对生计的研究更偏向于对人类自身发展过程中的诸多行为特点的反思和再认识，这种反思可以帮助本研究不只从物质和资源的角度来探索生计发展和林业生态安全的关系问题，还可以从文化的角度、从特定民族本身更深层次的角度来发现问题。

生计的概念也常见于关于贫困和农村发展的研究中。许多发展学学者认为生计有其丰富的含义，"生计"这个词比"工作"、"收入"和"职业"有着更丰富的内涵和更大的外延，更能完整地描绘人生存的复杂性，更利于理解人为了生存安全而采取的策略。[②] 目前，被大多数发展学学者所认可的定义是：生计是谋生的方式，该谋生方式建立在能力、资产（包括储备物、资源、要求权和享有权）和活动的基础之上。[③] 该定义扩大了生计概念范畴，改变了过去仅仅关注食物、收入、资源等物质因素的单一性，而把人本身的能力的发展也加入进去，强调面对外来的变化时，人主动适应、处理变化的能力以及发现并利用机会的能力。所以，生计是一个综合的概念。

---

① 罗康隆：《论民族生计方式与生存环境的关系》，《中央民族大学学报》（哲学社会科学版）2004年第5期，第44~51页。

② 李斌等：《农村发展中的生计途径研究与实践》，《农业技术经济》2004年第4期，第10~16页。

③ Chambers and Conway, Sustainable rural livelihoods: Practical concepts for the 21st century, IDS Discussion Paper 296. 1992, Brighton: IDS。

综合以上观点和实际的调查内容，本研究所涉及的"社区生计"指的是生活在特定地域环境（西南山地社区）中的农户在自然环境和社会文化环境的共同作用下形成的维持生活的各种手段和方式。这些生计活动是以当地资源的开发、利用为基础，以实现农村社区的可持续发展为目标，并随着社会经济、政治、制度及技术等因素的发展而呈现多样的形式。社区对生计活动的选择具有主动性和适应性特点，人的能力在其中起着重要的作用。需要说明的是，因为西南山地林业资源的经营者和利用者主要是社区农户，所以，本研究中所提到的社区主要指农村社区，社区生计主要是农村社区的生计。

2. 可持续生计与可持续生计分析方法

该概念和方法的提出与贫困和农村发展的研究直接相关。为了进一步解决贫困和经济发展滞后的问题，在生计研究的基础上，一些国际发展机构提出了可持续生计（Sustainable Livelihood）的概念。1992 年，联合国环境与发展大会（UNCED）就将此概念引入了行动议程。在大会第 21 项议程中指出，稳定的生计可以实现有关政策协调地发展、消除贫困和可持续地使用自然资源。哥本哈根社会发展世界峰会和北京第四届世界妇女大会都强调了生计的可持续性、就业、社会整合、性别与消除贫困间的联系对于政策和发展计划的重要意义。总的来说，可以这样来理解可持续生计的含义：生计系统由不同的要素构成，如果一种生计方式具有足够的抗风险能力，在压力下能够自我调节和恢复，同时，使生计主体以不过度耗损自然资源的方式来维持自身的生产和生活，有效改善并提高自身的能力和资产储备，那么，这样的生计就是可持续的。很明显，要实现生计的可持续性，需要有不同的标准和指标体系来进行衡量。一般来说，目前与农村社区生计发展相关的指标包括以下几个方面：①就业机会的创造，指某些生计策略所创造的有益于就业的能力；②粮食安全，指某些生计策略对食物获取和食物消费水平所产生的影响；③生活质量，包括物质和精神上的因素；④抵御风险的能力；⑤自然资源的持续性；⑥社会的持续性，指边缘人群能被主流社会接受，使公平性得到保证。① 只有这些指标都得到实现，我们才认为这种生计是可持续的。

可持续生计概念为研究者们提供了一种观察和研究经济欠发达地区农村发展和资源可持续利用的视角，从理论上为大家提供了解决保护和发展问题的基本思路，然而，如何将这种思路付诸实践，需要有方法的支撑。在此需求之下，不同的研究者和行动者根据自己的兴趣和目标建立了用来设计、实施和评估可持续生计的不同方法。尽管这些方法各有不同，但是基于方法的基本目标均为消除贫困，实现生计发展，所以，可持续生计方法具有一些基本原则。这些原则主要包括以人为本，讲求整体性和动态性，注重能力的分析性和社区的参与性，强调多方合作和可持续性等。而为了让方法在实践中更容易操作，不同的研究者还建立了一系列分析模型和框架，比如用来分析贫困产生的原因以及评估扶贫效果的可持续性生计分析框架；用来分析区域、社区、群体应对动态变化的环境、资产或其他不可知因素的脆弱性分析框架；反映贫困者的基本生计状况和面临的生计安全威胁，找到实现生计安全的策略和手段的生计安全框架；等等。这些方法在全球很多贫困地区得到了实践和发展。这类框架的核心内容如图2-1所示。

上述可持续生计发展框架可以帮助我们更好地理解山地社区贫困产生和形成的原因，影响贫困和实现发展的因素，同时也指出了如何为社区和家庭寻求生计发展的机会，如何利用存在的资产、权力和已有的条件去寻找生计发展的途径。在本研究中，因为林业生态安全与山地社区农民的生计发展互为因果、紧密相联，因此，区分不同族群在不同生存环境中生计方式的形成原因，发现存在的问题并利用可行的框架来分析西南山地社区生计发展与林业生态安全的关系是十分必要的。

---

① 《可持续生计框架：对云南的生物多样性保护与社区发展的针对性》，安迪、许建初译，2003，http://www.cbik.ac.cn/。

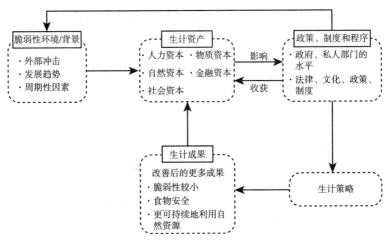

图 2-1　可持续生计发展框架

（三）社区林业与森林可持续经营理论

1. 社区林业的起源与内涵

社区林业（Community Forestry）有时也称为社会林业（Social Forestry），是 20 世纪 90 年代初期引入中国的一种森林可持续经营管理模式，在中国的发展方兴未艾。与传统林业以"木材生产"为中心，强调"就林论林"的经营思想不同，社区林业结合了林学和社会科学的相关研究视角和方法，将农村发展与森林的保护和利用视为一个不可分割的整体，关注农村社区对森林的依赖和需求，体现"以人为本"的发展观念，认为社区村民通过参与林业生产和经营管理活动，获得自身生存和发展所需的森林产品和副产品，最终实现森林资源可持续经营和农村社会的可持续发展的双重目标。

2. 社区林业的工作方法和特点

社区林业的工作方法和理念具有十分鲜明的特点，首先，社区林业非常强调社区村民的主体性和参与性，认为社区村民才是实现森林可持续经营的最大动力；其次，强调农村资源分配利用的公平性和均等性，有利于提高社区村民参与的积极性；再次，在方法上根据农村社区复杂性和多元性的特点，注重组织多学科、多部门的人员采用多样化的方法制订综合的发展方案，并采用多样化形式在不同农村社区开展活动；最后，从发展的长远目标来看，社区林业最终要实现农村生计发展和森林可持续经营，具有重要的战略性和社会意义。

所以，自社区林业的理念和方法在中国传播和实践以来，在一些方面取得了较为明显的成效。其一，改变了传统林业"以木材生产为中心"的发展模式，推动了传统的"部门林业"向"社会林业"转变。其二，林业部门上到各级领导、下到基层林业工作者在林业发展思路和观念上发生了很大的转变，参与式的理念和工作方法得到了大多数人的认同。许多林业工作者在工作中改变了过去自上而下的工作作风，以平等的合作伙伴角色在社区开展工作，改善了和社区村民之间的紧张关系；其三，林业部门的工作职能也发生了变化。在传统林业中，林业部门是"高高在上"的政策制定者、监督者，以命令、指挥等态度和方式自上而下开展森林资源的管理工作，对基层社区基本需求不了解。而现在，林业部门更多地担任了协助者的角色，它们不仅要制定政策、实施和监督林业活动，还要关注社区、与社区合作，并与其他政府部门协调共同为山区发展和森林可持续管理贡献资源。

社区林业在实现社区生计发展和森林资源合理利用方面有着很大的优势。社区林业以满足社区的基本需求为出发点，以恢复森林植被和改善森林质量为基本要求，不仅可以提高社区生活质量，实现村民创收，增加就业机会，而且可以改善政府与当地社区之间的关系。这些思路和方法也是本研究需要关注、学习和采纳的方面。

3. 森林可持续经营

在森林资源和其他自然资源的经营中，可持续发展观念从产生伊始就被作为最终目标而得到普遍的认同，森林可持续经营或称森林的可持续发展成为大家衡量和评价森林资源管理和利用的终极标准。关于森林可持续经营的定义，不同的机构也做了很多解释。1992 年联合国环境可持续发展大会上发表的《关于森林问题的原则声明》中提出，森林资源和林地应以可持续的方式经营，以满足当代和后代对社会、经济、生态、文化和精神的需要。这些需要是对森林产品和森林服务功能的需要，如木材、木质产品、水、食物、饲料、药物、燃料、保护功能、就业、游憩、野生动物栖息地、景观多样性、碳的减少和储存及其他林产品，应当采取适当的措施保护森林免受污染（包括空气污染）、火灾和病虫害的危害，以充分维持森林的多用途价值。赫尔辛基进程认为，森林可持续经营（SFM）是以一定的方式和速度管理、利用森林和林地，在这种方式和速度下能够维持森林和林地的生物多样性、生产力、更新能力和活力，并且在现在和将来都能在地方、国家和全球水平上实现它们的生态、经济和社会功能的潜力，同时对其他的生态系统不造成危害。联合国粮农组织（FAO）认为，森林可持续经营是一种包括行政、经济、法律、社会、技术以及科技等手段的行为，涉及天然林和人工林，它是有计划的各种人为干预措施，目的是保护和维持森林生态系统及其各种功能。

森林可持续经营总的来说主要包括以下 4 个原则。一是发展的原则，即依靠森林为生或需要从森林中获益的人能持续地获得森林所提供的各种产品和服务，发展社区生计，提高生活质量。二是经营的多元性和整体性原则，即森林经营除了获得林木产品之外，还要协调好经济、技术、法律、社会等因素之间的各种关系。森林不是单独存在的，森林与诸多元素构成了一个相互依赖、相辅相成的网络，所以要实现森林资源的可持续经营，必须满足生态环境得到保护、经济上可行、社会可接受等几个条件，而协调好生态、经济、社会三方面的效益，正是森林资源可持续经营的重要任务。三是公平性原则，即对森林资源的经营和利益分享应具有公平性，尤其是对弱势群体而言公平性具有更重要的意义，这就需要森林经营的主体能够自主、自觉、广泛参与到经营过程中，形成一种源于内部的可持续性。四是森林产品利用的持续原则，即必须合理、持续利用包括木材产品和非木材林产品在内的一切森林产品。

4. 社区林业与森林可持续经营的关系

社区林业和森林可持续经营两个概念基本上同时产生，都是基于对资源利用和环境保护存在不协调性，导致非持续关系的认识而产生的。二者之间具有非常密切的关系。其一，社区林业把林业的持续发展与农村发展联系在一起，使林业成为综合、协调发展与持续发展的一种模式。这种模式是多元的、灵活的非单一模式。其二，社区林业通过保障社区村民生产生活对森林的需求，吸引社区村民作为林业发展的主要合作伙伴及生力军，积极参与林业决策、实施和监督，使森林资源可持续管理成为现实。其三，针对传统林业发展和管理模式中的弊端，社区林业开发了一系列野外调查、监测、评估的方法和工具，成为支持社区林业目标实现的基础和保障。

从自然生态系统的角度来看，森林生态系统具有可再生性、可调节性和适应性等特点，只要进行合理的调控和管理，可以使其在符合生态系统内在规律的前提下满足人们生产生活的需求。而在西南山区，社区生计对森林资源的高度依赖使社区森林的可持续经营显得尤为重要。所以，在现有的山区发展实际和市场经济条件下，如何从宏观和微观上对社区森林的经营进行调节和控制，如何消除社区森林资源可持续经营的内外限制因素，从而提高其整体的可持续能力，满足山区社区生计发展对森林资源的依赖和需求是一个很大的现实问题。

（四）民生林业理论

1. 关于民生和林业之间的关系

民生林业这个概念，由"民生"和"林业"两部分组成。"民生"，可以理解为民众、百姓的生计，即人民大众的基本生活。在一个社会中，民众的第一需求永远是维持基本生存和生计底线。所以，民生问题从古至今一直是社会所关注的焦点问题。"民生"一词最早出现在《左传·宣公十二年》中，原文为"民生在勤，勤则不匮"，意指人的生计基础在于勤劳，勤劳就不会贫困，就能够生存下去。"林业"，是指对森林资源的利用、开发、保护和经营管理行为，不论是林区居民对林产品和森林资源的利用，还是国家对森林的整体规划和保护利用，都属于林业范畴。所以，将"林业"和"民生"放在一起，探究的是林业社区对于森林资源的利用、开发、保护和管理与社区生计发展有着何种关系。

中国历朝历代涌现了诸多关于民生与林业的言论、论述和政策等。先秦时期的诸多著作中均提到了有关林业与民生的言论（见表 2-1）。比如齐国宰相管仲将林业视为强国益民的重要手段，提出树木树人论断，他还认为"养桑育六畜，则民富"，即发展林业有利于富民。孟子提出"材木不可胜用，是使民养生丧死无憾也"，"五亩之宅，树之以桑……"他认为树木的用处很多，能保障百姓生活和殡葬。荀子提出"斩伐养长，不失其时，故山林不童，而百姓有余材也"，倡导砍伐树木和栽植树木都要遵循季节和时令，这样山林树木才不会被砍伐殆尽，老百姓才会有持续的木材供给和利用。墨子认为"农夫怠乎耕稼树艺……则我以为天下衣食之财将必不足矣"，意为如果农民不愿意耕种庄稼，不去培育栽植树木，那么整个社会就会出现衣食之忧，提出树木对维持人们生计的重要性。商鞅提出"山林、薮泽、谿谷足以供其利，薮泽堤防足以畜"，认为山林可以维持百姓的生计，给其提供财富……先秦之后一直到明清时期，关于探索民生与林业之间关系的论述和实践更为丰富。

表 2-1　先秦时期典型的民生林业思想

作者	主要观点	代表性文献或出处
管仲	树木树人论断，"养桑育六畜，则民富"	《管子》
孟子	"材木不可胜用，是使民养生丧死无憾也"	《孟子·梁惠王上》
	"五亩之宅，树之以桑……"	《孟子·尽心上》
	"播百谷，劝耕桑，以足衣食"	《孟子·滕文公上》
荀子	"斩伐养长，不失其时，故山林不童，而百姓有余材也"	《荀子·王制》
墨子	"农夫怠乎耕稼树艺……则我以为天下衣食之财将必不足矣"	《墨子·非命下》
商鞅	"山林、薮泽、谿谷足以供其利"	《商君书·算地》

　　近现代以来，很多有识之士深刻地认识到林业对于国民经济发展的重要性，从制度建设方面推动了民生林业的发展。比如1898年，康有为上书《应诏统筹全局折》，建议清政府设立农局，其管理范围包括林业。同年，华辉上奏折，主张植树造林、兴修水利，奖励植树造林，惩罚毁林开荒。[①]1901年，张之洞、刘坤一上奏折主张发展农林业，改善民生。[②]康有为在其著作《大同书》中将林业视为农业的重要组成部分，主张发展农林教育，利用当地山林资源发展林下经济，改造环境。[③]1916年，凌道扬论述了"森林与国家之关系"，他认为，林政对于一个国家非常重要，对增加财政、提供工业原料、利用土地、改善生计、获得间接利益等方面有重要影响，振兴林政是中国的当务之急。[④]孙中山亦认识到林业在国家建设中的重要地位，将发展林业列为国家实业计划的组成部分。在《三民主义》《建国方略》《建国大纲》《实业计划》中，他全方位地论述了森林的重要性，提出了发展林业、保障民生的设想。1924年，孙中山在广州作民生主义演讲时提到，解决民生问题，首先要解决吃饭问题，他认为保障农业生产就是要防灾，而防灾就是要造林，在全国范围内大规模植树造林。[⑤]

　　新中国成立以后，民生与林业的联系更为紧密，关于二者关系的论述不胜枚举。著名林学家梁希主张建设国有林，推动奖励民营林业，要求根据各地的优势发展特种林业和林下经济。他在《民生问题与森林》一文中提出，森林是人类的发源之地，民生问题一半靠着农业，一半靠着林业，强调森林在保障民生、改善民生方面的重要性。[⑥]以习近平同志为核心的党中央非常重视民生与林业的重要性，"环境就是民生，青山就是美丽，蓝天也是幸福""林业建设是事关经济社会可持续发展的根本性问题""绿水青山就是金山银山"等思想和理念的提出，从一个全新的角度阐述了生态环

---

① 龚书铎：《中国通史参考资料（近代部分）下册》，《中华书局》，1980，第74~76页。
② 朱寿朋：《光绪朝东华录》，《中华书局》，1958。
③ 康有为：《大同书》，古籍出版社，1956，第240、242、243、254、261页。
④ 凌道扬：《振兴林业为中国今日之急务》，《森林》1921年第1期。
⑤ 孙中山：《孙中山选集》，人民出版社，1966，第30、291、319、570、823页。
⑥ 梁希：《梁希文集》，中国林业出版社，1983，第165~171页。

境、国民经济、民众脱贫致富之间的相互关系。① 而将"民生"与"林业"进行整合，把"民生林业"作为一个术语和专门研究方向提出来，则可以追溯到 2012 年国家林业局局长赵树丛在国家林业厅局长会议上的讲话。赵树丛提到，生态林业和民生林业是林业建设的旗帜，改善民生是林业的主要目的，保障和改善民生是我们党执政的根本出发点和落脚点，也是林业工作的根本出发点和落脚点。②"民生林业"一词由此被正式提出。

2. 民生林业的概念和特征

顾名思义，民生林业是指为生计发展的林业。确切来说，就是把保障和改善山区、林区群众的生存发展条件作为主线贯穿于林业改革发展的全过程，以政府为主导，实现林业的可持续发展和尊重人的基本权利为前提，建立健全公共服务体系，保障人民的良好生存状态、发展生活环境和生活质量的事业。③ 从这个角度来看，民生林业和前述的社区林业在研究对象和发展目标上具有一定的相似性，也各有侧重，民生林业在一定程度上更注重政府的主导地位，而社区林业则较为注重社区参与和上下结合的发展方式。

综合来看，民生林业主要有以下几个特征。第一，强调民生和林业之间的互利互惠和可持续发展，在发展民生的情况下毁坏森林，不合理利用森林，或者在纯粹保护森林的情况下完全忽视民生的，都不是民生林业。第二，重视民生林业发展过程中政府的主导地位。不论是颁布林业政策，倡导和实施退化林地修复、植树造林行动，筹措用于林业保护和发展的资金，还是调动森林周边社区居民参与到森林保护行动等林业活动中来，政府都扮演着组织者和决策者的主导角色。第三，民生林业是综合了人、社会、森林生态系统在内的复合系统。本研究探讨西南山区的林业生态安全

---

① 贺东航：《习近平的绿色情怀——习近平林业思想述论》，《林业经济》2014 年第 12 期，第 3~5+69 页。

② 《赵树丛在全国林业厅局长会议上强调 高举生态林业、民生林业两面大旗 推动现代林业发展再上新水平》，《河北林业》2012 年第 8 期，第 6 页。

③ 林红：《重点国有林区民生林业发展机制研究》，东北林业大学博士学位论文，2016。

保障路径，在一定意义上，就是要探索西南山地社区民生林业的可持续发展模式。以人为本，尊重民众的生存和发展权，同时保证林业生态安全，在林业生态安全的基础上使山地社区居民收入增加，实现这个目标，需要以政府为引导、以山地社区居民为主体积极参与，让林业进入安全的良性循环之中，最终实现民众和林业的协调共生和可持续发展。

3. 国外关于林业与社区生计的研究

国外的民生林业研究和行动在非洲、南美洲、东南亚、南亚的一些以林业为主要生计的发展中国家和地区开展得较多。比如，Larson A. M. 等人通过对玻利维亚、巴西、危地马拉、洪都拉斯和尼加拉瓜的研究，提出了分析林业权力下放影响居民生计的概念模型。该研究认为，权力下放没有和解决结构性不平等的政策相结合时，脆弱性就会增加。也就是说，政府对土地和森林的控制必须与增加贫困地区人民获得权利和安全的政策相结合。与此同时，增加政府对森林管理和监测的权力可以促进获得森林生计所需的相关资产。[1] Fisher M. R. 等人通过对 2012～2016 年持续行动研究的反思，考察了印度尼西亚南苏拉威西的社区林业项目行动实施情况。该研究批判性地将林业政策意图与三个不同地点项目实施行动的效果相结合，研究结果表明，社区林业项目的实施受到历史上存在问题的国家圈地和有缺陷的土地管理程序、当地行为者根深蒂固的政治经济利益，以及在许可程序之外缺乏制度参与等因素的影响。[2] Lyons K. 等通过对乌干达绿色资源活动的考察，得出结论：尽管私营部门对通过林业种植进行碳抵消的国际投资广泛支持，以应对该国的环境危机，但这是碳殖民主义和新自由主义土地掠夺的一部分。而这种碳殖民主义，会对当地的生计产生深远的不利

---

[1] Larson A. M., Pacheco P., Toni F., et al., The effects of forestry decentralization on access to livelihood assets [J]. *The Journal of Environment & Development*, 2007, 16 (3): 251-268.

[2] Fisher M. R., Moeliono M., Mulyana A., et al., Assessing the new social forestry project in Indonesia: recognition, livelihood and conservation? [J]. *International Forestry Review*, 2018, 20 (3): 346-361.

影响。① Djanibekov U. 等人分析了在中亚阿姆河下游灌溉农业区的边际农田造林（包括通过清洁发展机制以固碳奖励的形式存在的潜在效益）对商业性农场和农户生计的影响，通过工资劳动关系分析了它们之间的相互依存关系。结果表明，在退化的灌溉农田引入短轮作人工林有助于缓解缺水对农村生计的影响，同时维持能源需求、收入和粮食安全。虽然在植树造林后的第二年到第六年，农户的收入和食物消费可能会下降，但随后林木种植园收获，农场利润持续增加，这些利润通过现有的工资和劳动支付安排输送到农户那里。同时将薪材纳入劳动力支付计划，取代农村家庭使用化石燃料，可大幅减少他们的能源支出和二氧化碳排放。此外，考虑到树木涵养水源的功能，植树造林将增加高产农田的灌溉用水量。②

此外，中国学者 Yang L. 等以农户生计资本为出发点，以农户种植结构和意愿为核心，探讨青藏高原第一个全球重要农业文化遗产扎尕那农林牧业复合体系农户种植决策的影响因素和机制。在统计分析的基础上，对相关性明显的生计资本指标逐一进行要素分析，最终筛选出影响农户种植决策的激励性、限制性和调节性生计资本指标。③ Chen H. 等人以甘肃省为例，利用调查数据，探讨了社区共管的社会、生态和经济效益。研究结果表明，社区共管似乎显著提高了当地社区居民的整体生计能力。森林状况和对森林保护的态度也有所改善。但是，在社区内并不是所有人都享有经济利益，因为虽然社区共管项目名义上向所有人提供资源，但社区内的某些弱势群体不大可能参与。良好的教育和所获得的信息都与参与社区共管项目的经

① Lyons K. , Westoby P. , Carbon colonialism and the new land grab: Plantation forestry in Uganda and its livelihood impacts [J]. *Journal of Rural Studies*, 2014, 36: 13-21.

② Djanibekov U. , Djanibekov N. , Khamzina A. , et al. , Impacts of innovative forestry land use on rural livelihood in a bimodal agricultural system in irrigated drylands [J]. Land Use Policy, 2013, 35: 95-106.

③ Yang L. , Liu M. , Lun F. , et al. , The impacts of farmers' livelihood capitals on planting decisions: A case study of Zhagana Agriculture-Forestry-Animal Husbandry Composite System [J]. Land Use Policy, 2019, 86: 208-217.

济效益密切相关。[①]

民生林业是中国特有的概念，林业的可持续发展问题，实质上涉及由谁来推动和谁是主体的问题。目前民生林业的发展主要靠外部推动，一旦外部动力消失，发展将会面临困境。因此，民生林业发展的重要问题是形成山区、林区群众自我组织、自我发展、自我服务的林业可持续发展机制。

小　结

基于本研究的主题和研究对象，本章着力讨论了生态安全和林业生态安全的内涵和外延，并对国内外研究和发展现状进行了梳理和述评，明晰了相关概念和研究动向。同时，探索西南山区林业生态安全问题，不可避免地会涉及生态文明、乡村振兴、社区可持续生计、森林可持续经营、民生林业等相关理念和内容，基于此，本章总结了多元共生、可持续生计、社区林业与森林可持续经营，以及民生林业等基本理论的核心要义和应用原则，并探讨了这些理论怎样与本研究相结合、如何应用的问题。

---

① Chen H., Zhu T., Krott M., et al., Community forestry management and livelihood development in northwest China: integration of governance, project design, and community participation [J]. Regional Environmental Change, 2013, 13 (1): 67-75.

第三章　西南山区林业生态安全的
要素禀赋与驱动力

森林是陆地上最大的生态系统，也是陆地生态安全的重要基础。过去人们对森林的理解大多"见山是山""见树是树"，将森林等同于树木，等同于山林本身。然而，森林的产物不只是林木，林木只是森林生态系统的优势种。森林凭借着庞大的生物量创造了包括人在内的其他物种的生存空间，能提供干净的空气、水源、优美的景观并承载着人类丰富多样的生态文化，将这些综合起来才是森林。林业是人们为了自己的福利而对森林采取的资源经营管理行为，包括对林木及其产品的栽培、采集、砍伐、利用、管理和保护等内容。随着人类文明的发展，森林除了提供给人类必要的资源和庇护环境外，对人类社会以及森林社区的功能也日趋重要和多元化，诸如康养游憩、医药开发、碳汇价值、文化保存、生物多样性保护等越来越受到重视。在生态文明建设的大背景之下，林业的战略定位正在发生改变，已经从原来追求单一的经济价值和生态保护目标转变成为经济、生态、社会价值并重。所以，林业并不是一个单独的或者简单的技术性行业，其发展是多种要素共同参与、相互影响的过程。林业生态安全问题也不仅仅是生态系统或者森林资源本身的问题，它既受到外部经济、政策环境的影响，也受到自然资源状态本身的约束。因此，林业生态安全要素除了自然/森林资源要素之外，还包括经济产业、社区生计和社会文化等诸多要素。西南山区拥有较为优越的资源禀赋，这些禀赋成为保障林业生态安全的前提条件和内在驱动力。

一 林业生态安全的基本要素

（一）森林资源要素

森林资源要素是保障林业生态安全的前提和基础，其构成直接影响到森林生态系统本身的安全。从管理的角度对森林资源要素的探讨就是要把森林看成一个管理和作业的对象，关注森林生态效益、森林健康、森林保护等内容。一般来说，林业生态安全的森林资源要素可分为森林及其群落、森林环境与生态因子以及森林环境与资源承载力（见表3-1）。

表 3-1 林业生态安全的森林资源要素

要素分类	要素构成	释义
森林及其群落	物种构成	在不同气候、水热、立地条件以及人为需求的影响下，特定区域内森林物种尤其是植物物种的基本构成状况
	种间关系	不同森林物种之间的相互作用如竞争、捕食、寄生与共生、协同进化等
	植被类型	主要树种（建群种）的生活型相同或者类似，对大范围地区经纬度，以及局部区域的水热、土壤等条件有一致适应性的植物群落分类
	群落结构	主要体现为空间结构，可包括垂直结构和水平结构
	动态与演替	包括森林群落的内部动态、群落的演替状况和生物的进化内容。森林群落内部动态主要表现为季节性变化和年度波动；森林群落的演替指的是在一定的小区域内一种森林植被被另一种森林植被替代的过程
	稳定性	一是指森林群落能实现自我更新，长期维持顶级状态，也称持续力稳定；二是指遭受外界因素干扰后，能继续维持原本生长状态，也称抵抗力稳定；三是指森林群落在遭到外界的强烈干扰之后发生变化，能够重新恢复到原有状态，也称恢复力稳定
森林环境与生态因子	物理环境	包括气候、土壤、地形地貌、水文等综合性自然环境条件
	森林生物	同种或不同种生物之间的相互关系对森林环境特征的塑造和影响
	人为活动	不合理或合理的人类活动对森林和环境的影响
森林环境与资源承载力	生物支持力	满足森林生物基本生存条件的最大支持力
	人类活动支持力	满足一定人口规模的社会经济活动的最大支持力

1. 森林及其群落

森林及其群落构成要素可包括物种构成及种间关系、植被类型、群落结构、动态与演替、稳定性等。

森林植被是以树木为主组成的植物群落。植物群落群居在一起，与环境之间彼此影响、相互作用，形成具有一定外貌特征，并具有特定功能的地表植物群落集合体。受不同的水热条件、地形地貌、气候等的影响，森林植被类型在不同环境里呈现多样化的特征。比如，在温暖、湿润的热带、亚热带地区，以四季常绿、茂密、主干高大、树冠舒展浑圆的常绿阔叶林为主；在湿润、半湿润的温带气候区，则以夏季葱绿、冬季落叶的落叶阔叶林为主；在寒温带气候区，则以耐旱、耐寒的针叶树种为主，广泛分布着针叶林。

森林物种构成是指在不同气候、水热、立地条件以及人为需求的影响下，特定区域内森林物种尤其是植物物种的基本构成状况。比如，从自然起源上来看是以阔叶树种为主，还是针叶树种为主；从利用目的上是以用材林树种为主，还是以经济林树种为主，抑或以防护林树种为主；从适应环境的角度来看是耐寒树种、耐旱树种、喜阴树种、保水树种还是热带树种；等等。森林是动物、植物和微生物构成的生物群落，不同生物物种生活在同一生境当中，彼此之间必然会产生各种各样复杂的联系，这就是森林物种的种间关系。种间关系受物种自身的生长发育情况以及外在环境的影响，可表现为竞争、捕食、寄生、共生（偏利共生、互利共生）、①协同

---

① 偏利共生是指两个不同的物种之间所产生的相互作用对一方有利，而对另一方无害的关系，比如在亚热带森林中，兰花附生在高大乔木的枝干上，以使自己获得更多的阳光、潮湿的空气和更多的养分，但是兰花的生长不会给乔木带来什么危害。互利共生是指两个物种之间所发生的相互作用对双方都有利，比如地衣生长就是一种典型的互利共生。地衣是真菌和藻类的共生复合体，真菌没有叶绿体，无法进行光合作用，含有叶绿体的藻类会通过光合作用给真菌提供营养，而真菌则负责给藻类提供水分和无机盐，二者相互配合、相互补益，形成一个统一的整体，附着生长在岩石表面、乔木枝干或者腐烂的根茎等这一类严苛的生存环境当中。很多豆科植物的根瘤菌与植物本身的生长也是互利共生的典型代表，根瘤菌利用了根的糖类满足自身的生存需求，同时给植物体提供了营养素。林下放牧、林下种植等也可以看成林木和畜禽、作物之间的互利共生。

进化①以及中性作用（互不干扰）等多种复杂的关系。森林物种构成及其种间关系主要体现了以资源和空间关系为主的种内与种间的相互作用，通过竞争、共生、协同进化等，森林物种才能不断适应外部的环境变化。

森林的群落结构主要体现为空间结构，可包括垂直结构和水平结构。垂直结构主要指的是森林群落在垂直方向的配置状态，其最显著的特征是成层现象，即在垂直方向分成许多层次的现象，其形成与植物的光合作用相关。森林群落的林冠层是森林的最上层，以绝对的高度优势吸收了大部分阳光，从上往下阳光逐渐减弱，基于此特征，森林群落的垂直结构依次呈现为高大乔木的林冠层、下木层、灌木层、草本层、地被层（苔藓、地衣、真菌等）和层外植物（藤本、寄生附生植物等）等层次。一般来说，常绿阔叶林的地上成层现象最为显著，寒温带针叶林的成层结构比较简单，热带森林的成层结构最为复杂。成层结构是自然选择的结果，它体现了森林植物适应环境、利用环境资源的能力。森林群落的水平结构主要指群落的水平配置状态或者水平格局，主要特征为镶嵌性和复合性，即森林植物种类在水平方向不均匀配置使群落在外形上表现为斑块相间的现象。

森林群落的动态与演替指的是森林群落的动态状况，可包括森林群落的内部动态和群落的演替状况，从较大的层面上还包括了生物的进化内容。森林群落的内部动态主要表现为季节性变化和年度波动。季节性变化受环境条件尤其是气候条件的制约，并与不同森林物种自身的生长特性相关。一般来说，在高海拔区域，气候四季分明，森林群落的外貌和季相变化也最为明显。海拔稍低的中山地区森林植被的季相变化则不如亚高山地区的植被变化明显，在气候和水热条件好的热带和亚热带地区的常绿阔叶林和热带雨林则终年以绿色为主，变化较小。森林群落的演替也是一种动态，指的是在一定的小区域内一种森林植被被另一种森林植被替代的过程，森

---

① 协同进化指的是一个物种的性状变化会影响到另一个物种的性状，呈现一种进化反应，同时，这种进化反应又引起此物种的性状发生进一步的变化。在自然界，捕食者和猎物之间的相互关系是一种典型的协同进化，如昆虫与植物之间的相互作用就是一种协同进化。

林演替的出现是森林内部各组成成分间运动变化以及外在环境综合作用的必然结果。① 不同树种繁殖体的迁移、定居、竞争反应，群落内部环境的变化，种内和种间关系的改变，外界环境条件的变化以及人类活动的干扰等都可能导致森林群落演替的发生，其中，人为活动的影响远远超过其他因子。

森林及其群落的稳定性一般可包括三个方面的含义：一是指森林群落能够实现自我更新，并在较长时间内维持群落结构的顶级或最佳状态，也可称为维持力稳定；二是指森林群落在遭受外界环境的干扰之后，能够继续维持或尽可能保持原来的生长状态，这种能力也被称为抵抗力稳定；三是指森林群落在遭到外界强烈干扰发生变化之后，能够重新恢复到原有状态的能力，也称恢复力稳定。② 外界干扰常常是影响群落结构稳定性的最主要因素，可分为环境干扰和生物干扰两类，环境干扰主要指自然环境的变化如受风、火、水、气候变化等自然灾害因素的影响，这类影响可直接导致森林结构的波动和改变，会大大削弱森林生态系统的服务功能；生物干扰主要指森林病虫害、物种入侵、动物活动以及人类活动等。需要注意的是，人类活动对森林的干扰和其他生物干扰有所不同，人类活动对森林的过度利用会导致负面影响，但是，人类活动也可以是有目的的干扰，比如对森林资源合理的经营管理、间伐和抚育，对森林生物多样性的保护行为，等等，这些干扰可能让森林结构重回稳定的状态。

2. 森林环境与生态因子

森林生态因子主要指影响森林植被生长和分布的诸多环境因子的组合，可分为物理环境因子、森林生物因子和人为活动因子等。

物理环境因子包括气候、土壤、地形地貌、水文等综合性自然环境条件。气候是森林、树木赖以生存的基础，包括温度、湿度、降水、光、风、

---

① 薛建辉主编《森林生态学》，中国林业出版社，2015，第 154 页。
② 张继义、赵哈林：《植被（植物群落）稳定性研究评述》，《生态学杂志》2003 年第 4 期，第 42~48 页。

气压和雷电等。一般来说，大气候决定了区域性森林植被的分布，小气候则主要影响树种或群落的局部分布。反过来，良好的森林群落可以改善小气候，改善生态环境，这在西南山区生态安全建设中具有重要意义。另外，气候变化对森林资源的影响非常显著。气温改变森林植被分布范围和生长季长度，一般情况下，较小的温度变化可能会增强光合作用，当升温幅度较大时，高温促使植物的呼吸作用强于光合作用，导致森林生产力降低。研究表明，当全球升温达 2℃和 4℃时，将导致全球森林死亡面积分别提高22%和 140%。[①]气候变化导致的干旱、洪水、火灾、风灾等也会给森林的生长造成干扰。

土壤是森林生长的基质，它提供了树木生长所必需的矿物质元素并储存水分，及时向树木供给营养成分，是各类树木速生或者健康生长的基础。同时，土壤也是有机物分解和无机元素返回养分循环过程的场所，森林凋落物和死地被物在各种物理作用之下分解成大量的有机质，成为土壤养分的主要来源。对森林而言，土壤既满足了森林正常生长发育对营养和肥力的需求，又提供了树木生长的基础环境。树木和土壤之间存在一种相互影响的关系，合理的森林经营活动，可以改善土壤的理化性质，提高肥力水平，比如固氮树种、菌根树种与目标树种混交，保护和改善森林死地被物等，可以提高土壤肥力和林木生产力。

地形地貌主要通过改变森林生境里的光、热、水、土壤、风等自然条件作用于植物。不同的海拔、坡面（阴坡/阳坡、迎风坡/背风坡、陡坡/缓坡等）、山形山势、沟谷宽窄度等都会产生影响形成不同的生境类型，既影响了森林植被的分布，也促进了植被类群的适应与演化。连绵的山脉和高耸的山峰对气候、温度和降水的影响都特别大，起到或引导或阻碍的作用，山体越高大，其屏障性就越大，山脉两侧的气候和植被差异就越明显。在同一山区，由低山到高山，由于地势不同会形成明显的植被垂直带谱。随着海拔升高，温度降低，蒸发量减少，降水量及大气、土壤湿度增加，土

---

① 曾子航：《全球气候变化对森林的影响与启示》，《绿色中国》2022 年第 8 期，第 60～63 页。

壤的肥力增大，植被生长茂密或植被发生更替等。

水是生命之源，水文条件对森林生物的生存、生长发育有巨大的作用，湿度、降水和水源的分布与森林植被的种类、数量和分布有着密切的联系。一般来说，降水并不会被森林树木直接吸收，树木吸收的水分主要来自土壤，降水是土壤水分补给的主要来源。不同的森林植被类型和植物物种对降水的反应各不相同，年均降水量高且蒸发量适宜的区域，大多生长湿润性森林，具有不可替代的环境功能和重要用材价值的天然林主要分布在陆地湿润地带。在半湿润半干旱地区，森林只能生长在水热条件好的立地环境中。同时，森林对水分也有调节作用，林冠截留、滴落、茎流、蒸发等，使森林产生了涵养水源和保持水土的功能。

森林生物因子主要反映同种或不同种生物之间的相互关系，比如群落物种的密度、多度，以及竞争、共生、寄生、捕食等关系。从区域内大的森林类型到林间和林下的植被，从对森林群落结构和环境条件起着决定性作用的建群树种、优势种，再到一些非建群种的分布情况，森林生物因子均可以在不同层次和不同程度上影响并反映森林生长特征和环境特征。人为活动因子指不合理或合理的人类活动对森林和环境的影响，比如乱砍滥伐、过度放牧、毁林开荒、征占用林地或者对森林进行保护和可持续利用，等等。

3. 森林环境与资源承载力

森林环境与资源承载力是指在特定的森林环境条件（生存空间、营养物质、温度、水分、阳光等）下，能够确保包括人类在内的所有森林生物的生存、生计和发展需求得到满足，森林生态系统服务功能保持稳定，自然生态结构保持平衡，森林生态环境能够承受生物生存条件、人类活动和人口规模的最大负荷和支持阈值。"所能承受"指的是不影响森林生态系统的结构与功能；人类活动指的是人类对森林的一切经营行为，包括满足社区基本生计需求和要求经济社会高质量发展的一切活动。

（二）经济和产业要素

林业生态、经济、社会三大效益的协调决定了一个地区林业生态安全的状态。经济和产业要素是林业生态安全问题的主要成因之一，也是造成森林生态系统和林业经济系统内在交互安全性发生改变的潜在因素。西南山区森林资源非常丰富，所以无论是过去传统森林资源经营，还是现在在国家乡村振兴战略倡导产业振兴并给予了各种帮扶和支持的条件下，林业经济和产业发展一直是当地社区比较注重的发展途径与方式。林业经济和产业发展对森林资源会产生两方面的效用：一方面，如果林业的发展是在遵循科学、合理原则的前提下进行的，森林利用是可持续的利用，那么森林的生产力会一直得到维系，同时其生态效益持续显著，森林不会遭到破坏；另一方面，如果林业产业的快速发展成果是在粗放的森林经营行为下取得的，随着林业对森林资源的需求不断增加，森林生态系统受到的负面反馈逐渐超过自身调节能力时，将导致森林面积减少，林分质量下降，生产力降低，生态产品供给失衡、资源供给失调等诸多不安全因素。此时，森林生态系统安全受到威胁，会出现单害（单利）、互害（竞争）的非共生模式。林业生态安全的经济和产业要素可分为林产品市场、林业资本（投入与报酬）、人力/劳动力、产业结构与产业发展水平等（见表3-2）。

表3-2　林业生态安全的经济和产业要素

要素分类	要素构成	释义
林产品市场	木材林产品	原木及其加工产品，比如制材（心材、边材、锯材、方材）、人造板（刨花板、胶合板、纤维板）等
	非木材林产品	除木材以外的所有林产品，如松香、栲胶、漆油、桐油等林化产品以及野生菌、森林蔬菜、药材等林副产品
	森林景观产品	森林观光、徒步、露营、探险、滑雪、康养等
林业资本（投入与报酬）	资本配置	对资金的流向进行引导，加大投入，获得生产的动力和条件
	融资	资本市场中的投资者或资金盈余者根据市场需求和产品价格的波动将资金直接或间接地投向资金缺乏者，获得经营条件

要素分类	要素构成	释义
人力/劳动力	生产者	基础劳动者、初级生产者、社区农户、农民等
	经营者	对资源进行初级生产以外的经营
	管理者	基层组织、合作社、集体经济、企业、政府等的相关管理人员
产业结构与产业发展水平	产业结构	林业一产、二产、三产产收和融合情况
	产业发展水平	产业的基础能力和产业链发展水平

　　林产品市场主要指对木材和非木材林产品一切交易行为的总和。木材林产品包括原木及其加工产品，比如制材（心材、边材、锯材、方材）、人造板（刨花板、胶合板、纤维板）等，其来源和基础是活立木，因此，活立木的生长和收获一定程度上决定了一定时期内原木及其产品的供给水平及价格水平。非木材林产品是指除木材以外的所有林产品，如松香、栲胶、漆油、桐油等林化产品以及野生菌、森林蔬菜、药材等林副产品。随着人们对森林资源的认识不断加深，几乎每年都有新的林副产品被开发出来。此外，随着生活质量不断提高，回归自然，回归荒野，让身心得到放松逐渐成为人们追求的生活方式，森林的景观价值得到开发和利用，如森林观光、徒步、露营、探险、滑雪、康养等森林旅游休闲的无形服务越来越重要，由此扩大了林产品市场的范畴。从经济学的角度来看，健全的林产品市场可以加快林产品的流通速度，拓宽收益获得渠道，保障林产品生产者的经济利益，从而促进林业生产和森林资源经营管理活动的正常进行，使林业发展进入良性循环轨道，进而保障林业生态安全。

　　林业资本（投入与报酬）要素是影响林业经济增长的重要因素。要实现林业整体性发展，无论是国家重大生态建设工程的实施、高新科技的投入、优势林产业的发展，还是以社区为基础的森林资源经营管理等，任何一个环节都离不开资本的支撑。资金是资本要素的货币体现。资本配置是指资本市场根据资本价格的波动以及资源配置的要求，对资金的流向进行引导；而融资则可以使资本市场中的投资者或资金盈余者根据市场需求和产品价格的波动将资金直接或间接地投向资金缺乏者，让生产者获得更大的经营森林资源的动力和条件，同时对资本配置起到引导作用。在西南山区，林业经济长期存在资本投入不足和效益不高以及林业投入和产出比例失调的问题，这也是引起林业生态安全问题的原因之一。要解决此问题，需不断加大投资力度、完善融资体系和金融扶持政策等。

人力/劳动力要素指的是林业生产中的生产者、经营者和管理者等人力资源的总和，它是林业生产和经营管理的主导因素，在全部要素中属于最活跃的构成。人力/劳动力的知识水平、文化素质、劳动能力、数量以及配置的情况等直接影响林业经济的增长。在西南山区，森林资源尤其是社区集体林的经营者并不缺乏，大多数森林社区的农户都依赖着森林资源。过去很长的历史时期内，人们对林业经济的要求并不高，大多数农户的经营行为主要是为了满足基本生存需求。但是，在社会经济变革、科学技术迅速发展的今天，新的林业发展趋势要求林业生产者和经营者以最优的方式经营森林，并敢于参与市场竞争，提高经营和创收能力。因此，结合国家乡村振兴中人才振兴的要求，亟须推进林业科技人才队伍和专业管理队伍的建设。

产业结构与产业发展水平要素包括地区性林业产业经济的总体发展水平、林业产业结构（林业一产、二产、三产产收和融合情况）、林业产业增长速度、林业经济对国民经济贡献程度以及环境容量等。其中，林业第一产业包括木材和非木材林产品的生产、森林资源的直接经营等；林业第二产业包括木材或非木材林产品的初加工和精深加工；林业第三产业包括森林康养、森林研学以及探险、登山、徒步、露营等森林游憩行业。林业产业发展水平是指在林业产业经济基本条件范围内能达到的标准，产业基础能力强，产业链水平高，林业经济发展水平就高。林业产业结构和发展水平反映了当地林业经济发展的宏观环境、森林资源利用情况以及为促进产业发展而消耗森林资源、破坏生态环境的潜在驱动因素等，可以以林业经济的总量、结构、增长、贡献率等作为评价指标来评估林业产业发展情况。环境容量水平包括造林情况、治理投资及环境容纳情况等，反映了当前森林资源质量和结构、人们对生态系统修复的主观重视程度、资金投入强度以及经济社会发展过程中的环境容纳程度。

在林业经济和产业诸要素当中，产业结构和产业发展水平的优化和提升对林业生态安全的影响属于内在影响，产业结构良好、产业发展水平高则能够作为内生动力改善或保持林业生态安全状态；而资本、劳动力、环境容量和承载力等要素对林业生态安全的影响属于外在要素。因此，可以将提高林业产业化水平、优化林业产业结构作为促进林业经济增长、保障林业生态安全的内在驱动因素，将劳动力、资本的投入作为林业生态安全的外在驱动因素，二者之间的联系决定着林业经济发展水平。

（三）社区生计要素

社区生计是指生活在特定地域环境中的当地人/社区农户/民族群体在自然环境和社会文化环境的共同作用下形成的维持其生活的各种手段和方式，是社区农户谋求生存安全而采取的各种策略。既包括谋求食物、获得收入、自然资源获取等获取物质因素的方式，也包括在面对来自外界的各类未知风险时，社区农户主动适应、处理变化的能力和发现并利用机会的能力。社区生计活动以当地各类自然资源的开发、利用为基础，并随着社会经济、政治、制度及技术等因素的发展而呈现多样的形式。社区农户对生计的选择具有主动性和适应性，并会根据内外环境的各种变化进行适时调适，所以，社区农户的能力非常重要，决定着社区生计的安全性。

社区生计要素可体现为两个方面（见表3-3），首先是社区生产生活对森林资源的依赖，一般可分为生活性要素和生产性要素。生活性要素指的是满足社区农户衣、食、住、行等日常生活所需的基本要素，包括获取薪柴、建房用材、其他生活设施和农业活动设施用材，采集食物、饲料、药材和保健品，使用木材/竹材制作工具，在山地环境中从事初级农业活动，等等。生活在西南山地森林环境中的居民，从古至今一直在森林环境中从事着采集、伐薪、烹食、筑屋、建寨、耕耘的生计活动，这些活动既是山地民族的基本生存需求，也是塑造山地民族精神文化内核的物质基础。

表 3-3　林业生态安全的社区生计要素

要素分类	要素构成	释义
社区生产生活对森林资源的依赖	生活性要素	满足社区农户衣食住行等日常生活所需的基本要素
	生产性要素	以获得直接的经济收入为目的的生计活动
社区自身能力	农户自身的能力	农户家庭和个人的基本文化素质和受教育程度,对资源可持续经营利用的认知和经验积累程度,社区农户自身的抗风险能力等
	社区组织机构的能力	基层社区组织机构如村委会、村民小组、合作社的管理能力和执行能力,社区资源管理制度的合理性和有效性,社区农户对社区组织机构的信任程度等

在满足基本生存需求之后，山区农户对山地和森林资源的进一步需求就是通过经营和管理森林资源获得现金收入，提高生活的质量和水平，所以，生产性要素指的是以获得直接的经济收入为目的的生计活动。包括木材、竹材采伐、加工、销售活动，非木材林产品的采集、加工及销售，经济林木、林果的种植及销售，林下经济作物的种植、加工及销售，林下养殖，以木材为原料的养殖及加工，林木、林地流转，森林生态旅游经营，等等。林业生产总体上来说存在周期长、风险大、收益预期不稳定的特点，所以在生产过程中，一般可以采用以短养长、长短结合的方式，比如，可通过经营短期林副产品获得收入；通过合理的农林牧复合经营的方式，提高非木材林产品产量，降低生产风险，增加经济收入；通过发展山地社区林产品及副产品的手工加工业，吸引当地农户参与，增加他们就业的机会，提高经济生活水平，等等，从而使林业生计成为一种可持续的发展方式。

其次是社区自身能力。社区自身能力指社区农户自身和社区组织机构自身在促进生计发展过程中所能应用的各种能力。在社区农户层面上，其能力可包括农户家庭和个人的基本文化素质和受教育程度，对资源可持续经营利用的认知和经验积累程度，社区农户自身的抗风险能力等。社区农户文化素质的高低，决定着其是否具备接受外来的科学技术知识，并应用到生计发展中去创造和维持生计与生态安全的能力。一般来说，文化素质整体偏高的山地社区，实现生计发展和林业生态安全的能力就会较强，反之则较弱；对资源可持续经营利用的认知和经验积累程度也是一项要素指标，社区农户对森林资源的功能认识越深，对各种经营技术掌握得越多，对森林资源实现可持续经营的可能性就越大，实现林业生态安全的可能性也就越大。此外，当地的林业发展和社区森林资源经营会受到来自内部和外部的诸如市场、政策、自然灾害等因素的冲击，而社区农户能否在短时间内调整策略采取措施来应对风险，安然度过风险期是检验社区可持续经营能力的重要指标。

从社区组织机构层面上，其能力包括基层社区组织机构如村委会、村民小组、合作社的管理能力和执行能力，社区资源管理制度的合理性和有效性，社区农户对社区组织机构的信任程度等。社区组织机构的能力大小决定了其是否能够将广大山区小、多、散的个体农户组织起来进行统一规划、规模经营，向农户推广实用的农林科技，解决发展中的实际问题，并搭建社区农户与外部市场之间交流的桥梁，等等。社区资源管理制度的合理性和有效性决定了一个社区林业生态安全实现的可能性。合理的社区资源管理制度应包括明确的森林资源可持续经营目标，维系长期林业生态安全的监测和评估体系，鼓励根据社区森林资源的承载力来制定可持续经营的森林采伐量，掌握较为先进的森林采伐、更新技术，有效进行森林病虫害、火灾等自然灾害的预防与控制，对社区生计发展和林业生态安全维持有特殊意义的物种、群落和生态区域的保护，等等。关于社区森林资源的各项经营和利用的规划越全面、越完整，山地社区实现森林资源可持续经营的能力就越强，也就越能保障林业生态安全。除了制定完整而合理的社区森林经营管理制度，还需要强有力的社区组织机构来倡导实施，且社区农户对基层组织的能力是否信任也十分重要，直接关系到社区农户能否以一种积极、主动的态度参与到社区森林资源的经营中去，进而影响当地的林业生态安全与否。在西南山地社区，社区组织机构的凝聚力一般都与传统的家族、宗族和血缘关系相关，具有一定的历史延续性。

（四）社会文化要素

社会文化要素主要指山区居民/山地民族在适应山地森林环境、与森林相处的过程中形成的可持续管理、利用和保护森林资源的知识和经验，同时也包括其在精神上和思想上形成的保护观念等。社会文化要素反映了山地居民对森林环境认识和适应的程度，一方面，由于生存和生计的需要，山地居民形成了对森林难以割舍的依赖性，对森林的利用和保护积累成为山地社区的传统文化和技术知识并代代相传；另一方面，传统文化反过来又调节着山地居民与森林之间的关系，对维持当地的林业生态安全格局起着重要作用。时至今日，在很多偏远的山地社区，社会文化在人们如何与环境相处、如何利用森林资源上仍然发挥着重要的调控作用。森林给山地居民提供了衣食所需，居民亦将森林看成衣食父母，对森林怀着一种感激和依赖之情，有的还会将与森林相关的自然物神化并加以景仰。一方面，一些山地居民只从森林中获取维持他们生存所需的那部分物品，合理地利用、保护森林，并生发出一系列森林资源可持续管理、利用和保护的传统知识与价值观念；另一方面，出于对森林、树木和某些巨大山脉的景仰，一系列与森林相关的宗教信仰、图腾崇拜和传统风俗习惯也缘此而生。社区传统文化和森林之间通过不断的良性互动推动了山地社区林业生态安全格局的形成。

社会文化要素可以细分为物质技术文化要素、社群伦理文化要素和精神表达文化要素三个方面（见表3-4）。物质技术文化的产生是山地民族对所生存环境深刻认识并积累各种技术经验的结果，可以包括与森林相关的生产文化、生活文化以及各种技术知识体系等。生活于森林环境中的民族为了生存繁衍，创造出了各种生产文化，一般来说，凡属与山地民族生存相关的一切生产活动，都可以看作生产文化的范畴，比如农耕文化、采集文化、狩猎文化、畜牧文化、马帮文化等。与山地民族衣食住行相关的文化，可以称为生活文化，比如建筑文化、火塘文化、服饰文化、饮食文化、水文化、装饰文化等。技术知识体系主要是山地民族在生产生活过程中为了适应山地环境，利用森林资源的各种技术方式和手段，比如混农林技术，薪炭林的种植和采伐技术，庭院种植技术，轮作、混作的种植方式与技术等。

表 3-4　林业生态安全的社会文化要素

要素分类	要素构成	释义
物质技术文化要素	生产文化	山区居民对山区环境开发与利用的生产活动，如农耕、种植等技术
	生活文化	与山区居民衣食住行相关的一切活动，如建筑、装饰、服饰、饮食、染色文化等
	技术知识体系	山区居民为了适应山区环境，利用森林资源而产生的各种技术方式和手段，如农林牧复合经营、种子选育和储藏等技术
社群伦理文化要素	传统风俗习惯	山地社区内部各类风俗、惯例
	村规民约	山地社区制定的森林资源管理制度
精神表达文化要素	生态观和生态哲学	山地社区精神世界里形成的认知自然、与森林和谐相处的思想和价值观等
	自然信仰	山地社区对自然和森林的信仰与崇拜
	文学艺术表达	民间俗语、俚语、诗歌、山歌唱词、绘画、雕塑等

　　社群伦理文化也可称为制度文化，是人们在生产生活中为了协调群体矛盾、维护社会正常运转而创造的文化，可包括风俗习惯、道德伦理、社会规范、法律以及典章制度等。与山地林业生态安全相关的社群伦理文化主要表现为山地社区传统风俗习惯、村规民约等民间制度。由于各地社区对资源的利用和依赖情况不同，所产生的制度内容也多种多样，很多地区还制定专门的村规民约来约束社区农户的资源攫取行为，对森林资源进行保护。此外，对森林和自然的崇拜也生发出了诸多森林资源保护的传统风俗习惯，如众多民族对坟山森林、龙树林、神林、风水林以及一些古木、

名木的崇拜使这些森林得到了很好的保护。

精神表达文化主要指一些传统生态观、哲学思想、自然信仰，以及与森林相关的诗歌、谚语和民间艺术等。传统生态观体现了山地民族与森林和谐相处的古老而亘久的思想。这些观念认为，人类的生存空间是一个由多元成分构成的大系统，在这个大系统中，人应该和动物、树木和河流一样，设法与自然和谐相处。自然信仰表现为人们相信在现实世界之外还存在着超自然、超人类的力量主宰着自然和社会。原始宗教源于万物有灵观念，其中的很多内容都与森林中的各种动植物相关。西南山地很多少数民族对龙树林、神林、风水林、神山等的崇拜都属于原始宗教信仰范畴。在中国传统的佛教、道教教义当中，也都有诸多关于人与自然、人与生物相依相存的观点。

上述各要素是衡量和评价林业生态安全的基本依据，这些要素在不同程度上促进或制约着林业生态安全格局的形成。其中，自然资源要素对林业生态安全起着基础性作用，自然资源禀赋越强，可利用的资源越丰富，山地社区就越有可能生发出各种各样的林业利用和经营管理方式，促进当地林业的发展。而对森林资源利用和管理的合理与否，在一定程度上决定了森林生态系统的稳定性和安全格局能否形成。经济与产业要素是影响林业生态安全的重要因素，提升林业经济产业集聚水平会促进生态效率的提升，当二者达到协调关系时就能趋利避害，林业生态安全和社区经济发展则出现稳定共生的状态。社区生计要素的影响主要表现为山地社区对森林资源的依赖性和利用程度，是民生林业的核心。社区生计安全和林业生态安全具有极为紧密的共生关系，因为涉及乡村发展问题，所以和当前的乡村振兴工作紧密地结合在一起，这也是本研究的基点所在。社会文化要素是林业生态安全的内生驱动力，山地社区传统文化中世代承袭的森林资源合理利用和保护的传统知识是林业生态安全格局形成和长期保持稳定的内在支撑和动力，对传统文化中森林资源可持续管理知识、技术的挖掘、整理与倡导，有助于维持西南山区林业生态安全格局。

二　西南山区林业生态安全的生态与森林资源禀赋

（一）生态环境禀赋

西南山区具有无与伦比的生态环境优势，这些优势是该区域林业生态安全格局形成的基础和重要驱动力。从西北到东南，西南山区地势呈现海拔由高及低阶梯式下降的整体特点。在纵向小区域内，又有无数的河流和山系横亘伫立、交错切割，呈现小环境内各自完整的地理系统发育过程。西南山区山峦起伏、群峰林立、沟壑纵横，是中国南北纵列和东北—西南走向的巨大山脉的交会之处。其西部为横断山脉纵谷区，属青藏高原东南缘部分。该地区向北有高黎贡山、怒山、云岭、贡嘎山等险峻山脉以气贯长虹之势自北向南排列，海拔 3000~4000 米，山高谷深。向南为横断山余脉部分，山势由北向南和西南缓缓下降，哀牢山、无量山、大雪山、邦马山、槟榔山等主要山脉在其间纵横交错，海拔一般低于 3000 米，地势由高山、中山峡谷类型转变为中山宽谷、中山盆地类型；在西南部、南部边境地区，整体地势渐趋和缓，山势较矮、宽谷盆地较多，海拔一般为 800~1000 米甚至更低，属于热带、亚热带地区，气候多炎热潮湿，植被茂密，水草肥美。东部为云贵高原的腹地，该区域遍布起伏的山峦和丘陵，发育着各种类型的喀斯特地貌和石灰岩地层，典型的山峦有乌蒙山、五莲峰山、牛首山、六韶山、药山、大娄山、武陵山和苗岭等。

西南山区也是大江大河的摇篮，全境河流广布，水量十分丰沛，分布着独龙江—伊洛瓦底江、怒江、澜沧江—湄公河、元江—红河、金沙江、珠江、雅砻江，以及汇入长江的重要河流乌江、赤水河等。这些河流当中，红河以及珠江的支流南盘江发源于云南省境内，金沙江、怒江、澜沧江则发源于青藏高原，红河、澜沧江、怒江、伊洛瓦底江为国际河流，流往越南、老挝和缅甸等国家，被称为西南国际河流。其中，澜沧江从云南西双版纳出境后被称为湄公河，分别流经老挝、缅甸、泰国、柬埔寨、越南等国，最后注入南中国海，为亚洲著名的国际河流，也是世界第六大河流。除了众多的河流之外，西南山地上还镶嵌着无数的高原明珠——高原淡水湖泊。它们大体分布在元江谷地及东云岭山地以南，以断陷型构造湖居多，冰蚀湖、喀斯特溶蚀湖次之。比如，西南核心区的云南省即拥有滇池、洱海、抚仙湖、星云湖、程海、泸沽湖、异龙湖、杞麓湖、阳宗海等九大高原湖泊；川西高原则有邛海、马湖、若尔盖花湖、新路海等。这些重要的河流和湖泊在调节区域生态系统平衡中发挥了重要作用。

西南山区的气候类型多样，该区域同时受到西太平洋、印度洋以及青藏高原、西伯利亚大陆等几大热力源的影响，是东南季风和西南季风的交汇地带，为典型的季风气候，年温差小，降水丰富。因为地形地貌复杂，海拔悬殊较大，气候垂直差异十分明显。从西北到东南，分别有寒带、温带、亚热带和热带等各种气候类型，除南热带和中热带以外，我国的各个气候带和主要气候类型在这里都有分布。滇西北、川西、藏东南高海拔地区为寒带气候，春秋较短，长冬无夏，山顶积雪终年不化，著名的梅里雪山、白马雪山、碧罗雪山、哈巴雪山、玉龙雪山、贡嘎山等即分布于此。中部和东部区域属于温带气候，这些地区温差在一年中变化不太剧烈。南部、西南和东南低地河谷为热带和亚热带气候，长夏无冬，干湿季分明。与此同时，因为垂直环境突出，往往在一个巨大的山体内从河谷到峰顶的海拔高差可达数千米，所以一些地区的立体气候非常明显，从山脚到山顶呈现高山冰冷、中山寒凉、坝子温暖、河谷炎热的立体气候特征。此外，因坡度和坡向不同，迎风坡和背风坡在降水量和气温方面也会出现较大差异，从而在小区域内也会呈现多种温度和气候特征，出现"一山分四季，十里不同天""山高十丈，大不一样"的独特气候环境。

可以说，西南山区是山的故乡、是水的摇篮、是气候奇观的博物馆，是我国非常重要的生态区位，其林业生态安全的重要性不言而喻。

（二）生物资源禀赋

特殊的自然地理和气候环境孕育了西南山区丰富的生物多样性。全球共有 35 个生物多样性热点地区，其中涉及中国范围的有 3 个，即喜马拉雅地区、东南半岛地区和西南山地。由于西南山区处于全球著名自然区域（青藏高原区域、东亚季风区域、南亚和东南亚热带季风区域）的接合部，不同地理区系的生物类群在此交会过渡，生态系统和生物类群在局部范围内产生了显著的空间分异，所以，这里是世界新特有物种类群的分化演替中心和我国三大特有物种分布中心之一，也是我国原生生态系统保留最完好的地区之一，成为很多古老孑遗物种的重要栖息地。

据统计，西南山区分布着国家保护物种 392 种，占全国总数的 66% 以上。IUCN 在 2016 年公布的中国受威胁物种中，西南地区占了 61%。[①] 西南山区的高等植物和脊椎动物的种数在全国占比超过一半，是中国哺乳类和鸟类动物最丰富的地区。其中，尤以西南山区的核心区云南省的生物多样性最为典型。云南拥有高等植物 16000 余种，占中国高等植物总数约 46%，新的植物物种还在不断被发现。高等植物一般包括苔藓植物、蕨类植物和种子植物。目前，云南已知苔藓植物 1500 余种，其中藓类 1200 余种、苔类 250 余种、角苔类 2 种，占中国苔藓类植物总数的 51% 以上。蕨类植物是重要的植物类群，云南的蕨类植物有 60 科 191 属 1280 余种，其占中国科属种的比例分别为 98.4%、85.7%、47.5%，多样性优势地位十分突出。种子植物包括裸子植物和被子植物，中国是世界上裸子植物最为丰富的国家，拥有 11 科 41 属 246 种，其中云南就有 11 科 33 属 91 种，分别占中国科属种的 100%、80.5% 和 37%。被子植物是地球上绿色生命世界中最为复杂多样和高度繁荣的生命类群，也是最主要的植物类群，所有的绿色开花植物都属于被子植物，全球已知的被子植物种数高达几十万种，在改造地球环境和提供人类衣食住行资源方面发挥着不可替代的作用。目前，云南有记载的被子植物种数约 28000 种，占中国的 47% 以上，是邻邦尼泊尔国家的 2倍、缅甸的 1.9 倍，其分布密度在北半球仅次于马来西亚和越南，居全球第

---

① 史学威、张璐、张晶晶等：《西南地区生物多样性保护优先格局评估》，《生态学杂志》2018 年第 12 期，第 3721～3728 页。

三位，是全球植物种类分布密度最大的区域之一。[1] 动物方面，有兽类 313 种，占世界的 16.1%，鸟类 945 种，占世界的 15.2%，鱼类 617 种（淡水），占世界的 18.2%，脊椎动物 2273 种，占世界的 13.8%。[2] 众所周知，中国的一些明星物种和旗舰物种如大熊猫、亚洲象、绿孔雀、滇金丝猴、川金丝猴、怒江金丝猴等珍稀濒危的重要野生物种都只生活在西南山区的丛林中。

除此之外，西南山区还拥有丰富的生物遗传资源，有农业栽培作物、特色经济林木及其野生近缘种以及药用植物数千种，是世界栽培稻、荞麦、茶、甘蔗等农作物的起源地和多样性中心。我国的 3 种野生稻品种，包括普通野生稻、疣粒野生稻和药用野生稻在西南地区均有分布。总体来说，西南山区高等植物中各类植物的总数占中国同类物种的比重均高于其他省、区，其植物物种总数甚至多于整个欧洲，是中国植物种类丰富度最高、分布密度最大的地区。

（三）森林植被禀赋

西南山区森林资源丰富，在我国五大林区中，西南林区森林面积位列第二，森林蓄积量位列第一。第九次全国森林资源连续清查数据显示，西南林区林地面积为 8201 万公顷，占全国林地面积的 25.17%；森林面积为 6563 万公顷，占全国森林面积的 29.77%；活立木蓄积量为 709842 万立方米，占全国的 37% 左右，森林蓄积量为 671480 万立方米，占全国的 38% 以上；乔木林的平均蓄积量为 136.75 米³/公顷，比全国乔木林蓄积量的平均值（94.83 米³/公顷）高出了 30% 以上；森林覆盖率为 27.72，高出全国平均值（22.96%）近 5 个百分点，[3] 森林质量总体水平处于全国领先地位。西南林区是我国最重要的天然林资源分布区，天然林面积占了全区森林面积的 80% 以上，天然林蓄积量占了全区森林蓄积量的 90% 左右、占全国天

---

① 杨宇民等主编《云南生物多样性及其保护研究》，科学出版社，2008，第 3 页。
② 《国际生物多样性日：在云南，遇见生物多样性之美》，《云南日报》2022 年 5 月 22 日。
③ 国家林业和草原局：《中国森林资源报告（2014-2018）》，中国林业出版社，2019。

然林蓄积的 40% 左右。① 西南林区地处长江上游，生态区位非常重要，这里的森林以生态公益林为主。②

西南山区植被类型非常多样，从西北到东南分布着高山亚高山针叶林、山地常绿阔叶林、热带雨林、季雨林等。不同的植被类型又因为局部区域的水热、土壤等条件不同而分为若干亚类。

海拔在 3000 米以上的滇西北、川西和藏东南高山和亚高山环境中分布着中国面积最大的低纬度温带、寒温带针叶林。该区域的气候总体上寒冷而湿润，夏季较短、温和湿润，冬季漫长、十分寒冷，在海拔高、气温低的地方还存在永久冻土层，植物的生长期很短。温带、寒温带针叶林典型的森林群系以冷杉林、云杉林、落叶松林、铁杉林、柏木林，以及混交的硬叶常绿杜鹃林、栎栲林为主。温带、寒温带针叶林的树种种类相对单一，群落结构简单，林冠整齐，乔木层通常由一到两个树种组成，林下有简单的灌木层、草本层和苔藓地衣层。生活于高山地区的针叶树种的叶缩小为针状，发展出抗寒抗旱的结构，这是对高寒环境的一种生理性适应。主要的针叶树种如云杉（*Picea asperata*）、油麦吊云杉（*Picea brachytyla* var. *complanata*）、冷杉（*Abies fabri*）等；高寒地区亦有混交或单独成林的硬叶

---

① 杜志、甘世书、胡亮：《西南高山林区森林资源特点及保护利用对策探讨》，《林业资源管理》2014 年 6 月增刊，第 26~31 页。

② 生态公益林是以产生生态效益为最终目标，以保护和改善人类生态环境、维护生态平衡、保存物种资源、科学实验、森林旅游、国土保安等需要为主要经营目的的森林、林木、林地，包括防护林和特种用途林。主要提供公益性、社会性产品和服务。按事权等级可分为国家公益林和地方公益林，地方公益林分为省（区、市）、市（区、州）和县（市、旗、区）级，是由地方林业主管部门根据国家和地方的相关规定划分，并经同级人民政府认定的森林、林木、林地。国家公益林是地方人民政府根据国家相关规定提起申请，经国务院林业部门核准认定的公益林。根据森林的生态特征和特殊功能可区划为特殊保护、重点保护和一般保护三个等级。生态公益林划分范围主要是一些连片的、生态区位比较重要的、对当地生态环境系统功能发挥影响较大的森林，如水源地、流域、天然林区、特种用途林、防护林、自然保护地、生态脆弱区等。生态公益林的主要经营手段就是保护，森林一旦被划为生态公益林以后就不能进行商品性开发和利用。从权属上讲，生态公益林既包括国有林，也包括社区集体林。社区集体林划入生态公益林经营的，权属不变，但经营上只能以保护为主，针对林农的损失，国家制定有专门的生态补偿政策。与生态公益林相对的是商品林，商品林是以满足社会对木材及林产品的需求为经营目的，可以在国家政策规定范围内进行开发和利用。

阔叶树种分布,其生长特性为硬叶、革质坚硬、常绿,叶背面多为黄色、褐色或黑色的短绒毛,树干低矮弯曲,具有耐干旱贫瘠、抗风、抗强紫外线的属性。典型混交分布的阔叶树种有黄背栎(*Quercus pannosa*)、川滇高山栎(*Quercus aquifolioides*)、锐齿槲栎(*Quercus aliena* var. *acutiserrata*)、红桦(*Betula albosinensis*)、白桦(*Betula platyphylla*)、高山桦(*Betula delavayi*)、山杨(*Populus davidiana*)以及一些高山杜鹃植物,如栎叶杜鹃(*Rhododendron phaeochrysum*)等。高山针叶林的一些主要树种如云杉、冷杉等主干高大、笔直、粗壮,是非常好的用材,因此,过去西南山区的一些高山天然林生长区域曾经作为我国重要的用材林生产基地,也造就了地方经济发展的主要支柱产业。随着国家生态文明建设的不断推进,目前,天然林采伐已经被彻底禁止。

在高山森林间,天然、干净和湿润的环境给一些菌藻共生的地衣提供了良好的生存条件。比较常见且典型的如一种名为松萝(*Usnea diffracta*)的地衣,它们常常附着在高大乔木的枝干上自由生长,因其外形犹如古人的长髯,所以当地人形象地称其为"树胡子"。这种地衣也是栖息在川滇藏交界高山林区的国家一级保护动物滇金丝猴的重要食物来源,因一年四季均可取食,滇金丝猴以松萝作为食物的占比达 50%~80%。同时,高山亚高山林下腐殖土层丰厚,营养丰富,成为很多苔藓植物的家园。在高山针叶或硬叶阔叶林下,我们常常可以看到林间空地被厚厚的苔藓层覆盖。各类地衣和苔藓也成为高山森林的独特景观。

西南高山地区受海拔和气候条件的影响,四季分明,冬长夏短,所以,植被的季节性变化非常明显。再加上高山地区特殊的树种构成,森林植被的外貌和季相在不同季节呈现非常显著的差异,这种景观变化会带给人视觉上巨大的震撼,让人深刻感受到高山植被独特的风姿。因为高山地区气候恶劣,氧气稀薄,紫外线非常强,除了当地的牧民、采集者和一些野外科研工作者之外,能够真正到达高山腹地的人并不多。能看到此种景观变化的人往往会被其深深吸引,面对高耸的群山,人们不免超然物外,常常会生出"登高极目始知天地之大,置己苍茫方识寸身之微"的感慨,一种对高山的敬畏之情油然而生。比如，滇西北迪庆藏族自治州境内的白马雪山主峰，山顶常年积雪，并有雪山融水汇集的河溪沿山谷流下，雪线之下因千百万年来冰川溶蚀而形成 U 形谷，两侧森林植被茂密，有高山草甸和灌丛镶嵌其间。随着季节的变化，白马雪山在一年中变幻着不同的色彩，盛夏青翠浓郁，金秋灿烂炫目，冬春苍茫荒凉，四时景观大有不同。每年白马雪山都会吸引很多人来到这里，欣赏雪山美景，享受大自然带给人心灵上的洗礼和感官上的震撼。

山地常绿阔叶林是在亚热带湿润条件下发育而成的森林植被系统，广布于西南山区。常绿阔叶林可分为半湿润常绿阔叶林、季风常绿阔叶林、中山湿性常绿阔叶林和山地苔藓常绿阔叶林等。其中，北纬 23°30′~25°以北、海拔在 1200~1400 米为亚热带南部季风常绿阔叶林区；以滇中高原和贵州部分山区为主体，海拔在 1400~1900 米为亚热带北部半湿润常绿阔叶林区。因雨热同期，降雨充沛，亚热带常绿阔叶林终年为绿荫覆盖，树冠舒展相连，遮天蔽日（见图 3-1）。由于主要树种构成大多为木兰科（*Magnoliaceae*）、壳斗科（*Fagaceae*）、樟科（*Lauraceae*）、山茶科（*Theaceae*）、金缕梅科（*Hamamelidaceae*）、杜鹃科（*Cuculidae*）的木莲、木荷、青冈、石栎、栲林、润楠、樟类、山茶类、杜鹃类等典型类群，这一类树木的叶片较大，具有革质、蜡层、表面光泽的特点，生长方向常与太阳光照射方向垂直，能反射光线，所以亚热带常绿阔叶林也被称为"照叶树林"。发育良好的常绿阔叶林林相整齐，植被茂密，结构比较复杂，由乔、灌、草三个基本层次组成，林间生长着大量藤本、地衣、苔藓和附生植物，生物多样性非常丰富。

值得一提的是，西南山地常绿阔叶林分布区域还有另外一个独特的研究视角。有一些研究者认为，从喜马拉雅山脉南麓中部，穿过东南亚北部高地、云贵高原，一直向东延伸至日本的西南部，半月形带状广布着照叶树林，在这一辽阔的区域内聚居的各民族，因为森林和山地环境的影响，具有了一些区别于其他地域的共同的民族文化特征，这个区域被称为"照

图 3-1　独龙江流域的湿润性常绿阔叶林

叶树林文化带"。[①]　照叶树林文化具有非常显著的山岳特性，这里少数民族众多且以山地民族为主，历史上这些民族以在坡地上经营刀耕火种的初级旱地农业为主，主要培育旱稻、水稻、薯芋类等淀粉含量较高的农作物。因为生存环境里广布森林，所以，这些山地民族发展出了较为发达的林业经营模式，他们对森林资源利用保护的知识、技术非常丰富和多样化。此外，山地民族在其衣食住行等日常生计方面，发展出了适应山地环境的相似文化要素，比如类似的饮食和建筑文化等，同时也发展出了与自然崇拜相关的农耕礼仪、风俗习惯、生态哲理和信仰等精神层次的文化。照叶树林文化带及其相关学说，最早由日本学者于 20 世纪 60 年代提出，该学说同时指出西南的云贵山地

①　〔日〕中尾佐助：《照叶树林的农业文明之光》，赵玉惠译，《农业考古》2009 年第 4 期，第 16~21+26 页。

是"照叶树林文化"的中心地带。[①] 这个提法与本研究中西南山区的各类资源和民族文化特征较为吻合。到目前为止，西南山区原有的一些农林业经营行为已经消失，比如，传统的刀耕火种初级农业，已经随着人口的增加、森林保护政策的加强以及权属划分等消失在社会发展的进程中。

一般来说，北回归线以南的热带北部边缘，海拔 1000 米以下为热带雨林、季雨林区域。在滇南的西双版纳，藏东南的墨脱以及一些高温、湿润的河谷低地，都可以看到热带森林的分布。热带雨林是生物物种最丰富、森林结构最复杂、植物类型最多样化的植被类型，由常绿阔叶树种和诸多常绿藤本、附生植物组成，群落的优势种不显著。热带雨林终年常绿，季相不明显，一年四季都有植物在开花、结实、落叶和发芽。林间乔木高大，最高可达 50 米以上，分枝较少，林冠不整齐，彼此相连，层次分化不明显。热带雨林全年高温多雨，由于强烈的生物分解和雨水冲刷，林下土壤腐殖质和营养元素含量相对比较缺乏，图 3-2 所示为滇南西双版纳热带雨林的内景。热带雨林常见的森林植物类群以桑科（*Moraceae*）、藤黄科（*Clusiaceae*）、楝科（*Meliaceae*）、龙脑香科（*Dipterocarpaceae*）、芸香科（*Rutaceae*）、番荔枝科（*Annonaceae*）、四数木科（*Tetramelaceae*）、大戟科（*Euphorbiaceae*）、姜科（*Zingiberaceae*）以及蕨类为主。

根据不同的气候条件，热带雨林还可细分为湿润雨林、季节雨林和山地雨林。湿润雨林是在典型热带雨林气候条件影响下发育而成，在西南山地分布较少，仅见于云南东南部红河流域的河口、金平、屏边、江城等海拔在 500 米以下的河谷地带，这些区域海拔低、高温湿润，年降水量在 1800~2000 毫米，干湿季不明显。湿润雨林终年常绿，树木高大，林冠茂密，植物种类多种多样，附生植物非常丰富。

季节雨林受热带季风条件影响发育而成，具有从雨林向季雨林过渡的生态特征。季节雨林在西南山地的热带区域较为常见，面积较大，是西南

---

① 〔日〕佐佐木高明：《照叶树林文化之路——自不丹、云南到日本》，刘愚山译，云南大学出版社，1982，第 25 页。

图 3-2 西双版纳热带雨林

山地热带雨林的主要组成部分，云南南部西双版纳、藏东南墨脱低地河谷的热带雨林均属于此类范畴。季节雨林分布区域热量充足，极少有寒潮霜冻，降水充沛，空气湿度大，但降雨年内分布不均匀。季节雨林的上部乔木有少量落叶阔叶树种混杂，于秋冬落叶，每年的干热季节存在一个短暂而集中的换叶期，表现出一定的偏干性质和季节变化特征。[①] 比较典型的季节雨林的林种群体如分布于云南西部边境德宏盈江县羯羊河河谷等地的以云南娑罗双（*Shorea assamica*）、羯布罗香（*Dipterocarpus turbinatus*）等树种为主的龙脑香林，分布于滇南地区海拔在 900 米以下的谷地的千果榄仁林、番龙眼林，分布于西双版纳的以高山榕（*Ficus altissima*）、龙果（*Pouteria grandifolia*）、望天树（*Parashorea chinensis*）以及橄榄林等为主要上层乔木树种的类群。山地雨林分布于海拔 800~1000 米的热带中山山地，降水量丰

① 郭辉军、龙春林主编《云南的生物多样性》，云南科技出版社，1998，第 80~85 页。

富，多雨雾，生境潮湿，气温稍低，其群落的结构、外貌和物种组成等具有热带雨林的主要特征，但亚热带成分有所增加。其典型的林种如广布于云南南部和东南部中山山地的假含笑林、滇楠林、大叶木莲林、野橡胶林、木花生林等。

季雨林是热带地区干湿交替明显的气候条件下发育出来的森林类型，受热带季风条件的影响，干湿季分明，旱季降雨量少，蒸发量大。季雨林的树种以热带常绿树种为主，同时混交生长了部分在旱季脱叶换叶的上层乔木树种，因此，季雨林会呈现相对明显的季相变化。此外，季雨林在林种构成、群落结构、层次、外貌、生境等方面都与热带雨林有着很大的区别，群落结构相对简单，植物种类构成，尤其是藤本和附生植物较热带雨林大幅减少。一般来说，季雨林常常分布于雨林的边缘或者是与季节雨林交错分布于同一个地区，但是其垂直性特征更为明显，一般低山河谷为季节雨林分布，稍高一点的丘陵、沟谷区域则为季雨林分布。热带季雨林的林种以桑科、木棉科（*Bombacaceae*）、豆科（*Fabaceae*）、楝科以及梧桐科（*Sterculiaceae*）的树种为主，比如高山榕林、铁力木林、木棉林、铁刀木林、千果榄仁林、枫杨林、柚木林、羊蹄甲林等。在西南山地，季雨林主要分布于海拔 1000 米以下宽广的河谷盆地、谷口、沟谷低地，一些保水性能差的低海拔石灰岩山地也有季雨林生长。以云南为例，季雨林主要分布于滇南、滇西南的德宏、临沧、普洱、西双版纳的低山以及干热河谷地区。

热带雨林和季雨林的植物生长非常特殊，一些较为奇妙的植物生长特征如大板根、独树成林（见图 3-3）、老茎生花、老茎生果（见图 3-4）、丛林绞杀（见图 3-5）、附生等是热带雨林里常见的景观，在其他森林系统中则较为少见。生长于热带的很多树种也是非常好的用材，比如大名鼎鼎的柚木（*Tectona grandis*），龙脑香科的一些树种，以及豆科紫檀属的一些树种等。龙脑香科的一些树种如东京龙脑香（*Dipterocarpus retusus*）、羯布罗香、望天树等可生产成为优质的大径级木材，是国际热带木材市场非常受欢迎的产品。此外，龙脑香树种分泌的树脂和挥发油中含有多种芳香成分，是非常名贵的香料，可以提炼天然冰片等名贵药材。豆科紫檀属的一些树种被民间

图 3-3　怒江大峡谷的独树成林

图 3-4　老茎生果

图 3-5　丛林"绞杀"

统称为"红木",如酸枝木、鸡翅木、花梨木、黄花梨等,都是做高端家具非常好的材料,自古以来在西南山区民间被广为使用。这些树材具有较大的利用价值,因此,生活在西南河谷热区的一些民族一直有人工栽培的行为和习惯。今天,这些重要的热带木材树种更是因为其巨大的市场开发潜力受到了更多的关注,越来越多的热带河谷民族开始了以经济收益为目的的种植行为。

除了上述的各种单类森林植被之外,西南山地因山高谷深,海拔在同一山体内从低到高具有巨大差别,从山脚到山顶能呈现热带、亚热带、温带、寒带等不同的气候带,因此植被垂直带谱分布非常明显。植被在一个垂直山体内由高到低的分布为:高山草甸、高山灌丛、亚高山暗针叶林、落叶阔叶林、山地常绿落叶阔叶混交林、常绿阔叶林、季雨林等,人们通常可以在一座山体之内同一时间看到各种森林植被类型。金秋时节,选一高地远眺高山森林,按垂直分布的方向从上到下可以看到雪白、金黄、殷红、墨绿的色彩按不同层次排列镶嵌其间,五彩缤纷、错落有致、十分美丽。

三　西南山区林业生态安全的经济与生计禀赋

(一) 林业经济产品

在国家生态建设优先战略和林业产业结构调整等各种措施推动之下,传统的以木材加工为主的高耗能产业逐渐式微,以生产低耗能、无污染、干净清洁生态产品为主的新型林产业正在兴起。西南山地林下空间广阔,生态环境良好,具有发展林下经济的优越条件和巨大的发展潜力。目前,西南各地都在发挥本土生态资源优势,在绿色发展的"赛道"上疾驰,使林下经济成为乡村振兴的"新引擎"。比如,云南省在发展林下经济产业方面开展一系列工作。按照乡村振兴和"一县一业""一乡一特""一村一品"要求,全省各地突出推动特色林下经济发展,建立特色林下经济种植模式,重点发展三七、重楼、天麻等道地中药材仿野生种植,以及松茸、干巴菌等野生菌人工促繁和羊肚菌、松露等食用菌的仿野生种植等。2021

年云南全省林下经济总产值达 743 亿元。2022 年，云南省组织实施了文山三七、石斛等 10 个地理标志运用促进工程项目，开展有机产品认证工作，取得石斛、三七等林下中药材有机产品证书 160 余张。目前，全省有石斛、草果、重楼等林产品地理标志保护产品 4 个、证明商标 9 件，大大提高了林下产品的经济价值和生态价值。四川省林下经济以林下种植、林下养殖、林下采集以及森林景观利用为主要内容，合理利用森林资源，提高林地使用效率，取得了积极成效。四川省主要林下产品除林产工业原料以外都呈稳步增长趋势，近 5 年来年均增长率达 8.80%。其中，增长率超过总体平均水平的类别有水果产品、干果产品、林产调料产品和森林药材。水果产品产量基数大，年均增长快，这与四川省得天独厚的气候和地形地貌密不可分。林产调料产品前期需求小，但随着近年来四川美食麻与辣的特点广受推崇，产量迅速增长，5 年内平均增长率高达 17.05%。增长最快的是森林药材，四川省自古以来就有"中医之乡，中药之库"的美称，盛产多种中药材。历年来，很多名贵珍稀药材还出口海外，庞大的市场需求促使森林药材产量逐年上升。西藏东南部的林芝地区盛产贝母、天麻、红景天、党参、三七、雪莲花、藏麻黄、灵芝和大黄等名贵药材和蕨菜、松茸、青冈菌和黑木耳等林下资源，可食用的菌类达 120 余种，松茸年产量超过 300 吨。近年来，林芝市立足良好的林地资源和森林生态环境，围绕加快发展林下经济进行科研攻关，在不破坏原始生态功能的前提下，依法合理开展白肉灵芝、天麻、羊肚菌等食药用菌及特色药材林下套种试验，以实现对林下资源的创新利用，提高林地产出，带动群众增收致富，助力乡村振兴。

（二）森林康养与森林生态旅游

近年来，随着经济与社会的发展，森林康养逐渐受到人们的青睐，对于乡村的发展起到了重要的促进作用。[①] 在国家和各级政府的支持下，西南地区森林康养产业得到了飞速发展，西南地区建设了数千家森林康养基地，

---

① 张欣：《乡村振兴战略下森林康养产业发展对策》，《林业科技》2021 年第 6 期，第 57~59 页。

产值超千亿元。比如，云南省拥有丰富的森林资源和旅游资源，为森林康养产业的发展提供了优越的条件。在地方政府的支持和鼓励下，云南省的森林康养产业进入高速发展时期。从 2016 年开始，云南省的万马林场森林康养基地等 6 家单位入选全国森林康养基地试点建设单位。2017～2018 年共有 17 家单位入选，目前，有数十家单位入选了全国森林康养基地建设试点单位。2019 年，云南省在全省范围内开展了森林康养市（县）、乡以及森林康养人家的试点工作，2020 年，云南省昆明潘茂野趣庄园、红河州龙韵养生谷森林康养基地、普洱市思茅区、腾冲市、墨江哈尼族自治县入选国家森林康养基地（第一批）名单。① 四川省是西南地区森林康养产业发展较早的省级行政单位，2015 年，四川省就启动了森林康养产业培育工作。截至 2017 年 12 月，四川省实现森林康养产业总产值超过 300 亿元。截至 2020 年 12 月，四川省已创建 4 个国家级森林康养基地、278 个省级森林康养基地、536 个省级森林康养人家，森林康养产业体系逐步完善。贵州省拥有独特的山地景观、适宜的气候条件以及优良的生态环境，贵州省有 1.64 亿亩的森林植被面积，全省森林覆盖率已达 60%。贵州省以得天独厚的自然生态优势为依托，通过政策引导和项目扶持，大力发展森林康养产业。截至 2020 年底，贵州省共有森林康养（试点）基地 78 处，其中国家森林康养基地 5 处、省级森林康养（试点）基地 58 处、中产联森林康养（试点）基地 15 处。森林疗养、温泉疗养、中医疗养、饮食疗养、文化疗养、运动疗养等各有特色、优势互补的大康养产业集群已初具规模。西藏自治区的森林康养产业起步较晚，主要分布在林芝、日喀则等藏东南地区。2020 年，西藏自治区共成立了 6 家森林康养基地，为西藏的旅游产业和康养产业开辟了新模式。②

西南山区的森林旅游产业发展潜力巨大，旅游经济快速攀升。云南省

① 马娅：《森林康养产业与区域经济发展研究》，南京林业大学硕士学位论文，2021，第 58 页。

② 谢新：《西南地区森林旅游现状及发展研究》，《西部林业科学》2020 年第 4 期，第 142～146 页。

为立足优势发展森林生态旅游产业，出台了诸多相关扶持优惠政策。目前，云南全省建设并投入运营的国家级和省级森林公园有 51 个。另外，各县市、各林场经营单位也建设了上百个不同等级规模的森林旅游景点，由此带动了当地其他产业的发展，激发了当地经济发展。从云南省统计局网站公布的疫情前两年的经济数据来看，2017 年全省的旅游收入为 $7391.12×10^8$ 元，2018 年猛增到 $8991.44×10^8$ 元，游客数量也由 2017 年的 $610.2×10^4$ 人次上升至 2018 年的 $706.1×10^4$ 人次。[①] 四川历来就是旅游大省，特别是森林生态旅游产业较为兴旺，由此也带来了四川地区第三产业的发展，如阿坝州有 40% 以上地区生产总值来自生态旅游收入。从省外进入四川旅游的客户有七成以上是以森林、湿地和野生动植物园为目的地。据统计，四川 4A 级以上的森林生态旅游景区近 200 个，其中包括九寨沟、峨眉山、二郎山等著名的旅游景点。据统计，2018 年来自国内外的游客数量稳步增长，旅游收入也较 2017 年增长了 12.1%，全省的旅游收入达 $10112.8×10^8$ 元，其中来自境外的旅客的旅游收入为 $15.1×10^8$ 美元，森林生态旅游收入占七成左右。[②] 贵州已经开发并投入运营的森林公园逐年增加，2017 年实现旅游收入 $7542.1×10^8$ 元，而到 2018 年猛增到 $9471.03×10^8$ 元，收入增加额为 $1928.93×10^8$ 元，同时，来自境内外的游客数量也大幅增长，2018 年达到 $969×10^8$ 人次。[③] 西藏自治区的森林主要分布在藏东南地区，特别是林芝、昌都等地区的森林覆盖率高，品种多样，为西藏自治区发展森林旅游积累了大量的人气。目前，随着交通日益便捷，越来越多的游客进西藏体验神秘的高山森林、奇特的山水风光和多姿多彩的民族文化。

（三）林业碳汇经济

在推动实现"碳中和、碳达峰"目标的时代背景下，林业碳汇经济已

---

① 云南省统计局：《云南省统计年鉴（2018 年）》，http：//stats. yn. gov cn/tjsj/tjnj/201812/t20181206_823753. html，2020 年 2 月 10 日。

② 四川省统计局：《四川统计年鉴（2018）》，http：//websctjj. cn/tjcbw/tjnj/2018/zk/indexch. htm，2020 年 2 月 5 日。

③ 贵州省统计局：《贵州统计年鉴（2018 年）》，http：//stjj. guizhou. gov. cn/tjsj_35719/sjcx_35720/gztjnj_40112/tjnj2018/，2020 年 2 月 10 日。

经成为新型林业产业，具有很大的发展前景，林业碳交易也成为将森林的生态价值转换为经济价值的有效途径。林业碳交易，是通过市场化手段参与林业碳汇资源交易，从而产生额外的经济价值，可包括森林经营性碳汇和造林碳汇两个方面。以云南为例，蓊郁的森林覆盖让云南成为潜力巨大的超级碳库，全省活立木蓄积量、森林面积、森林蓄积量、森林覆盖率分别居全国第一、二、三、四位。2004 年，云南省就已开始探索林草碳汇项目开发工作。2005 年 4 月，"腾冲 CDM 小型再造林景观恢复项目"启动实施，这是全球第一个小型再造林项目，也是全球第一个获得 FCCB 金牌认证的项目。该项目于 2012 年以每吨 10 美元价格成功在美国碳汇市场出售 5 万吨二氧化碳减排量，收入约 50 万美元，按照当时汇率折合人民币约 400 万元。此外，云南省还相继引进 3M 公司、华特迪士尼公司、蚂蚁金服公司、腾讯基金会等企业，结合国家造林补贴项目，先后在保山市腾冲市、临沧市凤庆县、临沧市镇康县、红河哈尼族彝族自治州建水县、迪庆藏族自治州香格里拉市、迪庆藏族自治州维西傈僳族自治县、大理白族自治州云龙县、怒江傈僳族自治州兰坪白族普米族自治县等地区，以定购的方式实施了 6 个林业碳汇自愿减排项目，总投入资金 3700 万元，共实施造林面积52550 亩、森林经营面积 45624 亩，测算项目计入期可产生约 119 万吨二氧化碳当量减排量，约有 6 万林农从中受益。四川省也是我国最早开展碳汇项目的省（区），四川可供造林地块总面积 116.18 万公顷。其中，疏林地占13.1%，无立木林地占 11.6%，宜林地占 32.2%，≥25° 坡耕地占 43.1%，主要分布在川东北秦巴山区和川西南大小凉山地区，两者可造林地面积之和达全省总面积的 70% 以上；四川盆周山地区域也分布着一定数量的可造林地块，在川西高山高原、四川盆地地区可造林地块较少。根据评价指标碳汇潜力评价分级结果为：在可供造林的 116.18 万公顷的土地中，1 级22.91 万公顷，占 19.7%；2 级 37.71 万公顷，占 32.5%；3 级 26.05 万公顷，占 22.4%；4 级 12.75 万公顷，占 11.0%；5 级 16.76 万公顷，占14.4%。碳汇潜力较大的地块主要分布在川西南的凉山州和川东北的巴中、达州等市。总体来说，林业碳汇经济集生态效益、经济效益、社会效益于一体，是生态补偿与生态产品价值实现的有效载体，是实现"绿水青山就是金山银山"的重要路径。

四 林业生态安全的传统文化与技术知识禀赋

生态环境与民族文化类型的关系如此密切，各民族群体以生计为中心的文化多样性，是其适应多样化自然环境的结果。[1] 不同层次的社会文化系统对适应过程的反应各不相同，深刻地影响着生物、文化与环境的互动过程。处于类似生态环境中的民族的文化创造具有一定的共性，也各有特点。[2] 在西南众多山地民族中，有关林业生产和森林可持续经营的传统文化非常丰富，如林业生产中的各种技术和知识，对森林资源合理经营管理和利用的方式，对特殊用途森林的保护方式，以及人与森林和谐统一的生态观和信仰，等等，这些都是林业生态安全格局形成和维持的传统文化禀赋，可以成为今天维持林业生态安全格局和促进民族社区发展的可利用的宝贵经验。

对自然环境的生计适应在西南山地民族传统文化的形成过程中起着最为关键的作用。依据地理环境和生计方式的不同，人们习惯于将西南各民族大致分为山地民族（高山民族、半山民族）和坝区民族（河谷民族、坝子民族）。也有学者更为细致地按照纵向海拔高低将各民族划分为高山采集和农牧型民族，中山是以梯田农业为主的民族，以及矮山河谷区域稻作农业型民族；或者依据横向地理和气候特点划分为高山草原农牧业民族、亚热带山区山地农业民族、亚热带缓坡山地梯田稻作农业民族、坝区水田稻作农业民族，等等。[3] 所以，特殊的生态和自然资源结构培育了山地民族以

---

① 石群勇：《斯图尔德文化生态学理论述略》，《社科纵横》2008 年第 10 期，第 140~141 页。
② 〔美〕J. H. 斯图尔德：《文化生态学》，潘艳、陈洪波译，《南方文物》2007 年第 2 期，第 107~112 页；宋蜀华：《论中国的民族文化、生态环境与可持续发展的关系》，《贵州民族研究》2002 年第 4 期，第 15~20 页。
③ 郭家骥：《云南少数民族对生态环境的文化适应类型》，《云南民族大学学报》（哲学社会科学版）2006 年第 2 期，第 48~53 页。

生计为核心的"生态文化"、"山地文化"和"森林文化",给西南各民族传统文化内涵打上了深刻的环境烙印。在西南山区,以物质技术文化、社群伦理文化和精神表达文化为重要构成的传统文化相互依存、交互作用、各有表达,成为维持西南山区林业生态安全的内在禀赋和驱动力。

(一) 物质技术文化

西南各民族生活于山地森林环境,在与生计资源长期的互动和适应过程中,积累了多种多样的生产性文化和生活性文化。在各类生产性文化中,最具代表性的当数农耕文化,而在西南山地民族所创造的各类农耕文化中,前文提及的刀耕火种是其中比较典型的一种。刀耕火种是曾经普遍存在于西南山地的一种初级农业形态,也是景颇族、傈僳族、怒族、基诺族、彝族等西南民族适应山地环境、利用森林资源的生计文化形式。刀耕火种利用的土地是森林林地,耕作时首先要以工具除去地表或者山坡上的树木及枯根朽茎,待其干燥后用火焚烧。经过火烧的山地变得疏松,方便翻土撒种。同时,燃烧后的草木灰是最好的有机肥料,播种以后可以不用或少施肥。刀耕火种采用轮歇的耕作方式,一般种一年即易地而种,让森林休养生息。与刀耕火种农耕形式相适应,山地民族还生发出了一系列文化要素,如环境要素、技术要素、产出要素、辅助生计要素、商品交换要素等,形成了一个完整的刀耕火种文化生态系统。在过去人口较少、山林广大的西南山地,刀耕火种作为一种朴素的可持续生计方式延续了数千年。但是,近现代以后,随着人口的不断增加,山地轮歇的生产方式已经无法提供足够的粮食维持生计,因此,人们开始将十数年轮歇变为2~3年短期轮歇,再由短期轮歇变为无轮歇。由此,一些传统的刀耕火种地便转变为永久性耕地。再加上森林保护政策越来越严格等原因,目前刀耕火种的生计方式基本已经退出了西南山地民族的生活,成为一种传统的农耕遗迹。

梯田农业也是西南山地民族所创造的一种适应山地环境的生计方式,在西南诸多民族创造的梯田中,以哈尼族的梯田文化最为典型。哈尼族是一个古老的跨境民族,在中国属于云南特有的少数民族,集中分布于滇南的元江—红河以及澜沧江流域的崇山峻岭之中。其中约一半以上的哈尼族生活于红河南岸的元阳、金平、绿春、红河等地。整个红河南岸地理和气候环境呈现复杂多样的特点，横断山余脉、哀牢山系与红河相伴而行。全境山峦连绵、河谷深切、高山冷凉、沟谷炎热潮湿，立体气候十分明显，植被类型丰富。与这样的立体环境相适应，哈尼族在中山以下至河谷的山地上开垦梯田，将坡地变成层叠式的平地，并于山地上部蓄养、保护森林以涵养水源灌溉梯田（见图3-6）。千百年来，哈尼族就在大山深处默默耕耘，创造了美丽、壮观、近乎天造的哈尼梯田，成为雕塑大山的民族。哈尼族的梯田农业是中国亚热带山区的一个农业奇迹，是哈尼族世世代代智慧和劳动的结晶，它凝结着哈尼族对生存和发展的追求，也凝结着哈尼族几乎全部的物质文化和精神文化的需求，围绕着梯田的耕作，哈尼族各种自然资源管理制度、农耕礼俗、传统技能和知识、精神信仰得以发育产生。其中，森林资源、水资源、动植物资源的利用和保护体系等成为梯田物质技术文化的核心。

图3-6 滇东南金平县马鞍底哈尼梯田

　　此外，西南各山地民族世代积累下来的森林采集、林下种植、农林牧复合经营等均属于生产文化表现方式。森林采集文化是西南各山地民族适应环境所积累下来的比较典型的传统文化。比如，世代生活于滇南西双版纳山地的基诺族就是一个森林采集文化的集大成者。基诺族是我国56个民族大家庭中最后一个确定族称的少数民族，也是云南26个世居少数民族之一和人口数量较少的民族之一，世代生活于滇南西双版纳基诺山（旧称攸乐山）及其周边的山林中。基诺山气候湿热、降雨充沛、山峦连绵起伏，是典型的亚热带山区，境内最高海拔为1691米的亚诺山，最低处只有550米，年平均气温为20℃左右，在这里生长着茂密的热带季雨林和常绿阔叶林，基诺山也是云南普洱茶的六大茶山之一。优越的地理、气候条件和广阔的森林给基诺族人民提供了极为丰富的植物资源，让他们在生产劳动之余可以到山林中采集各类可以利用的植物维持生计，在此过程中积累了大量的植物认知和利用的知识。基诺族认为山林里的东西"绿的是菜，动的是肉"，他们的传统歌谣中唱道，太阳已出到三庹高，阿妹要到山中把菜找。背上阿嬷做的筒帕，找菜来到大山之中。找到了阿嬷腰白栽下的'得巍'藤，找到了妇女们喜爱的苦凉菜，还找到了长在朽"冬姆"树上的白参，阿妹找菜回窝棚，支起了煮菜的竹筒，煮熟了香喷喷的野菜，煮熟了甜滋滋的白参……[1]按照汉语译者的注释，冬姆树当地汉语称豆渣树，即安息香科赤杨叶（*Alniphyllum fortunei*），其树木过熟死亡腐朽以后成为某些野生菌生长的优良场所。白参即裂褶菌（*Schizophyllum commune*），当地基诺语称其为"蘑采"，是一种美味的野生菌。[2] 这首歌谣生动形象地描述了基诺族妇女在山林中日常劳作采集野菜的场景。据统计，基诺族一般采用的传统食用植物有近200种，其中野生植物有100余种，主要包括野菜、花、块根、野果、菌类、竹笋类、蕨类等。经常采集的野菜和块根约80

---

[1]　中国民间文学集成全国编辑委员会、中国歌谣集成云南卷编辑委员会：《中国歌谣集成：云南卷》，2003，第714页。

[2]　芦笛：《基诺族、独龙族、怒族和普米族对食药用菌的认识和利用》，《原生态民族文化学刊》2014年第6期，第105～111页。

种、花 20 余种、野果 30 余种、菌类 20 余种。一般来说，采集野生食用植物有较明显的季节性和劳作性特点。比如，鲜嫩的植物茎叶是基诺族采集的主要对象，多采集于植物生长茂盛的春夏季节。在农忙时节多采集于轮歇地、生产场所经过的路边、沟边等地，农闲时节则多采集于稍远的森林当中。果实和块根、块茎因为多在秋冬季节成熟，所以，这部分植物也主要采集于秋冬季节。采集一般食用的野生蔬菜，实际上是基诺族在轮歇地、茶地进行农业生产时所获得的副产品，劳作之余随手采摘、现采现食，并没有太强的计划性和目的性。但是，如野生菌、竹笋和山药、魔芋等一些有特殊价值的野生植物则需要付出劳力和时间去专门采集获取。此外，基诺族也采取一些野生植物作为调味料来使用，比如木姜子、香茅草、荆芥、香蓼、野薄荷等，有一些野生香料植物如香茅草等因为日常使用比较普遍，所以人们也会将其移栽到房前屋后，对其进行驯化管理以方便日常使用。

农林牧复合经营是另一种比较典型的生产性文化，在西南山地尤其是立体环境特征比较突出地区聚居的藏族、彝族、傈僳族等民族中保留较多。比如，生活于滇西北迪庆高原的藏族，至今仍然保留着较为完好的混牧农耕制度。滇西北藏区河谷深切、高山连绵，斜坡草甸间错镶嵌于群山之间，与这种特殊的高原生态环境相适应，当地藏族的村寨大多因山就势选址于河谷两岸、半山缓坡，或者是高原平坝之上。以村寨为核心，山林、牧场、河流、农地等稳定的聚落要素呈上下延伸状或四周放射状扩散，构成了滇西北藏区农业生态系统内可利用资源的整体空间格局。依照生态环境和气候的垂直变化特点，当地藏民创造性安排了该区域农林业构成的立体布局，形成了"以林为链、以牧补农、以农养牧"的生计方式，呈现农、牧、林相互依存、优势互补的生计和生态安全格局（见图 3-7 至图 3-9）。

在村寨附近，藏民开辟农田，种植青稞、土豆等作为粮食作物，种植蔓菁、荞麦、燕麦等作为饲料作物。同时，根据季节的变化，配合山地牧草萌发的不同时节选择在春秋牧场、夏季牧场和冬季牧场等不同海拔的牧场迁徙放牧。滇西北高原立体环境中不同海拔的草场资源在不同时节的生

图 3-7　河谷台地藏族聚落的农林牧复合生计景观格局

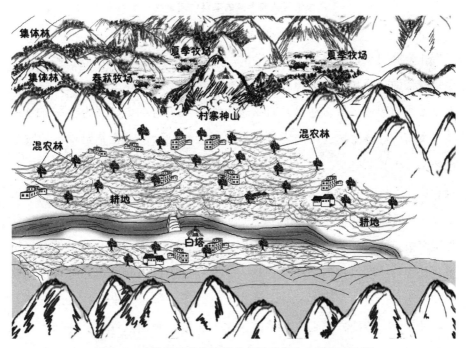

图 3-8　山地缓坡藏族聚落的农林牧复合生计景观格局

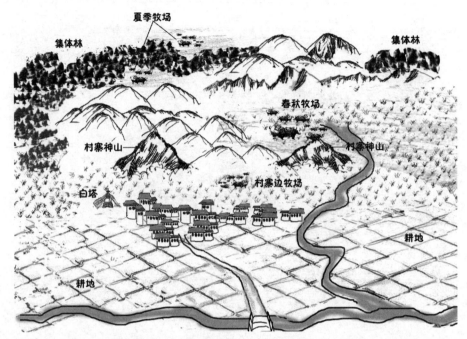

图 3-9　高原坝区藏族聚落的农林牧复合生计景观格局

长变化十分明显，夏季高山上牧草长势茂盛，气候凉爽，适宜放牧。此时，海拔较低的川地和河沟坡地牧场可以休养生息。秋冬季节的高山牧场气候寒冷，霜雪覆盖，草木枯萎，而此时川地和河沟的草场已经为牲畜过冬贮备了草料。牲畜上场的时间安排有严格的限制，一定是在特定草场的牧草已经充分生长的时节。这样既能避免因过早上山对草地造成破坏，无法有效利用牧草资源；同时也能保证畜群有充足的饲料食用。一般来说，藏民于每年 4 月布谷鸟鸣叫时节将牲畜赶到春秋牧场，放牧 1 个月左右；之后迁徙至海拔更高的夏季牧场，在夏季牧场放牧大约 3 个月；待天气转凉时将牲畜赶回春秋牧场放牧 1~2 个月；10~11 月将牲畜赶回村寨边的冬季牧场放养或者圈养，结束一年的放牧。牲畜上场之后，每户人家要严格计算场上放牧的天数。传统方法是在牧屋的门楣上用酥油画圆点计数，每过一天添一点，以三角为计数单位，每 15 天一个三角。春秋牧场上满 2 个三角之后藏民就要考虑迁徙，夏季牧场则需要画满 6 个三角（见图 3-10）。在高山牧场放牧期间，藏民除了每年挤奶、做酥油和放牧以外，还要在高山林间进行各种劳作，如采集青饲料、薪柴、用于积肥的栎栲类树木枝叶，以及贝母、黄精、虫草等各类药材。

图 3-10　滇西北藏族的高山牧场棚屋及门楣上的"计时器"

多样性的农林牧复合经营技术体系使生存于高原脆弱生态环境中的藏族在能力可达范围内最大限度地降低了各种自然和社会风险所带来的影响，实现了对当地林业资源和其他自然资源的高效、综合利用，保障了生计的存续和发展，维持了林业生态环境的安全格局。

西南山地民族与衣食住行相关的生活性文化内容也十分丰富。"靠山吃山"的森林民族在与自己生产生活密切相关的资源利用过程中形成了诸如建筑文化、饮食文化、服饰文化、火塘文化、装饰文化、竹文化、茶文化、水文化、医药文化等。以建筑文化为例，很多山地民族在长期与环境的互动和适应过程中形成了自己独特的居住形式，如傣族的干栏式竹楼、哈尼族的蘑菇房、彝族的土掌房，以及普米族、摩梭人的木楞房，等等，这些房屋建式无一例外都体现了山地民族对森林环境的适应。红河南岸哈尼族传统的房屋因屋顶覆草状似蘑菇，被形象地称为蘑菇房（见图 3-11）。蘑菇房为土木结构，建房所需的材料一般都是在森林里就近获取。哈尼族的房屋主要由前后正偏房两个相连部分构成。正房一般由石头奠基，四周有夯实的土墙，以木材做梁柱搭建而成，一般分为两层，中间用木板和竹编

图 3-11 红河南岸哈尼族传统的"蘑菇房"

晒笆隔断，上层存放粮食杂物，下层用于居住和进行日常活动；房顶呈四斜面状，传统的方式需用茅草盖顶；由正房房檐处搭梁向外延伸出一条宽约两米、与正房长度一样的偏楼，偏楼顶部修建成平顶，用于晾晒谷物。哈尼族房屋内部格局也十分特别，偏楼下层犹如一个横着的走廊，走廊与正屋有土墙隔开，穿过走廊左侧进入正屋，正屋四面墙一般不设窗户。正屋左右各有一间房，中间设火塘和祖先祭台。初次进入哈尼族的传统房屋，最直接的感觉就是黑，没有光线，而且房屋终年被烟火熏绕，手摸到哪都是油烟，外来者会觉得哈尼族房屋设计不合理，通风和采光都不好，不适合居住。其实，哈尼族的房屋建式恰恰就是适应山区森林环境的结果，这种房屋格局每一处都有其特殊的作用。首先，哈尼族居住于半山，紧靠森林，气候终年潮湿、寒冷、多雨雾。每年粮食收回以后，没有充足的阳光晒干，为了防止霉变，哈尼人便将粮食放在支起的楼层之上，下面就是做饭的火塘，火塘四季不灭，没有窗户，火烟和热量便长久缭绕于屋内，慢慢将粮食熏干，并保持常年的干燥；其次，传统的哈尼族房屋采用茅草盖顶，竹子作椽，草和竹子都非长久使用之物，而长年的烟熏形成厚厚的油烟层等于为建筑材料涂上了一层防腐剂，蛀虫不咬，寒潮不侵，十分坚固耐用；最后，由于哈尼族居住之处山高林密，十分潮湿，人很容易患上风湿潮热之疾。而在终日火塘不灭、四面密闭的房屋里生活，可以减少这些疾病的发生。由此可见，在常年的生产生活中，哈尼人适应了自己的生存环境，发展出了适合于自己生存繁衍的有利条件。

（二）社群伦理文化

如前文所述，社群伦理文化是人们在生产生活中为了协调群体矛盾、维护社会正常运转而产生的文化，可包括风俗习惯、道德伦理、社会规范、法律以及典章制度等。与森林相关的社群伦理文化主要表现在传统风俗习惯和乡规民约对森林管理和保护的影响上，而这些制度文化的形成无一例外均与山地民族社区日常生计对森林资源的依赖性相关。

在诸多森林民族的传统风俗习惯中都有关于森林保护和管理的内容。这种习惯首先源于人们对某种森林资源的需要。比如西双版纳地区哈尼族村社就有保护藤类（*Calamus spp*）植物的习惯，这是因为藤类植物与当地人的生产生活密切相关，是他们日常生活中不可缺少的资源。在保护藤类植物的同时，也保护该植物生长的森林，这种村社藤类保护林在当地已有100余年历史。在滇中楚雄、昆明等地的彝族山区，当地村民世世代代传承着保护公鸡树晾晒玉米的习惯。公鸡树是当地名，植物名为黄连木（*Pistacia chinensis*），是一种高大的落叶乔木，耐干旱瘠薄，可生长于海拔3300米以下的石山林中，因为木材色黄味苦，与中药材黄连相似，故得名黄连木。滇中彝族人居住的地区，或为干旱少雨区，或为喀斯特地貌地区，土壤瘠薄，资源并不丰裕，而黄连木的生长习性恰好能与此种环境相适应。在秋收以后，为了晾晒苞谷，当地彝族村民便将苞谷串起来挂在房前屋后刻意栽培和保护下来的公鸡树上，为防止老鼠偷吃，他们还会在树干的下部围上一卷很滑的塑料薄膜，既方便实惠，又节省了空间。所以，滇中传统的彝族村寨中常常能够看到巨大而古老的黄连木。秋天，黄连木树叶由绿变红，在蓝天白云之下再衬托上彝族山寨的土瓦泥墙，形成了一道非常美丽和谐的风景（见图 3-12）。在滇中地区，石林县的月湖村是黄连木保留比较多的典型村寨，月湖村为彝族支系撒尼人聚居的村落，位于石林县喀斯特地貌的核心地区，村内保留有 200 余株树龄在百年以上的公鸡树（见图 3-13），在任何季节选一高处远眺月湖村，可以看到村寨被密密的黄连木所镶嵌包围，对于长满石头的喀斯特地貌地区来说，能让村落掩映于树荫之中是一件非常不可思议的事情，而正是祖辈留下来的传统文化和生计智慧让他们做到了这一点。不过，近年来国家实施了严格的古树名木保护制度，很多彝族村寨的黄连木都列入了保护计划，在黄连木上挂晒苞谷的行为便不再被允许了。

图 3-12　楚雄彝族山寨中的黄连木

对水源林的保护和管理也是出于特殊的需要。充足的水源对于从事农耕的山地民族来说是最为重要的生命线，而森林能孕育水源，所以在很多

图 3-13　石林月湖村挂满苞谷的黄连木

森林民族如布朗族、哈尼族、傣族、彝族都有保护水源林的习惯。非木质产品历来都是森林民族食物和经济来源的一个重要补充，对非木质产品保护的习惯也见于很多的森林民族中。如竹子是很多民族生产生活中重要的材料，在盖房围田、编制器具中，竹子的作用十分突出。竹笋又是一种鲜美的菜肴，大家都喜欢采摘。为了保证充足的竹子供给，在竹笋成熟的季节很多地区都限制对竹笋的挖掘，同时还要管理好牛马牲口，不让它们进入山林踩踏、破坏竹笋资源。对森林的崇拜也生发了诸多森林保护和管理的传统风俗习惯。如众多民族对坟山林、龙树林、神林、风水林以及一些古木、名木的崇拜导致他们对这些森林进行了很好的保护和管理。

　　森林是山地民族的衣食所依，所以很多山地民族都会制定相关的村规民约来对森林进行管理。村规民约内容由村民根据当地实际情况确定，凝结了当地居民在长期林业生产实践中的智慧和经验，具有非常明显的地方色彩。村规民约是由群众自己制定，受社区社会规范的约束，将之用于森林管理和保护是一种行之有效的办法。林业社区一般都是交通闭塞、经济文化滞后的地方，当地居民对国家相关的林业法规接受程度较为有限，而传统的村规民约则弥补了这一缺陷。在政策和国家法律之外，这些乡规民约成为约束乡土群众行为的有效手段。比如，为了保证充足的生活及梯田灌溉用水，滇东南红河南岸的哈尼族形成了保护森林以涵养水源的生态观念，并进而延伸出了一系列森林保护和可持续利用的方式。在哈尼村寨，关于森林资源利用和保护的各项制度细致而清晰，涉及其生计的方方面面。居住在半山的哈尼族自古即有家中火塘四季不灭的传统习惯，薪柴消耗量很大。为了防止村民到森林里无序砍伐，很多哈尼村寨专门制定了薪柴砍伐制度，严格限定每年采伐薪柴的时间、地点和人数，方式灵活，既不严防死守，又制止了乱砍滥伐，有力地保护了森林资源。金平县马鞍底乡马苦寨村民小组的村规民约明确规定了对偷砍盗伐的处罚办法以及对森林的管理办法。比如，如果护林员抓到偷砍盗伐者，将罚款 400 元。在集体林内砍伐竹子和木材必须征得护林员的同意，如果有人举报违反者，所得的 400 元罚款将分给举报人 100 元，其余 300 元上缴村民小组。规定集体林内农历 7~9 月不许放牧，如果发现也将处以罚款。每年可以在集体林中集中砍两次柴火，但只能砍干柴，不能砍生柴，由护林员监督执行，如果发现砍了生柴其将两年不得在集体林里砍柴。马苦寨的村规民约在保护森林资源方面起到了巨大的作用，所有的马苦寨人都自觉遵守此条例，村里极少出现偷砍盗伐破坏森林者。

（三）精神表达文化

在山地环境中生存，西南各民族对自然生态环境怀着依赖和感激之情，在精神层次上普遍形成了崇尚自然、尊重自然的生态观、宗教信仰和价值取向。

传统生态观体现了西南山地民族与自然环境和谐相处的古老而亘久的思想。他们普遍认为，人类的生存空间是一个由多元成分构成的大的生态系统，在这个大系统中，人应该和动物、树木和河流一样，设法与自然和谐相处。① 比如，傣族的哲学思想就认为，人与其生存环境的关系是由五种要素构成的，即森林、水、土地、食物和人。在所有的要素中，森林是最重要的。因为森林是人类的摇篮，有森林才有充足的水源灌溉农田，人们才有粮食，才能生存下去。生活于云南南部的布朗族也认为是森林养育了布朗族，有森林就可以狩猎、采集，可以刀耕火种。此外，西南边疆汉族常把"土高水深，郁草茂林"的生态环境看作建寨、安宅选址的首要条件，他们一方面选择草木丰盛的环境作为自己的居所；另一方面通过大量植树造林来创造好的环境，弥补不足。在高黎贡山西麓的腾冲，民间就流传着"阴地要阳，阳地要藏"的俗语，意思是说自家的祖坟不能有遮挡，要让它显在空旷之处；而村寨和人的居所要尽量隐蔽，不能暴露。村寨周围树木的荣衰可以征示村寨的运势，树木繁盛则运势强，树木衰败则运势差。所以为了达到建寨安宅的最佳状态，人们便在村寨和房屋四周广植竹，让村寨和房屋隐藏起来。

在西南很多山地民族中，还保留了自然崇拜的信仰观念。自然崇拜源于原始的万物有灵观念，在科学知识缺乏、技术低下的条件下，人们认为自然界中的一切事物都有神性，对神性的物体加以崇拜，可以将自己的意愿传达给神，企图感知神，让自然按自己所定的规律发展。五谷丰登、六畜兴旺、风调雨顺、草木肥美，人们的生活殷实安康几乎是所有自然崇拜想要达到的理想状态。生产生活依赖于山地的西南民族，也形成了对山峰、森林、树木、湖泊等自然物崇拜的多种方式。哈尼族、彝族、苗族、侗族、傣族、藏族等诸多山地民族大多有神山神林崇拜的信仰观念。这些山地民族聚居的村寨四周有"神林""龙林""神山"等特别划出的山林，这些森林连同其中的动物、植物以及其他自然景观会受到严格的保护。

---

① 郑先佑：《人类与森林的关系：历史回顾与新文化》，《看守台湾》1996 年第 3 期，第 32~37 页。

例如，在云南南部西双版纳傣族地区，每个村寨附近都有一片森林称为"龙山"，"龙山"被认为是神居住的地方，生活在"龙山"中的动物、植物是神家园里的生灵，是神的伙伴，所以不能砍伐、狩猎和破坏。傣族的"龙山"已有上千年历史，目前在西双版纳地区共有这样的"龙山"400余处。生活在哀牢山区的哈尼族也有龙山崇拜的传统。哈尼族信仰原始宗教的万物有灵和祖先崇拜，他们认为天、地、山、水、树、家都有神灵掌管，其中，龙树神是村寨的保护神，每年哈尼人都要举行隆重的"昂玛突"仪式，即祭祀村寨神的仪式，当地汉语也称此仪式为"祭龙"。主持祭龙仪式的宗教职业者为"昂玛阿耶"，汉语称为"龙头"（见图3-14）。在哈尼族的传统文化中，龙树林的选址有严格的规定，一般要求地势高且开阔，这样才有利于村寨的运势。选定山头以后，再选龙树，龙树要选外形美观、枝叶繁茂、无枯枝败叶且一定会结籽的树，其含义为希望村寨像龙树枝叶一样繁盛，像龙树结籽一样子嗣昌盛、不断发展。如果龙林里没有合适的树，则要从其他地方挖来种上（见图3-15）。龙树林一旦选定以后，这一范

图3-14 滇东南金平县马苦寨的"龙头"

图3-15 马苦寨龙树林里的"龙树"

围内的一草一木均带上了神性，平常村民不会也不敢到龙树林里放牧、捡柴、解手或作出损坏树木的举动。生活于湘、黔边远山区的侗族有崇拜"风水林"的习惯，每年侗族村寨都要举行祭"风水林"的仪式。"风水林"崇拜虽然是侗族自然崇拜的产物，但是它为村寨提供了充足的水源，美化了村寨环境，调节和改善了局部地区的气候，也保护了生物多样性。

又如，在西南重要的山地民族——藏族的传统社会中，神山圣境崇拜是其信仰文化的核心要素，同时也是藏族普遍内化了的一种心理属性。在藏族传统信仰里，周边所有的自然物，无论是山川河流、花草树木，还是雀鸟小兽、蝼蚁昆虫都像人类一样，具有生命和灵魂，必须受到尊重。他们认为自然界中的一切事物均有神灵护佑，人们生活在一个充满神灵的世界中，需要受到神灵的庇护。在高原所有的自然物中，连绵起伏的山系和巍然屹立的山峰无疑是最引人瞩目的存在。每日面对这些高耸入云、圣洁而极具震撼力的峰岭，当地藏民很容易产生敬畏之心。某些高大峻秀的山岭成为人们心目中地方守护神的居所甚至是神灵本身，神山崇拜由此得以起源。图 3-16 所示为藏区八大神山之一的梅里雪山，图 3-17 所示为迪庆藏族自治州维西县塔城镇柯功村的大神山"额和坝哦都枝"。

流传于民间的诗歌和谚语属于表达类文化，是最能直接体现一个地区传统文化特点及生活习俗的表现方式。与山地和森林相关的诗歌和谚语能够比较形象地总结当地的传统生态观念和人们对森林的态度。比如，在红河南岸的哈尼族流传着一个歌谣：人靠饭菜养，庄稼靠水长。山上林木光，山下无米粮。这首歌谣体现哈尼族对生态环境和自然资源利用的认知：森林涵养水源，水源灌溉梯田，梯田种植稻米，稻米养活哈尼人，因此，哈尼子子孙孙一定要保护好森林，保护好哈尼文化和血脉传承的根本。此外，云南汉族民间砍树有"七竹八木"的说法，意为农历七月是砍竹子的最佳时节，农历八月是砍木材的最好时节。云南的曲靖地区流传有《采笋》诗歌：三月风吹好穿花，满山金竹发嫩芽，十二蛮婆来采笋，满头落得竹节花。由此诗歌可以看出，妇女是采集竹笋的主要承担者。

图 3-16　藏区八大神山之一——梅里雪山

图 3-17　维西县塔城镇柯功村的大神山"额和坝哦都枝"

（四）传统技术知识

传统技术知识是指森林民族在生产生活过程中为了适应环境及利用自然资源而产生出来的各种技术方式和手段。严格来说，传统技术知识也应该归并入物质技术文化类型中，但由于这一类传统技术比较具体，是山地民族在经营和利用森林资源过程中的发明创造，是其智慧的结晶，具有朴素的科学性，故单列一点论述。传统技术知识在民族社区生计中具有重要作用，这些知识所发挥的技术力量让山地民族充分利用了森林资源，最大限度地获得了生计收益；同时，为了保障持续的收益，产生了针对森林资源可持续利用的经营和管理措施，所以传统技术知识在一定程度上是民族社区森林资源可持续利用和生计发展关系的重要联结。

比如，云南南部和西部傣族的传统铁刀木薪炭林种植技术，就是傣族人民适应湿热环境所发展起来的一项独特的生态技术。铁刀木（*Cassia siame*）是适合热带地区的一种优良速生树种，当地人称这种树为"挨刀砍""砍不死"（见图 3-18）。为了满足人们对薪柴的需要，傣族习惯在村寨四周植上密密的铁刀木。由于铁刀木分枝萌发很快，采伐时只砍分枝，不砍主干，而且越砍越长，所以铁刀木成为傣族地区可持续的薪柴来源，极大减轻了对天然森林的破坏，从而有效地保护了当地的热带森林植被。在高黎贡山西麓腾冲界头的汉族地区也有传统的人工种植麻栎（*Quercus acutissima*）薪炭林的情况。壳斗科植物麻栎材质坚硬，燃烧值高，燃烧时间长，当地人很喜欢用其做烧柴。为了方便采集，当地村寨祖祖辈辈将麻栎树种在房前屋后、田间地头，所以，在当地村寨随处可以看到巨大的麻栎树。因为麻栎树生长速度慢，采伐薪柴时当地人并不砍主干，只伐顶枝和侧枝，从而保证了麻栎树的正常生长，实现了当地人对麻栎树的可持续利用，但是，这也让当地的麻栎树变得虬枝盘曲、盘根错节，长相十分古怪特别（见图 3-19）。

各种丰富的传统农林复合体系也是技术知识的重要组成部分。农林

图 3-18 西双版纳傣族村寨旁的铁刀木

图 3-19 高黎贡山西麓汉族社区的麻栎薪炭林

复合生态体系指的是在同一块土地上，按照生计需求和生态经济学的相
关原理，人们将多年生木本植物（如灌木、乔木、竹类等）与其他栽培
植物（如药用植物、农作物、经济植物等）和动物，在空间上或者按照

一定的时序进行排列，形成具有多种群、多层次、多产品、多效益特点的农林生态系统。配置的不同成分之间通过复合的空间层次和交错的时间层次来实现系统的多重高效产出。农林复合经营具有比单一种植更为复杂的功能和效益，能够充分挖掘生物物种和土壤基质的潜力，实现了对单一土地资源的综合和可持续利用，存在经济和生态方面的相互作用，在提高生物的多样性、改善与保护生态环境、协调资源合理利用实现生态林业安全，以及促进我国农林产品增产和经济的可持续发展等方面具有重要的价值。

　　西南山地社区居民拥有非常丰富的农林复合经营模式和实践知识，他们在农林生产过程中运用了朴素的生态学思想，创造出了丰富多样的林粮间作、林牧结合和"四旁种树"等传统的农林牧复合模式，也生发出了诸如多种作物间作、轮作、混作，以及不同成熟期的安排等技术，产生了较大的生态、经济和社会效益，为推动林业生态安全和乡村发展做出了重要贡献。比如，在滇西北澜沧江和金沙江河谷的藏族社区，当地人一直以来保留着核桃+农作物的复合经营方式。核桃是当地藏民主要的食用油来源，因此人们习惯于将核桃树种植在园边空地、田地边缘或是山坡旱地上。在夏季进入任一河谷藏族村寨，可以看到一丛丛核桃树镶嵌于层层叠叠的梯田和民居中间，充满了绿意和生机，宛若一幅优美的画卷（见图3-20）。除了在山地和林地上开展农林复合种植外，该区域的另外一些藏族村寨还使农林复合种植以较为严谨的种植安排出现于旱地中，在水田里也以绿围篱、农地边缘空地种植乔木等多种方式开展复合经营。图3-21所示为维西县塔城镇柯功村的一块面积为250平方米的旱地农林复合经营样地示意图，在这块样地里，大核桃树被种植在地块边缘，与黄豆、蔓菁、苦荞等农作物一起种植，中间的一块土地上还种植了核桃树幼苗。大核桃树树干茂密、遮阴较强，所以，当地藏民一般会在下面的土地上种植荞麦、蔓菁等饲料作物，这些作物抗性强、生长快，不会受到太多大树遮阴的影响。

图 3-20 滇西北德钦县古达村的核桃+农作物复合经营

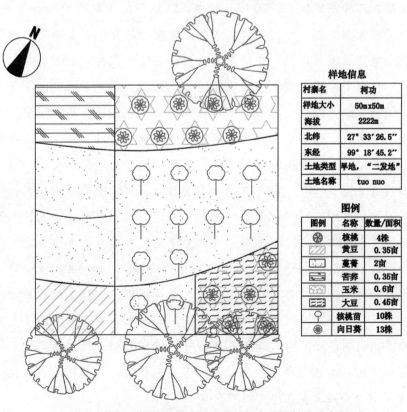

样地信息	
村寨名	柯功
样地大小	50m×50m
海拔	2222m
北纬	27°33′26.5″
东经	99°18′45.2″
土地类型	旱地，"二发地"
土地名称	tuo nuo

图例		
图例	名称	数量/面积
✳	核桃	4株
⁄⁄⁄	黄豆	0.35亩
⋯	蔓菁	2亩
⬓	苦荞	0.35亩
▦	玉米	0.6亩
▤	大豆	0.45亩
♀	核桃苗	10株
✺	向日葵	13株

图 3-21 维西县塔城镇柯功村的农林复合种植样地示意图

小　结

对于西南山区来说，森林的作用和功能是多元化的，影响其功能作用发挥的要素也多种多样，要探讨林业生态安全问题，首先需要了解影响区域林业生态安全的基本要素。本章从森林资源、经济产业、社区生计和社会文化四个方面总结了影响林业生态安全的基本要素，并以这些构成要素为基础，结合西南山区的实际情况，从生态与森林资源禀赋、经济与生计禀赋、传统文化与技术知识禀赋三个方面分析了影响林业生态安全状态的资源禀赋，这些资源禀赋是西南各民族长久以来与森林环境互动过程中所形成的有益条件和内在驱动力。因此，在了解和认知的基础上，对其价值进行深入挖掘和进一步应用，将对推动西南山区的林业生态安全和乡村振兴协同发展大有益处。

第四章 西南山区林业生态安全的
约束与承载力

西南山区虽然具有良好的林业资源禀赋，为社区生计的可持续发展和维持林业生态安全格局提供了有利的条件。但是，随着社会变革和经济技术的发展，人们对森林资源也产生了新的兴趣和要求，在经营过程中不可避免地产生矛盾和冲突，并随着内外环境的变化，在范围和强度上发生改变。这些约束和限制性因素给林业生产和森林资源经营管理带来了压力，影响了西南山区的生态系统稳定和林业生态安全。本章借鉴生态承载力概念来探讨西南山区林业生态安全中资源环境的约束和限制问题，同时发现其潜力和支撑力，力图从不同视角来剖析影响林业生态安全的障碍性因素和潜力要素。

一 林业生态承载力的概念与内涵

（一）生态承载力的起源与内涵

承载力这一概念最初来源于物理力学领域，原意是指一个或某一类物体在不产生任何破坏时所能承受的最大负荷，具有力的量纲。其定义包括了两个基本内涵：一是所承受的力来自承载体的外部；二是承载体本身不遭受任何破坏。① 之后，随着学科的不断交叉、融合和借鉴发展，承载力的

---

① 沈渭寿、张慧、邹长新等：《区域生态承载力与生态安全研究》，中国环境科学出版社，2010，第3页。

概念逐渐从最初的物理工业领域被引申到生态学、地理学、经济学、人口学等领域，尤其是生态学领域对承载力的探讨颇为热烈，又因为所探讨的内容基本上与资源、环境和自然相关，承载力在一定程度上已经相当于生态承载力。18世纪末期，英国著名人口学家马尔萨斯（Malthus）研究了人口和粮食增长的关系问题，他认为粮食是限制人口增长的主要因子，并提出了资源的有限性及资源影响人口增长的理论。马尔萨斯的观点引发了人们对环境限制因子会影响人类社会物质增长和发展过程的关注，这可以被视为生态承载力的起源。19世纪中期，比利时数学家Pierr. F. Verhust采用数学公式的方式将马尔萨斯的人口假说进行了表达，提出了人口增长的逻辑斯蒂（Logistic）方程，这个方程计算了资源环境对人口增长的约束和限制作用，并用环境的容纳能力表现出来。之后，使用数学方程来评估和定量表达承载力和环境容量的方式在不同学科尤其是自然科学领域得到了较多应用。

20世纪以来，随着经济社会的发展和科学技术的不断进步，人类对环境资源的攫取和消耗程度不断加剧，人口膨胀、环境污染、资源耗竭、生物多样性减少等全球性问题日益严重。有研究表明，当前全球的生态环境压力早已超过了地球自身的生态承载力，2008年生态足迹[1]已经是地球生态承载力的1.5倍，全球正在承受着较大的生态赤字，若不改变目前的经济发展情况，预计到2050年，我们需要近三个地球来满足人类的自然消耗需求。[2] 在这样的时代发展背景之下，生态承载力这个与资源、环境及人类活动紧密相关的概念逐渐成为人们关注的热点，在社会发展的诸多领域都得到了应用，成为学者们用来探讨人口与环境、经济与发展、社会治

---

① 生态足迹（Ecological Footprint）是一个与生态承载力紧密相关甚至类似的概念，它是指一定数量的人群或族群按照其惯有的生计方式持续消费由自然生态系统所提供的各类产品和服务，以及在这一过程中所产生的废物能由环境或者生态系统所消化和纳纳的能力。生态足迹可以应用已经很成熟的计量方法进行测算评估，其应用价值在于通过比较生态足迹的供给和自然生态系统的承载力，即可判断某一个地区或者国家的社会经济和生态环境的可持续发展状况，其评估结果有助于提出该区域的生计和社会发展的科学性规划决策和发展建议。

② 温飞、陈思瑾、王乃亮编著《流域生态安全研究》，兰州大学出版社，2022，第7~9页。

理与环境影响之间的关系，描述和研究发展限制性因素的常用理论，同时也成为可持续发展的支持性理论。其基础观点认为生态承载力首先是自然体系调节能力的客观反映，因为环境不是独立存在的，人类的一切生计活动都必须依赖土地、水源、大气、森林、草地、生物多样性等自然资源，所以，资源环境能够为人类的生存和发展提供必备的物质资源又不损害自身生态系统，能够保持相对良好和稳定的关系就是生态承载力的阈值范围。基于此，世界自然保护联盟（IUCN）、联合国环境规划署（UNEP）等一些国际组织将生态承载力界定为：一个生态系统在维持生命有机体的再生能力、适应能力和更新能力的前提下，承受有机体数量的限度。

由于应用领域不同、对象不同、区域不同，生态承载力衍生了不同的含义，如种群承载力、土地承载力、资源承载力、环境承载力、生态系统承载力、流域承载力等，在某些承载力之下又可细分为不同的分支，例如，资源承载力可以细分为水资源、森林资源、矿产资源承载力等。环境和生态承载力较为强调自然环境的系统性和整体性，体现的是整个生态系统构成要素之间相互作用之后所形成的容纳能力。各类承载力的不同应用及其内涵如表4-1所示。

表4-1　承载力的不同应用及其内涵

类别	应用领域	内涵
种群承载力	生物学、动物生态学等	特定生境或某一环境条件下某种/类生物个体所能生存和存在的最高极限或最大数量，比如一定草地环境里的载畜量
土地承载力	农林业、环境、经济等	也称土地资源人口承载力，指的是特定区域内土地（耕地、林地等）的面积和生产能力能够承载的人口数量的能力
资源承载力	环境、生态科学、社会发展、管理学等	特定区域内各类资源的数量和质量能够支撑该区域内人口生存和发展的能力，可用于指导资源的优化配置和可持续发展。联合国教科文组织（UNESCO）的界定为：在可预见的时期内，利用该地区的能源及其他自然资源和治理技术等条件，在保证符合其社会文化准则的物质生活水平下，持续供养的人口数量

续表

类别	应用领域	内涵
环境承载力	环境、生态科学、管理学等	在某一时期、某种状态或条件下，该地区的自然或人造环境所能承受的人类活动的极限，或者是对人口增长和人类活动的容纳能力，兼具自然属性和社会经济属性。如大气环境、水环境、森林环境、旅游环境等的承载力
生态系统承载力	环境、生态科学、管理学等	社会经济的发展能够保持在生态系统的自我调节、自我维持能力，资源与环境子系统的供给和容纳能力范围之内，不超出生态系统的承载限值。保持生态系统的完整性，把人类活动控制在生态系统可以持续承受的范围之内是生态承载力研究的意义和价值
流域承载力	环境、生态科学、社会发展领域等	以自然资源的区域构成为对象，指特定流域内维持良好的水资源、水环境和栖息地环境所能支撑的社会经济水平、人类活动最大数量和最大经济规模的能力

生态承载力从来不是静止或固定的，它是一个不断变化的存在。首先，从承载力本身的起源和特征来看，一方面，环境和资源本身具有生态系统"自我调节、自我维持，自我更新"的能力，通过不断的自我调适与周围的其他环境要素形成平衡。另一方面，承载力与人口增长和人类活动紧密相关。因为人类是地球上最具主动性的生物，在与环境的长期互动中使其具备了调节、适应与生态环境相处的能力，并形成了不断的知识技术积累，这些优势可以帮助人们通过调整经济社会系统的结构和功能来影响生态环境的承载力，使其保持在可控的范围内。其次，从理论和方法的发展历程来看，生态承载力的理论研究大致经历了从单一的资源承载力，到环境承载力，再集合成当前面向可持续发展的生态系统承载力的演变发展过程，方法上也从最初纯粹的技术性测算拓展成现在采用综合性策略与方法提升区域整体生态承载能力的范畴。可以说，当前的生态承载力研究已经建立在资源、环境以及包括人类社会、经济、文化在内的复杂的共生系统基础之上。

随着社会经济环境的不断变化以及人们对生态环境保护意识的不断增强，承载力的内涵也在发生着演变，其含义从最早时期专门表征资源利用的"负荷""限值""阈值"等已经逐渐拓展至表征自然、经济、社会可持续发展的"潜力""能力""储备力"等更为广泛的范围。总的来说，生态承载力的内涵应包括三个方面的内容。第一，生态系统的自我维持与自我调节能力、弹性力，以及资源和环境的供容能力，该组分属于生态系统的支撑力构成。第二，社会经济的发展能力，该组分属于生态系统的压力构成。社会经济压力的构成根据其活动性质又可以划分为：①人类生产和生计过程中对各项可得性资源的依赖；②日常生计中生产性资料和生活性资料的分配方式和经营管理方式；③人们对生计水平和生活质量的预期及其所能产生的结果；④生态环境对人们在生产和消费过程中所产生的各种废弃物、污染、不良影响的消化水平和容纳能力。第三，生态系统可维持的具有一定消费水平和生活水平的人口数量，该组分属于生态承载力的基础性构成。

（二）生态承载力的决定性因素和应用意义

生态承载力的决定性因素由生态系统稳定性、干扰和生态阈值组成。生态系统稳定性是生态承载力的基础，生态系统是否稳定、是否遭到破坏，是判断生态承载力是否超过阈值的主要依据。当外界的干扰程度保持在生态系统可以自我调节和控制的范围时，生态系统保持稳定，生态承载力也在阈值范围内。干扰是生态稳定性的对立面，与生态承载力成为二元对立的综合体。干扰可分为自然干扰和人为干扰，风、火、雨、雪、气候变化、病虫害等属于自然干扰，人类对自然资源的需求与攫取、各类行业和产业活动等属于人为干扰。当前，人为活动对生态环境的干扰更为明显，已经成为影响生态系统稳定性和生态安全的主要因素，所以，与自然干扰相比，人为干扰的影响更具现实意义。干扰会对生态系统的结构和功能造成影响，但这种影响是否会威胁到生态系统的稳定性取决于干扰与生态承载力的博弈。干扰有不同强度，生态承载力也有不同的承载范围，当干扰强度在生态系统的自我调节能力范围之内时，生态承载力不会出现太大波动。因此，干扰强度常常被作为生态承载力的综合衡量指标。生态阈值是一种临界节点，是指某一事件或存在物因为受各类因素和环境条件的影响并达到一定程度时，突然进入另一种状态的关键值。生态阈值是生态承载力的核心，生态系统对外界干扰的最大承受限度就是生态阈值，突破生态阈值即意味着超过了生态承载力，此时，生态系统会变得不稳定，生态安全问题开始出现。因此，确定生态阈值是生态承载力研究的重点。

当前，无论是在全球水平还是在区域层次上，其经济增长的资源环境约束越来越显著，大多数发展中国家或地区的经济增长正在遭遇生态问题瓶颈。很多地区的经验和教训已经证明，在绝大多数资源型发展社会中，人们的生计和福利水平并没有伴随着经济增长而得到提升，有的甚至出现了停滞甚至后退的情况，经济增长遭遇了"生态门槛"。这意味着，尽管是自然资源十分丰富的地区，纯粹依靠消耗更多资源来提升福利和生计水平的做法也并不可取，不仅会面临诸多风险，从长远来看，还会导致无法破解的困境出现。而要持续性地提升地区的生态福利水平，只有不断降低自然消耗，寻找一条合理的替代能源和发展方式的路径。

在我国，推动生态文明建设进程，实现经济社会的综合可持续发展已经成为当前全社会的共识和未来发展的方向。可持续发展的实质是要维持资源、环境、经济与生计协调共生关系，其核心在于保护生态环境，降低对自然资源的无序消耗，从而为社会经济发展提供持续性驱动力。因此，一个地区在实现社会经济发展的过程中，注重对于生态福利供给方——生态环境的保护，以及尽力提高生态服务的有效利用水平显得非常重要。也就是说，一个区域的社会经济可持续发展必须建立在健康生态系统中，其对资源的利用和环境容量都不能超过生态系统的可承载能力的最大限制。在此意义上，可持续发展和生态系统稳定的一个核心要素就是该区域的生态承载力状况，因此，对一个区域生态承载力的评估非常重要。生态承载力受多种因素和不同时空条件的影响和限制，如林地面积、耕地面积、人口自然增长率、人均 GDP 增长、农林牧产业的产值和增长量、农民人均收入等，这些因素的变化及其影响是分析环境压力和约束力、评估区域生态承载力阈值范围的主要依据。

（三）林业生态安全承载力

林业生态安全承载力是传统生态承载力在森林资源和林业领域的发展和应用。林业领域的生态承载力评价最初起源于对森林资源承载力的评价。受当时比较成熟的土地资源承载力研究的影响，学者们大致将森林资源承载力定义为：在某一地区和某一特定的时空条件下，为保证森林资源和森林生态系统的结构和功能不受破坏的前提下，满足一定社会文化准则的物质生活水平和正常的经济发展速度时，森林资源所能承受的人口数量。① 在评价过程中着重选取具体的森林产品指标和森林面积的大小来评价森林承载力的阈值。总体来说，早期的森林承载力的研究范围较为狭窄，主要将森林资源的经济价值以及可承载的人口数量等单一指标作为评价依据。之后，随着生态承载力研究的不断成熟，森林承载力研究的内涵和外延也不断扩大，学者们开始从特定区域所处的生态、经济、社会等综合因素出发，来评价该区域发展对森林承载力的综合作用，分析森林承载力的因素从最初的单一因素逐渐扩展到内部因素和外部因素，承载力的受力对象也从最初的人口数量阈值扩展到人类活动阈值。

总体而言，林业生态安全承载力是指森林和林业资源消耗可控前提下的林业生态、经济、社会复合系统的总和协调发展水平，包括林业生态系统在自我调节能力和人类有序生计活动下所能支持的自然资源消耗程度、环境退化、污染和破坏程度、社会经济和社区生计的发展程度、具有一定消费水平的人口数量等。林业的发展不应该超过林业生态承载范围，而提高林业生态安全承载力也是区域经济社会和生态可持续发展的重要目标。与纯资源环境系统内对人口数量和活动的"最大负荷量"有所不同，林业生态安全承载力一方面表现为森林生态系统对人口和社会发展过程中造成的双向压力和负面影响；另一方面也包括林业活动对林区生态建设、经济

---

① 李瑞、周培、辛晓十：《河南省森林资源环境人口承载力分析》，《南都学坛》（自然科学版）1999 年第 3 期。

社会发展等所形成的稳定支撑力与持续推动力①（见图 4-1）。因为林业生态系统对生态环境保护和社会经济发展的双重效用，所以，其生态职能不仅包括持续产出森林产品，还包括发育出协调、稳定、健康的林业生态系统发展状态，这些职能决定了林业生态安全承载力本身具有系统性、整体性和可持续性等一系列特征。

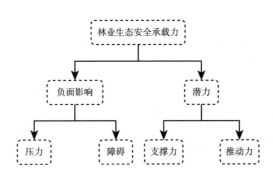

图 4-1　林业生态安全承载力的内涵

根据前文内容，可以将林业生态安全承载力的要素分为两类：一类是林业的约束力和生态压力要素，该类要素主要指限制性因素或负面问题；另一类是林业的潜力和支撑力要素，主要包括森林资源现状、林业发展潜力和持续的推动力等。

生态承载力和林业生态安全之间表现为相互限制、相互支撑、互为因果的关系。一个地区的生态承载力阈值范围大小，决定了该区域的林业生态安全状况。其约束力和压力成为限制一个区域林业生态安全稳定性的障碍性因素；而挖掘其潜力和支撑力，提高区域林业生态承载力，将生态承载力低的生态系统改造为生态承载力高的生态系统，实现一个地区的林业生态安全。因此，通过分析一个地区的林业生态承载力状况，可以为区域性林业生态安全格局的形成和地区的可持续发展提供科学依据。正如第三章所论述的，西南山区林业资源丰富，具有我国绝大多数地区无法比拟的

---

① 朱震锋、冯浩、何思炫等：《高质量发展视域下中国林业系统生态承载力：解构、预测及评价》，《世界林业研究》2022 年第 5 期，第 65~71 页。

自然资源禀赋，山地社区生计与森林资源具有紧密的相互作用关系，森林资源经营管理的传统知识和技术文化内容保留较多，等等，这些都是影响西南山区林业生态安全格局形成的有益因素。但是，西南山地的林业发展也存在诸多约束和限制因素，给当地的林业生态安全带来明显的制约和压力。因此，本章借鉴生态承载力的理论和方法，探讨西南山区林业生态安全中资源环境的约束和林业生态安全承载力问题，力图从不同视角来剖析影响林业生态安全的障碍性因素和问题。

二　西南山区林业生态安全的约束与压力

（一）西南山区生态环境的约束与压力

1. 生态环境脆弱，森林资源尤其是天然林资源退化严重，森林生态系统服务功能有限，自我调节能力不足

西南山区森林资源禀赋优势明显，生物多样性非常丰富，但是，因为历史原因，该区域的森林资源也面临着很多约束和问题，受经济发展需求以及人为活动等因素影响，西南山区森林资源毁坏和林地退化较为严重，部分区域出现森林面积减少、质量不高、结构不合理、功能丧失等问题。研究显示，从 2001 年到 2019 年近 20 年时间，西南山地共损失森林面积 375 万公顷，平均每年损失约 19 万公顷，损失最小年份为 2001 年，面积约 7 万公顷，损失最大年份为 2016 年，约 29 万公顷。各行政区中，云南森林面积损失最为严重，共计损失面积约 90 万公顷，贵州和四川次之，分别损失 31 万公顷和 23 万公顷，重庆的森林面积 20 年来损失最小，约为西南山地林区总损失面积的 1%。① 森林损失地区主要集中在云南南部和贵州东南部，从海拔上看，损失地区主要分布于中低海拔区域，主要是海拔 2000 米以下的

---

① 王淑静、赖佩玉、郝斌飞等：《西南地区 2001～2019 年森林损失特征遥感监测与时空分析》，《遥感技术与应用》2021 年第 3 期。

地区，海拔越高，损失越小。因为西南山地处于青藏高原向云贵高原过渡地带，平均海拔高，地形地貌复杂，云贵很多区域岩溶地质发育强烈，喀斯特地貌分布面积较大，生态环境极为脆弱，森林资源一旦被破坏之后，植被恢复和生态修复较为困难，由此使该区域的林业生态安全受到威胁。

天然林资源是衡量一个区域生态环境质量最为重要的指标。西南林区以天然林为主，1949 年以前，该地区分布的森林绝大多数都是天然林。新中国成立以后，国家建设和经济发展对木材的依赖性高，对天然林木材资源消耗非常大，尤其是在 20 世纪 70 年代时对天然林进行了大规模采伐，到1981 年，西南林区的天然林面积已经从 1949 年的 2200 余万公顷减少至1600 余万公顷，蓄积量也从 33 亿立方米锐减至 22 亿立方米。[①] 天然林遭到大面积采伐和过伐，残存的天然林退缩到江河源头和极高山等人为活动较少区域，由此引发了地区生物多样性丧失严重、水源涵养功能下降、生态安全能力减弱等一系列生态问题。

以高山林区为例，高山地区生长的暗针叶林粗壮、笔直、高大，是上乘的用材，所以，20 世纪中后期，高山林区曾经被作为非常重要的商品性用材林采伐基地，从而产生了大面积不同程度的采伐迹地和退化林地。据统计，20 世纪 30 年代，长江上游地区的森林覆盖率达 30% 以上，到 60 年代末期，以高山针叶林为代表的川西地区森林覆盖率锐减到 14.1%。[②] 滇西北迪庆州高山林区也是类似情况，多年来，当地大量以冷杉和云杉树种为代表的原始天然林被采伐，木材收入是地方的主要经济来源，有人用"木头财政"来形容当时木材采伐对这些重要林区地方经济的重要贡献。这一时期的木材采伐给当地的天然林带来巨大的影响，20 世纪 90 年代末期以后，天然林资源保护工程开始实施，这些地区才全面停止了对天然林的商业性采伐。由于高海拔区域生态环境脆弱，对退化林地的修复和植树造林较为困难。虽然自 70 年代之后，在国家生态保护政策的促动和地方林业部门的投入、引导下，迪庆州已

[①] 周彬：《西南林区天然林资源动态及恢复对策研究》，中国林业科学研究院博士学位论文，2011。

[②] 甘书龙主编《四川省农业资源与区划（上篇）》，四川省社会科学院出版社，1986，第 123 页。

开始下大力气在原来的采伐区开展生态修复和植被恢复工作，但是，由于滇西北退化林地面积大、类型多，再加上海拔高、气候寒冷、树木生长速度缓慢等，无论是采用自然修复还是人工恢复的手段，对退化的森林生态系统治理和修复都较为困难。目前，很多地区恢复种植的云杉、冷杉林等仍然处于幼龄林期，森林生态系统服务功能依然处于较弱的状态。图4-2所示为滇西北迪庆州境内的一处高山天然林采伐迹地，仍然可以看到当年大规模采伐遗留下来的痕迹，当地人将这样的采伐迹地称为"森林墓园"。图4-3所示为在一处采伐迹地里重新恢复种植的云杉，这些云杉树龄均在25年左右，但平均高度只有2~3米，胸径基本为30厘米左右，尚处于幼龄林状态。目前，虽然这些被采伐过的森林和林地已经全部纳入国家生态公益林范围，并进行了严格的封山育林保护和大力的植树造林，但是，天然林禁伐已20余年，高山地区的植被恢复效果仍然不明显，森林植被的修复和生态系统服务功能的加强仍需时日。

图4-2　滇西北高山天然林采伐迹地

图 4-3 植被恢复——树龄 25 年的云杉林

除了高山林区之外，热带亚热带的天然林曾经也遭到了较为严重的破坏。比如，滇南西双版纳的原始雨林曾经覆盖当地大多数沟谷山地，当地人口稀少、森林面积广大，轮歇的生产行为最初并没有对森林生态系统服务功能造成太大影响，但是，随着人口数量增加、人们的经济发展需求扩大、新的种植产业被引入以后，当地人不再对森林和林地进行传统的轮歇式经营，而是将其变成了永久性耕地，或将大片原始雨林改造成了橡胶林和茶园（见图 4-4、图 4-5），导致天然林面积大幅减小，生物多样性也随之遭到破坏。1992 年之后，橡胶所产生的经济利润不断增大，当地橡胶林的种植海拔更是突破了 1400 米，部分海拔较低的热带山地常绿阔叶林也被改造成了橡胶林。西双版纳原始雨林遭受破坏造成林地和森林两方面的退化，研究表明，当地的森林面积占比由 1992 年的 65.5% 减少为 2000 年的 53.4%、2009 年的 52.5%。虽然之后随着国家森林保护政策的严格实施，当地的森林面积占比开始缓慢上升，但总体来说，原始的热带雨林依旧呈持续减少的趋势。[1]

图 4-4 天然季雨林被改成橡胶林

自 1998 年天然林资源保护工程启动之后，西南山地林区采取了封山育林、植树造林、低质低产林改造、退化林地治理与修复、退耕还林等一系列措施，使区域退化的森林植被逐渐得到治理，森林生态系统的服务功能也正在逐步恢复。但是，由于长期开发利用，大量的天然林已经退变成人工林和次生林，而这样的改变在短期内几乎是不可逆的。

除了天然林区之外，出于经济和林业产业发展的需要，从 20 世纪末期开始，一些可以进行经营的社区集体林地开始大规模种植以桉树、杉木以及其他一些经济树种为主的速生丰产林，经营的初衷在于增加植被覆盖的

---

① 杨建波、马友鑫、白杨等：《西双版纳地区主要森林植被乔木多样性的时间变化》，《广西植物》2019 年第 9 期，第 1243～1251 页。

图 4-5　山地季雨林被改成茶园

同时促进农民增收和地方经济的发展。严格来说，在非公益性集体林地上不改变林地用途，只改变林地上的树种并没有违反国家森林资源经营的相关政策规定，但是，从生态意义上讲，清除原有的地面覆被转而种植单一的用材树种或经济树种，不但会改变森林的原始结构，使生物多样性大大降低，导致森林质量降低、地力衰退、病虫害增加、水源枯竭等生态恶果，降低森林生态系统的服务功能；同时，这种"木材农场"① 的经营方式需要投入化学肥料、农药等促进单一木材的生长，以便在最短的时间内获得产出，这些行为会加速土壤退化的进程，造成环境破坏，尤其是在一些土壤瘠薄、生态本身十分脆弱的区域，这种影响尤其明显。桉树在西南一些省区的种植就是非常典型的案例。桉树原产于澳大利亚，是桃金娘科桉属一

---

① "木材农场"指的是像经营农作物一样去经营树木、规模性单一种植，在土地上以条状、带状等规律性的方式统一种植、统一施肥打药除病虫害、统一收割。

系列具有较高经济价值树种的泛称，其主干通直，植株纤维柔韧细长，有的树种外形较为美观，全株含芳香油，是一种优良的用材树种。桉树用途广泛，其木材坚韧耐腐，是制作人造板、家具等的优良用材，也是常用的纸浆制造原料，桉树叶可提炼桉油，是香料、医药和化学工业的重要原料。作为我国三大人工造林树种之一，桉树以其生长快、成材期短、适应性强、病虫害少、经济价值高、用途广泛等优势，曾经成为西南一些地区人工林建设的首选树种，云南是全国引种桉树最早的省份之一，也是全国桉树种植面积较大的省份之一。[①] 主要种植的树种包括直杆蓝桉（*Eucalyptus maideni*）、蓝桉（*Eucalyptus globulus*）、布氏桉（*Eucalyptus blakelyi*）、赤桉（*Eucalyptus camaldulensis*）、尾叶桉（*Eucalyptus urophylla*）等 10 余种。近年来，随着云南鲜花产业的不断发展，有的山地社区也开始种一些用于插花花材的桉树，如银叶桉（*Eucalyptus cinerea*）等。桉树种植在山地社区的推广虽然取得了预期的经济效益，对促进社区生计发挥了重要作用，但是，因为生长需要耗费大量地下水，尤其是处于速生期状态时其对水分的需求特别旺盛，因此大规模的桉树纯林种植造成了林地和周边环境的干旱，严重时甚至会导致种植区内水源枯竭、地表径流断流等现象。因为生长迅速，其对肥力的要求也比较高，所以种植桉树的土地肥力退化非常严重，当地老百姓形象地称其为"绿了荒山头，干了清水沟"。此外，桉树种植还破坏了生物多样性，桉树林中能生存的物种非常稀少，生态系统服务功能极弱。图 4-6 所示为滇中楚雄彝族山区的桉树种植，大片山头上原有的次生林被清除，像农作物一样桉树被一排排整齐地种植在山头上，定期管理，定期收割。对于像滇中地区干旱瘠薄的红土地来说，桉树种植对生态环境的负面影响尤其显著。所以，大规模纯林种植在获得经济收益的同时，也极大地影响了当地生态系统结构的稳定和林业生态安全。目前，关于桉树种植"弊"与"利"的探讨仍然在进行中。

---

① 白成亮：《正确评价桉树的"功过"》，《云南林业》2010 年第 5 期，第 8~10 页。

图 4-6　滇中楚雄山区的桉树种植

随着天然林被采伐利用，人工林大面积增加，森林资源和林地退化，外来物种入侵问题也开始凸显，引发了农林生物灾害，生态侵蚀，生物多样性减少，以及林业产品贸易壁垒等负面影响，不仅对本地的农林生态系统和林业生态安全造成了严重危害，而且对地区经济的发展产生影响。在中国，入侵物种所带来的年经济损失高达 2000 亿元以上，仅因紫茎泽兰（*Ageratina adenophora*）、松材线虫等 11 种主要外来入侵生物，每年给农林牧生产造成的经济损失高达 570 多亿元。[1][2] 在西南山地，紫茎泽兰自 20 世纪 70 年代末期入侵四川以来，目前已经在西南山区大面积扩散。西南各省区中，云南的外来入侵物种数量最多，约 288 种，其中植物占了 2/3 以上，包括菊科（Compositae）、禾本科（Gramineae）、十字花科（Cruciferae）、伞形科（Umbelliferae）、含羞草科（Mimosaceae）、苏木科（Caesalpiniaceae）、旋花科（Convolvulaceae）等 40 余科的植物，其中尤以菊科和禾本科入侵植物最多。上述诸多原因既单独存在，发生影响，又相互交织，协同作用，从而使西南山区的林业生态安全处于威胁之中。

2. 森林资源分布地域性差异显著，分布不均衡

西南山区虽然森林资源丰富，但是由于地域广大，地质地貌多样，森林资源的分布不均衡，差异性比较大。如前文所述，虽然西南林区是全国重要的天然林区，但是各种历史原因导致天然林破坏严重，其分布已经退缩到江河源头，流域深处和极高山人为活动较少区域。西藏东南部、滇西北和川西地区是西南林区中天然林连片分布区，这片区域在地理区位上属于同一区域，均为澜沧江、金沙江、怒江三江大流域区域和大横断山区，天然的地理屏障和较少的人为干扰使天然林得以保留。其他大多数地区因为人口较多，村寨

---

[1] 徐海根、丁晖、李明阳：《生物入侵：现状及其造成的经济损失》，中国科协第五届青年学术年会论文集，2004 年 2 月。

[2] 马玉忠：《外来物种入侵中国每年损失 2000 亿》，《中国经济周刊》2009 年第 21 期，第 43~45 页。

星罗棋布，与森林天然镶嵌交错在一起，从而对原有的天然植被造成了极大干扰，在这些地区，天然林基本呈点状或者带状保留，这些天然林目前大多数已经被列为自然保护区和国家重点公益林区进行管理和保护。如云南的高黎贡山、白马雪山、黄连山、无量山、哀牢山、分水岭、大围山以及西双版纳等著名的国家级自然保护区均属于这种情况，大量的民族村寨分布在自然保护区周边，有的甚至还保留在自然保护区内，与保护区发生着紧密的联系。图4-7所示为云南怒江碧罗雪山天然林和集体林、次生林的分布阶梯景观，从图中可以清晰地看到民族村寨分布与各类森林的关系。

综合来看，云、贵、川的人工林面积较大，贵州本身属于南方集体林区[①]，国有林面积较小，基本上以次生林和人工林为主。这些地区在历史上就有经营人工林的经验，例如，贵州的侗族世代有种植杉木的习俗，人工栽培的杉木15~20年内即可成材，且木质优良，是当地人很喜欢的木材。贵州著名的杉木产区如黎平、从江、榕江、锦屏等地生产的杉木树干通直，纹理美观，是制造家具和建筑材料的优等用材。自古以来，侗族地区大多数建筑，包括民居、风雨桥、鼓楼等均为杉木建造。云南红河南岸的哈尼族有在坡地田间地头种植大片棕榈树的习俗，以满足日常生计所需。棕榈树对于哈尼族来说全身都是宝，从古至今皆有种植，哈尼古歌《普祖代祖》描述了哈尼族建寨与棕榈的关系：安寨还要栽棕树，三排棕树栽在寨头，栽下的棕树不会活，一寨的哈尼就没有希望。在日常生活中，哈尼族用棕榈来制作绳索、棕垫、蓑衣、扫帚等各种用品。随着红河南岸市场逐渐开放，棕榈本身所具备的经济效益逐渐凸显出来，出售棕片和棕榈制品成为当地哈尼山寨一项重要的经济收入来源。仅滇南红河县一个县的棕榈种植就达12万亩，村民自己收购或加工棕榈产品，形成了当地规模较大的棕榈产品交易市场。图4-8所示为云南省红河县哈尼山区棕榈人工林的种植情况。

----

① 南方集体林区是指我国森林面积广大，且以集体林为主要产权分布的省区，包括中国南方的湖南、湖北、贵州、江西、安徽、福建、广东、广西、浙江、海南共10个省份。集体林区的森林属于社区森林，有较大的社区经营自主权，经营目的、经营类型和方式多种多样。

图 4-7　云南怒江碧罗雪山天然林和集体林、次生林的分布阶梯景观

图 4-8　云南省红河县哈尼山区棕榈人工林

从森林质量上来看，各地的差异性也比较突出。云南的人工林面积较大，人工林蓄积占森林总蓄积量的 61% 左右，西藏的人工林非常少，人工林蓄积仅占 1% 左右。[①] 从龄组上来看，云南的森林以中、幼龄林为主，过熟林面积所占比重不大；[②] 四川、西藏以近熟林、成熟林和过熟林为主。从碳储量上来看，西藏的森林植被在西南林区各省中所占比重最大，云南、四川和贵州次之，其所占比重分别为 36%、30%、26% 和 5%。[③] 西藏森林林分平均碳密度最大，云南和四川次之，重庆和贵州最低。各地区不同森林植被类型的碳储量贡献不同，云南的森林植被碳储量以阔叶林为主，西藏、四川、重庆和贵州则以针叶林为主，均占其碳储量贡献率的一半以上。在不同森林的经营类型中，天然林的碳储量最大，人工林包括经济林、次生林、竹林、灌木林在内的碳储量贡献率较低。

3. 水土流失严重，自然灾害频繁

西南山地林区受地质地貌的影响，虽然自然资源丰富，但很多地区如高山环境、岩溶环境等生态系统环境极为脆弱。同时，西南山区贫困人口众多，是国家重点扶贫开发的区域，中山以下丘陵坝区人口密度大，生计对生态环境的压力很大。2010~2019 年，西南地区的经济增速同比增长了近10 倍，快速发展的经济水平必会导致土地利用方式发生改变。所以，该区域人地矛盾及保护和发展的矛盾十分突出。西南山区多岩溶地貌，这种区域的土壤结构整体较为松散，需要常年的植被覆盖才能达到控制土壤的目的，但是，森林植被毁坏导致该区域的石漠化问题十分严重。此外，西南

[①] 杜志、甘世书、胡觉：《西南高山林区森林资源特点及保护利用对策探讨》，《林业资源管理》2014 年增刊，第 27~31 页。

[②] 龄组是对林木生长发育时期的年龄分组，根据龄组林木有幼龄林、中龄林、近熟林、成熟林、过熟林之分。幼龄林指林分完全郁闭前的时期；中龄林指林冠郁闭后至林分成熟前的时期；成熟林指林木在生物学及工艺方面都已成熟，直径生长已非常缓慢或基本停止；过熟林指自然稀疏已基本结束，林木生长停止，开始心腐，病虫害侵染，部分立木由于生理衰退而枯立腐朽，林分经济价值和有益效能开始不断下降。

[③] 燕腾、彭一航、王效科等：《西南 5 省市区森林植被碳储量及碳密度估算》，《西北林学院学报》2016 年第 4 期，第 39~43 页。

很多山地社区的坡地垦殖率超过土地面积的 30%~60%，有的地方甚至更高。所以，多年以来，受自然环境、人地矛盾、经济发展的多重影响，大量毁林、征占用林地、转换林地用途、坡地垦殖等活动使该区域土壤侵蚀问题突出，水土流失严重。水土流失面积高达 37.2 万平方公里。①

以云南为例，云南省 39.4 万平方公里的土地面积中，山地面积占 94% 以上，其中，坡耕地占总耕地面积的 70% 左右。因为多山，强烈切割的江河溪谷、陡峭的山崖坡地成为水土流失发生的基础性驱动力；受西南季风和东南季风交替影响，汛期集中，同时，地质构造破碎，地震多发，土壤易于侵蚀等多种原因也对水土流失起到了促动作用。此外，截至 2022 年，云南省总人口已近 4700 万，频繁的人类活动导致全省山地水土流失呈现点多面广的特征。近 20 年来，云南水土流失面积以及强度和剧烈流失的面积在减少，但是，中度和强度流失面积增加，特别是中度流失面积所占比重较大。土壤侵蚀方面，目前云南坡耕地土壤侵蚀面积达 421.38 万公顷，占坡耕地总量的 89.37%，坡耕地土壤侵蚀对应坡度级坡耕地的侵蚀面积比例、侵蚀强度等级、侵蚀量均呈现增加趋势，主要来源于 15°~25°、>25°、8°~15° 坡耕地；坡耕地土壤侵蚀、养分流失是区域侵蚀产沙和养分流失量的主要来源地。② 在川西森林—草原过渡地带，因为对森林、灌丛、草甸和草原不合理的开垦和利用，导致沙化面积不断扩大。岷江河谷镇江关段的干热河谷植被海拔上限从 20 世纪 60 年代的 1800 米左右退至 21 世纪初的 2000 米左右，干热干旱河谷荒漠化的面积不断增加。③ 土壤侵蚀、水土流失、土地石漠化和沙化等使西南山地地表大量的土壤养分和水分流失，造成地力减退、水环境恶化、地质灾害频发等，从而给地区经济的发展和生态环境安全带来严重压力。

除水土流失外，西南山地自然灾害也非常频繁。洪涝、干旱、风暴、

---

① 刘兴良、刘杉、包维楷等：《西南地区森林生态安全屏障构建途径与对策》，《陆地生态系统与保护学报》2022 年第 5 期，第 84~94 页。

② 陈正发：《云南坡耕地质量评价及土壤侵蚀/干旱的影响机制研究》，西南大学博士学位论文，2019。

③ 刘兴良、慕长龙、向成华等：《四川西部干旱河谷自然特征及植被恢复与重建途径》，《四川林业科技》2001 年第 2 期，第 10~17 页。

低温冷冻、雪灾、地震、滑坡泥石流、森林火灾、森林病虫害等多种自然灾害常常以群发或突发的方式出现，呈现灾害种类多、发生频率高、造成损失严重、成灾地域广等典型特点，给当地带来了非常大的经济和财产损失，同时也造成了对区域林业生态安全的威胁。

干旱是西南地区最重要的气象灾害，发生频率很高且影响范围大，一年四季均会有干旱发生，其中以春旱（3~5月）的影响最大。春旱在云南和川西山地最为突出，自西往东则逐渐减少。据统计，2000~2020年，西南山地旱灾面积平均为567万公顷/年，造成的经济损失平均每年5亿元。从干旱持续时间来说，21年内，有36场大旱持续时间在2~6个月内，占比为90%，其余的10%时间持续在7~10个月。2019年，西南地区西部和西南部接连发生春旱和夏旱，导致整个地区300多万人受灾，直接经济损失达82亿元人民币。[①] 总体来说，西南山地降水量、河流径流量土壤湿度均呈减少趋势，干旱明显增加且程度不断加重，尤其近20年来发生频率明显增加。[②] 干旱给森林带来的影响非常明显，如果春旱持续，大片中山地区的阔叶树种会干枯死亡，林间的非木材林产品如野生菌、森林蔬菜等也会大量减少，干旱还会极大增加森林火灾的风险，使森林火险指数上升。

森林火灾是破坏性大、破坏后果严重的自然灾害，尤其是对西南山地林区的森林资源，它不仅破坏了生态环境和森林资源，还危及了山地林区人民生命和财产的安全，是影响林业生态安全的重要因素。森林火灾的发生受火源、可燃物和天气气象等因素的影响，因为西南山地山高谷深，海拔高差大，易燃的针叶植被和硬叶阔叶植被分布较广，在地形、风力、气候、植被等因素的综合影响下，极易发生森林火灾，因此，西南山区一直是我国森林防火的重点区域。西南山区（除重庆外）各省区的森林火灾高风险地区如表4-2所示。2001~2017年，西南林区已查明火源的森林火灾次数为26451次，17年间，森林火源的发生主要包括烧荒、炼山造林、烧牧场、

① 刘芳芳：《西南地区近20a干旱灾害时空特征研究》，长安大学硕士学位论文，2022。
② 赵兰兰、闻童、赵兵等：《西南地区近50年干旱趋势及特征分析》，《水文》2021年第6期。

表 4-2　西南高山森林火灾高风险地区统计①

辖区	地市	县（市、区）	火险综合评价值（Y）	风险等级
云南省 （27个）	昆明市 （2个）	安宁市	0.6846	高风险
		晋宁区	0.6812	高风险
	玉溪市（1个）	易门县	0.5692	高风险
	保山市 （3个）	龙陵县	0.5727	高风险
		腾冲市	0.5441	高风险
		隆阳区	0.5811	高风险
	丽江市 （3个）	宁蒗彝族自治县	0.5657	高风险
		玉龙纳西族自治县	0.7334	高风险
		古城区	0.7002	高风险
	楚雄彝族 自治州 （6个）	禄丰市	0.6841	高风险
		楚雄市	0.5862	高风险
		南华县	0.54846	高风险
		武定县	0.5166	高风险
		大姚县	0.5982	高风险
		姚安县	0.5083	高风险
	大理白族 自治州 （6个）	云龙县	0.5009	高风险
		大理市	0.5625	高风险
		剑川县	0.5802	高风险
		巍山彝族回族自治县	0.5963	高风险
		祥云县	0.6171	高风险
		永平县	0.5754	高风险
	怒江傈僳 族自治州 （3个）	贡山独龙族怒族自治县	0.6993	高风险
		兰坪白族普米族自治县	0.5947	高风险
		泸水市	0.7531	高风险
	迪庆藏族 自治州 （3个）	德钦县	0.5297	高风险
		维西傈僳族自治县	0.5970	高风险
		香格里拉市	0.5387	高风险
四川省 （28个）	攀枝花市 （2个）	盐边县	0.5232	高风险
		仁和区	0.5124	高风险
	阿坝藏族 羌族自治州 （6个）	金川县	0.5272	高风险
		九寨沟县	0.7783	高风险
		理县	0.5738	高风险
		马尔康市	0.5387	高风险
		松潘县	0.5257	高风险
		小金县	0.5439	高风险

---

① 张运林、郭妍、胡海清：《2001～2017年西南地区森林火灾数据特征分析》，《西北林学院学报》2021年第1期，第179～186页。

续表

辖区	地市	县(市、区)	火险综合评价值(Y)	风险等级
四川省 (28个)	甘孜藏族 自治州 (12个)	巴塘县	0.5667	高风险
		白玉县	0.6068	高风险
		丹巴县	0.5670	高风险
		道孚县	0.5808	高风险
		稻城县	0.5673	高风险
		九龙县	0.6070	高风险
		康定市	0.5818	高风险
		理塘县	0.6379	高风险
		乡城县	0.5617	高风险
		新龙县	0.6152	高风险
		雅江县	0.5860	高风险
		泸定县	0.5322	高风险
	凉山彝族 自治州 (8个)	德昌县	0.5374	高风险
		会理市	0.5411	高风险
		冕宁县	0.6153	高风险
		木里藏族自治县	0.6700	高风险
		西昌市	0.5445	高风险
		盐源县	0.5628	高风险
		会东县	0.5276	高风险
		喜德县	0.6102	高风险
西藏 自治区 (10个)	昌都市 (6个)	边坝县	0.5455	高风险
		卡若区	0.6237	高风险
		江达县	0.6362	高风险
		洛隆县	0.5551	高风险
		芒康县	0.6639	高风险
		左贡县	0.6186	高风险
	林芝市 (4个)	察隅县	0.5720	高风险
		工布江达县	0.5210	高风险
		巴宜区	0.5185	高风险
		墨脱县	0.5634	高风险

上坟烧纸、野外吸烟、小孩玩火、雷击火等。比较典型的森林火灾如下。2006年3月29日，昆明安宁市的森林火灾肆虐了10个昼夜才被扑灭，这次火灾过火面积1333公顷，森林火灾危及了周边15个村民小组、2000多村民的生命财产安全，严重时林火已经直逼昆明市。2020年3月30日，四川省凉山州西昌市安哈镇和经久乡交界的皮家山脊处发生严重森林火灾，火灾过火面积3047公顷，致使扑救火灾的19人牺牲，3人受伤，造成直接经济损失9731万元。2022年8月，重庆北碚、巴南、大足、长寿、江津等多地山林多点散发森林火灾，这次林火过火范围广，山火发生区域人员村寨城镇密集，扑救困难，给当地的林业生态安全带来了巨大的负面影响。为了有效预防森林火灾，西南山区普遍将每年12月1日至次年6月15日定为森林防火期，在防火期严禁火种进山，并减少在山内的一切活动，以避免森林火灾的发生。森林火灾发生后，在一些水热条件不足、干旱、高海拔的地区，植被恢复比较困难，对森林生态系统的负面影响能持续多年。图4-9所示为藏东南地区昌都市境内他念他翁山脉的一处高山森林（海拔4200米）火烧迹地，数十年过去，除了一部分灌木和草本外，这里的乔木（冷杉）没有再重新生长。

图4-9　藏东南地区昌都市境内他念他翁高山火烧迹地

4. 气候变化和环境污染问题越来越严重，森林可持续经营面临环境压力

气候变化是一个全球性问题，是指持续较长时间的气候状态变化及变动趋势，通常用不同时期的温度和降水等要素所产生的变动和差异来表达，气候变化是自然变化和人类活动影响共同作用的结果。目前，气候变化对各地生态环境和人们生产生活产生的影响越来越大，尤其是气候变暖问题直接引发了大气、海洋、生物圈、生态系统等的变化，从而使人们的生计和生态安全受到威胁。联合国政府间气候变化专门委员会（IPCC）第6次气候变化评估报告显示，2011～2020年，地球表面温度比1850～1900年高1.09℃。气候变化会引起飓风、干旱、洪水等极端灾害发生的频率和影响程度，对于森林资源的影响非常明显。数据统计显示，当全球升温达2℃和4℃时，森林资源的死亡面积将分别增加22%和140%。①

随着极端天气现象的增多，自然环境和水热条件发生变化，森林资源的生长状态也会发生变化。气温升高，干旱频繁，森林火险和森林病虫害的发生率会随之上升，而严重的干旱会降低森林生产力并导致树木大量死亡。对于森林病虫害来说，因为气温上升和降水的变化会为部分病原体和森林害虫提供较为适宜的生长环境，导致病虫害增加，森林病虫害容易对树木生长、木材和非木材林产品的产量和质量等产生不良作用，直接影响森林资源的保护利用和生态环境建设。例如，西南山区针叶林常见的松材线虫，小蠹虫、松毛虫等在气温升高的年份暴发率高，从而引起大片针叶林枯萎死亡。由病菌引起的叶枯病近年来在西南亚热带森林中也呈上升趋势。从长远来看，长时间持续升温会导致植被的生长季长度和分布范围发生变化，同时对植物的光合作用产生不同程度的影响，这些自然干扰甚至有可能抵消升温和二氧化碳浓度上升对森林的促进作用。

随着西南地区人口增加和社会经济发展，环境污染问题越来越突出。大气污染严重，工业排放的污水、废弃物、固体垃圾等不断对环境产生负面影响，山地社区的生活垃圾无害化处理率还比较低等问题对森林系统造成的压力非常明显。大量的空气污染物如二氧化硫、氮氧化合物、粉尘颗粒物、温室气体等排放入大气中，经过化学和光化学作用危害森林，导致

---

① 曾子航：《全球气候变化对森林的影响与启示》，《绿色中国》2022年第8期，第60～63页。

森林衰退，同时，空气中的酸性沉降对森林树冠造成腐蚀，并酸化土壤，使林地退化，植物的生长受到限制，使其抵御外来侵害的功能变得十分脆弱。西南地区是我国重要的酸雨沉降区，酸雨频率较高，多地的 PH 加权均值都低于 5.6，酸雨问题比较突出。[①] 在酸雨造成的各种影响中，最严重的就是西南山地人为活动频繁地区的森林受害问题。众所周知，森林对环境和大气的污染有吸收和净化能力，但是人类活动造成的环境污染如果超过森林的承载力，必然会导致森林生态系统的调节能力丧失，进而危及林业生态安全。

5. 林业资源整体利用率不高，资源浪费严重，林业资源的保护和利用的后劲不足

西南山区经济与社会的快速发展需要更多的资源和技术为其提供强大的支撑，与其他发达地区相比，西南山区的林业资源整体利用率不高，导致资源浪费严重。森林产品的整体需求以及产出之间的比例失调，体现在林业资源利用的浪费、林产品运输过程中的浪费、存储过程中的浪费以及林业废弃物处理的浪费等方面。资源利用内容前文已有论述，此处不再赘述，主要讨论林产品运输、存储和林业废弃物处理方面的一些问题和局限。

在西南山区，由于包装技术、组织管理、物流、交通及其他一些条件的限制，使林产品在流通过程中容易产生损耗。在一些较发达国家和地区，人们运输木材产品和其他林产品时制定了专门的标准，对其包装、运输工具和运输的安全性进行严格把关，例如，运输圆木必须使用专门的高栏车，运输方木或板木可选择普通货车，需用韧性强的钢索对木材进行加固捆绑，确保安全性；运输苗木和其他林产品时，通常使用合适的包装材料进行细致包装，以避免运输过程中产生损耗。这些条件在西南山区很难达到，一般木材运输工具较为随意，在运输过程中容易发生掉落、磨损等安全风险，造成不必要的损失和浪费；其他林产品如苗木产品、花卉和新鲜林副产品

---

① 周晓得、徐志方、刘文景等：《中国西南酸雨区降水化学特征进展研究》，《环境科学》2017 年第 10 期，第 4438~4446 页。

等，在运输过程中如果得不到良好的包装和保护，会导致枯萎、死亡、产品性能下降、质量降低等，从而造成林业资源的浪费。

木材和林产品在存储过程中处理不当也容易造成资源的浪费。大规格的木材存储需要占用较大的场所、较多的流动资金及保管费用，目前一些地区的商品材采伐以后以露天、半露天堆场的存储方式为主，遭受风吹雨淋，假如堆放时间长，会出现氧化、干燥、变形或遭到虫害腐朽，导致木材降等、降级的情况，造成损耗浪费。不合理的堆放方式如堆放过高、不稳固等，容易导致木材倾倒、压损；林产品在堆放过程中还会因为受潮等出现腐烂、发霉、生虫等，质量也会下降。

林业废弃物处理是人们在利用森林资源时极易忽视的一个方面。林业废弃物主要包括森林采伐剩余物、木材加工剩余物和育林剪枝剩余物，一般统称为"林业三剩物"。[①] 木材废弃物与一般垃圾不同，具有可循环利用的特性。林业废弃物中的边角木材、纤维等有机物可以作为原材料进行再次利用。例如，边角木材可以用来制作家具工具；木材加工过程中产生的纤维和木屑可以用来制作压制炭、压制板材、造纸、手工艺品；木材废弃物中含有的生物能源可通过燃烧或发酵等转化为热能等。但一些山地社区，村民比较缺乏对林木废弃物再循环利用的意识，利用完木材中最重要的部分之后，剩余的木渣、木屑通常都被当成废物丢弃，在浪费资源的同时还造成了环境污染。即便有的地区有对林业废弃物进行利用的传统习惯，但随着社会经济的变迁和外来文化的冲击，这种习惯也慢慢被抛弃。例如，林业废弃物中的树叶、树皮等有机物可以通过堆肥等方式变成有益的有机肥供农作物使用，不仅避免了林业资源的浪费，还有益于农田的改良和作物的生长。很多西南山地民族如纳西族、藏族、彝族都有到山上收集松毛，将其放入猪圈或牛圈中与猪粪和牛粪混合造肥的习惯。但是，随着社会经济的发展，部分山地民族由于各种原因放弃使用农家肥，转而使用从市场购买的化学肥料，林业资源循环利用的传统习惯逐渐丢失。

---

① 刘曼红：《林业"三剩物"的开发利用现状和前景概述》，《林业调查规划》2010年第3期，第62~63页。

此外，西南山区整体上存在林业保护和利用后劲不足、监管和执法需要加强、缺乏科学技术的支持等问题。监管和执法力度不足导致林业违法行为层出不穷，一些地区非法砍伐、滥伐等行为长期存在，直接导致森林资源的严重破坏，这种影响在一些生态脆弱区尤其明显。例如，云贵石漠化地区环境问题较为严重，虽然最主要的原因源于先天的要素禀赋，但后天的陡坡开荒、顺坡栽种、石山放牧、偷砍滥伐林木、乱采乱挖等人类开发活动却是加剧水土流失和石漠化进程的主要推手。[①]

（二）山地社区生计对森林的压力

1. 以满足经济收益为目的经营对森林资源产生的压力

俗话说，"靠山吃山"，在山区生活的各民族结合当地的环境、气候和生产特点，通过对已有的森林和林地资源进行各种类型的人工经营，从而获得森林产品收入的行为非常普遍。而一旦对经济收入的需求过大，所使用的经营手段不可持续，开展的经营活动超过生态环境承载力的时候，就会给森林生态系统带来影响和压力。在西南山区，比较典型的造成压力的经营行为包括：改变林地上原有的森林植被，种植单一的人工林和经济林；大规模林下种植或养殖；荒山上的小规模毁林开荒；林地林木流转之后缺乏合理的管理措施导致的森林丧失；等等。

目前，在西南山区，为了大力推进乡村振兴工作，各地区都在探索符合地区生态环境条件和实际的发展项目，林业产业项目是其中重要的内容。因此，很多地区大规模种植了各种用材林、经济林，如云南的核桃、桉树、橡胶、咖啡、茶、竹林等的推广种植等，经济林的种植无疑促进了社区生计的发展，但是，单一的、规模性种植的方式带来的生态压力会对林业环境造成影响，危及林业生态安全状态，如果在经营手段和科技投入方面考虑不足，这种经营带来的生态压力会更加突出。关于单一人工林和经济林

---

① 吴定伟：《广西石漠化地区贫困农户可持续生计状况探析》，《经济研究参考》2016 年第 70 期，第 68~72 页。

种植的生态压力在前文已有论述，此处不再赘述。以林下种植为例，林下种植作为一种农林复合经营的方式，在促进森林资源的利用，获取多重效益方面具有显著意义。但是，要实现种植的可持续经营，减少对森林环境的影响，经营的前提很关键。如果不注重植物物种生长的自然规律和生境承载力条件，盲目进行规模性种植，或者只考虑经济收益，不考虑环境负面影响的行为和做法都会导致森林生态系统受到伤害。

例如，云南很多民族山区的草果种植就是一个典型的案例。草果（*Amomum tsaoko*）是一种经济价值很高的草本植物，作为一种调味香料和常用中药材，草果在市场上历来都是供不应求的畅销商品。草果必须要在光、热、水、肥条件合适的森林林下才能生长，对生长条件和环境要求很高，因此，适合种植草果的地方不多。草果的生长习性十分特殊，主要生长于海拔 1000～2000 米的山地，喜温暖而阴凉潮湿的山区亚热带气候环境，需要严格的林木荫蔽以及合适的水肥条件，荫蔽过密或者过稀、土质贫瘠干燥都不利于草果的生长。因此，云南的很多亚热带天然林下、溪水边和箐沟两旁是草果生长的最佳场所。在中国，草果的主产区域仅分布于云南、广西和贵州的部分山区，而云南又以滇东南的红河、文山，滇西、滇西北的高黎贡山两侧，怒江流域的怒江、腾冲等地较为集中。目前，云南每年生产的草果量即占全国草果总产量的 2/3 以上。仅怒江州一地草果种植就高达 111.45 万亩，挂果面积 45 万亩，种植面积和产量均占全国 55% 以上，是全国最大的草果种植区和核心主产区。红河州作为历史更为久远的草果种植区，其草果种植面积和产量也非常大。

云南种植草果的历史十分悠久。明《开化府志》记载，早在明末清初，草果就由瑶族群众从越南引入在滇东南进行人工栽培，至今已有 300 多年的历史。长期以来，滇东南的苗族、瑶族、哈尼族以及滇西、滇西北的傈僳族、独龙族等民族的生计都与草果种植有着紧密的联系。由于草果种植省时省力，不与粮食生产冲突且收入高，所以人们形象地称它为"山中摇钱树"，在经济来源单一的边远贫困少数民族山区，草果种植成为他们最便捷的致富途径。随着草果市场价格的不断攀升，在一些适合种植草果的地区，村民开始在原始天然林下大面积开垦草果地。但是，林下种植草果是"以林换果"的方式，在抚育过程中科技含量比较低，因此，对生物多样性破坏很严重。种植草果时，村民首先要砍掉林中绝大部分高大的乔木，然后需去除林下幼树、灌木及草本植物，仅保留一部分乔木作为遮阴树。从远处望去，草果地所在森林依然林冠葱郁，但实际上这里已经变成了一块种满草果的"农地"（见图4-10）。

图4-10　林下草果种植

间伐乔木和刈除杂草灌木在很大程度上改变了森林的原始结构，减弱了森林的天然更新能力，在一定程度上破坏了森林。表4-3显示了云南红河州一处天然林下草果地内物种丰富度的样地调查结果，可以看出，生态环境相似的同一生境内，草果地里的物种数和密度远远低于天然状态的森林。① 草果在天然林下的规模种植引发了一系列生态和环境问题，同时在继续扩大种植还是限制种植方面也产生了诸多的争论和矛盾，因为，继续种植可能会加大当地林业生态安全风险，但是要禁止林下草果种植显然又会对本就脆弱的山地社区生计造成影响，严重者可能会使某些已经脱贫摘帽的山地社区重新陷入返贫的风险当中。这个问题在探索西南山区生计发展

① 李建钦、莫明忠：《滇东南山区天然林下草果种植的民族生态学评价》，《中央民族大学学报》（自然科学版）2016年第1期，第12~18页。

与林业生态安全协同路径的过程中极具典型性。未来，多途径寻找新的经济替代来源，不再用"一把砍刀"去"以林换果"，离开天然林，采用科学的手段创设人工环境种植草果等可能是解决这个问题的可行方法。

表 4-3　草果种植对森林植物种类影响对照统计

对照地	样地号	面积（m²）	海拔（m）	乔木层		灌木层		草本层	
				种类	密度（种/m²）	种类	密度（种/m²）	种类	密度（种/m²）
无草果	1	400	1050	21	0.05	20	0.05	21	21
	2	400	1350	17	0.04	25	0.06	17	17
	3	400	1620	24	0.06	32	0.08	19	19
	均值				0.05		0.06		19
有草果	4	400	1150	9	0.02	6	0.02	6	6
	5	400	1310	7	0.02	5	0.01	9	9
	6	400	1700	11	0.03	7	0.02	11	11
	均值				0.02		0.02		9

注：草本层种类统计为在 400m² 大样方内随机选择 5 个 1m² 小样方的平均统计结果。

除草果种植外，类似的复合种植还有林药、林菌种植等方式，这些方式无一例外都是在长势好的森林下刈除草本灌木开辟林下农地进行种植。图 4-11 所示为云南怒江州泸水市的一处林下滇重楼（*Paris polyphylla* var. *yunnanensis*）仿生种植林地，数千亩山林林下均已种植滇重楼。滇重楼又名"七叶一枝花"，是名贵的中药材，具有息风止惊、缩宫止血、清热解毒的功效，一直以来经济价值都非常高。在促进当地社区经济发展的过程中，林下滇重楼种植被作为一项重要的产业引入。为了保证滇重楼生长的良好环境，人们必须定时清除林下草本灌木，仅保留部分乔木（遮阴树）+单一草本（滇重楼），使森林结构变得十分单一，在一定程度上会对森林生物多样性造成影响，给森林生态系统的稳定性带来压力。

2. 以满足日常生活所需的经营对森林产生的压力

山地社区在日常生活中对森林最直接的依赖体现在薪柴和建材上。由于

图 4-11　林下滇重楼种植

山区环境冷凉、潮湿、多雨雾，许多村寨过去都有烧火塘的习惯，常用火塘来做饭、煮畜食和取暖（见图 4-12）。同时，由于山区村寨地处偏远，缺乏可替代的能源，因此对薪柴的需求量和消耗量都非常大。以云南典型的山地村寨马苦寨为例，金平县马鞍底乡马苦寨是一个哈尼族村寨，三面环山，森林茂密，海拔为 1400~1450 米，年平均气温 15℃~20℃，四季微凉，冬季轻霜多雾，是金平分水岭国家级自然保护区的周边社区。马苦寨人靠林而居，以林为生，有火塘四季不灭的习惯，一户哈尼族人家每年做饭、煮猪食、烤火需要耗费的薪柴至少为 6 立方米，薪柴消耗量很大。

图 4-12　云南怒江州福贡县傈僳族人家的传统火塘

　　建房用材和其他农业生产设施材料也从森林中获取。山区的民居建筑过去大多为土木结构，而且基本是就地取材。目前，虽然有很多替代的建筑材料，但一些山林广大、交通偏远的民族社区仍然采用土木建筑的方式。以云南腾冲地区的傈僳族村寨为例，当地的建材以"件"为单位，通常盖一间房子需要 170~180 件木材，两间需要 250~260 件，三间需要 350 件左右，其中还不包括椽子的数量。需要盖房时，由村民向村民小组提出口头申请，村民小组根据经验核定所需木材的数量，随后提交申请由林业站审批，手续齐全后村民在核定的数量内进行采伐。木材一般在分到户的山林砍伐，如果自家山上的树木不合适或不够的话，也可以跟其他村民商量到他家的山上砍伐。除了建材之外，村民盖牲口棚、田棚地棚的材料，围田围地的栅栏，制造各种生产生活用具的原料都需要从森林中获取。

森林还给山区村民提供了食物来源。森林中丰富的非木材林产品除了可以采集出售补贴家用以外，还是村民餐桌上的佳肴。各种药材是村民日常保健、治疗疾病的必需品。每到赶集日，很多村民会将森林里采集的森林蔬菜、药材、昆虫、啮齿类小动物等各类非木材林产品出售，成为其家庭生计来源的重要补充。西南山区很多民族在过去都有狩猎的经验，虽然在 20 世纪 90 年代就已经实行刀枪入库的禁猎保护措施，但一些民族社区还保留有农闲时节"赶山"的习俗，不过"赶山"猎取的对象已经由过去的麂子、马鹿、野猪变成了现在的野兔、山鼠、山螃蟹等小型动物，而"赶山"的行为也演变成狩猎者的一项娱乐活动。此外，森林还是民族社区放牧的场所，很多社区都有将牲口放入社区集体林内的习惯。例如，滇西北藏族在林间草场放牧的情况比较普遍，藏族从古至今就是农牧混作的民族，而将牲畜放牧于山林是他们祖祖辈辈流传下来的生计习俗。

日常生计对森林的需求属于基本生存需求，一般情况下，只要人口数量在资源承载力范围内，人们对森林不过度索取，那么对森林生态系统所造成的压力并不明显，然而，一旦因为经济驱使对某一类天然资源进行无节制攫取，就会导致该类资源迅速消失。例如，滇西北高山林区盛产贝母、红景天、重楼、黄精、雪兔子等药用植物，在市场需求下，山地社区村民大量涌入山林去采集这些药材出售给中间收购商，从而导致了这些资源在近年来急剧减少。图 4-13 所示为滇西北藏区高山地区商人在高山收购红景天根茎的情况。采集红景天出售虽然给当地藏民带来了经济收益，但是，因为高山地区海拔高，环境恶劣，植物生长速度慢，一旦被采撷之后再生恢复十分困难，给森林环境带来了压力。

图 4-13　滇西北藏区高山红景天采集与收购

3. 山地社区林业经营能力不足对森林造成的压力

对森林资源的可持续经营需要经营者具备良好的能力。一般来说，山地社区对森林资源的可持续经营能力至少应该包括三方面的内涵：第一，具备可持续经营的科技能力，即对社区生计发展起推动作用的知识和技能；第二，重视人力资本与体制资本（社会资本）的积累，强调森林资源经营者的综合能力，包括对自然过程的认识和把握能力，对问题迅速反应及解决能力等，同时强调制度对实施可持续发展的作用，即合理体制、机制和地方政策法规对社区生计发展策略的实施有积极的效果；第三，区域所处的自然条件，森林资源储备等自然系统的供给能力。① 这些条件如果均达到最优，那么对森林资源的经营才有可能实现可持续经营，对森林生态系统的压力也才会在承载力范围内。西南山区各地的森林资源经营情况各不相同，目前，对于山地社区来说，要实现对森林资源的可持续经营，普遍还存在诸多能力不足的问题。这些问题主要表现为如下方面。

---

① 李建钦：《云南山地社区森林资源可持续经营能力研究》，《云南社会科学》2015 年第 5 期，第 151~157 页。

（1）山地社区农户的文化素质相对偏低，接受先进科学技术的能力有限。由于地处偏远，而且是少数民族集中分布的地区，社区的科教文卫相对落后，村民的文化素质普遍偏低，年纪偏大的人群很多甚至没有接受过学校教育。有的民族社区因为缺乏与外界进行交流的机会，很多成年以上的村民用普通话与外界交流均存在困难。因此，在面临发展机遇、有条件接受外来技术援助或使用资金开展森林资源可持续经营和社区生计发展项目时，村民的接受能力较差，产生的作用也有限。

（2）经济发展滞后，缺乏把握市场的能力等，导致山地社区农户在林业生产和投资方面还具有很大的盲目性，不具备把控风险的能力。林业是一个长效性行业，林业经营存在很多风险。从森林资源自身的特点来看，首先，林业生产的周期较长，决定了森林经营者对于林业投资的回收期限也较长，在此过程中，投资很容易受到各种外界因素的影响；其次，森林的培育和生长受到林木自身的生理生态条件和外界自然环境的严格限制，从而导致森林的生长有很多不确定性；再次，因为林业具有生态公益性价值，所以森林的经营很容易出现林业经营主体和收益主体不对等情况，森林价值的计算和分配容易出现不明晰、不公正等问题。此外，林业生产还受到市场、国家政策以及林业经营者自身技术水平等因素的制约。这些特征都决定了从事林业经营活动具有很大的风险性。[①] 山地社区农业生产条件相对较差，生计发展滞后，交通信息闭塞，容易受到外来各种因素的影响。例如，国家的一些大的林业政策和生态工程在山地社区实施，虽然有效遏制了山区群众对森林资源的破坏和不合理利用，但在一定程度上也缩小了山区群众资源获取的范围，增强了他们在经济收入、粮食生产和能源获取方面的脆弱性；而对那些完全"靠山吃山"，依靠生产和经营某种林产品作为主要经济收入来源的山地社区来说，他们基本上是根据市场需求被动地生产，因为对林产品经营风险性的估计不足，对林产品市场的变化把控能力较弱，所以很容易在森林经营中遇到困难；最后，新一轮的集体林权制

---

① 李建钦、陈学礼：《云南山地少数民族社区森林资源的风险管理——基于三个民族社区的调查》，《林业经济》2015 年第 7 期，第 34~39 页。

度改革之后，西南山区森林经营环境和条件发生了很大变化，给山区森林经营者的森林经营和生产决策增加了很多不确定因素，由此也增大了社区森林资源经营的风险。

（3）受经济利益的驱使，部分山地社区对森林资源的利用缺乏长远的眼光，不具备森林资源可持续经营的能力。如前文所述，有的山地社区因为靠近天然林或者自然保护区，野生林下药材资源比较丰富，有一些商人就到乡集市摆摊设点，甚至走村串寨高价收购药材。在利益的驱使下，社区村民进入保护区内大量采集各类珍贵中药材，导致这类资源急剧减少。此外，为了获取更多收入，有一些村民不顾村规民约和相关林业管理规定，私自开辟林下种植基地，对森林资源进行利用，在一定程度上破坏了森林生物多样性。因此，这种片面追求经济利益，依靠加大资源开发力度来求得生计发展的资源型经济使得资源利用率偏低，环境成本加大，阻碍了森林可持续发展能力的提高。

（4）山地社区制度建设的能力也相对有限，很多社区对森林资源的管理没有形成完善的制度。虽然很多山地社区农户已经意识到森林对于改善其社区生计的重要性，也了解森林管理制度的必要性，但是，如何制定完善的管理制度进行有效管理，很多社区并没有明确的、长远的规划，也没有形成有效的社区森林管理组织，导致社区森林资源的利用率不高，浪费严重，同时偷采盗伐资源还导致了森林资源的破坏。

（三）山地社区森林资源经营的风险性约束

西南山区森林资源经营面临着来自森林经营本身和社区贫困双重风险，这是西南山区林业生态安全的典型特征。前述的自然约束和生计约束不仅会给森林带来压力，还会给山区的森林资源经营带来压力，并形成双向的作用和影响。总体来说，西南山区森林经营面临以下类型的风险。

1. 森林资源自身的生长特征和自然因素影响形成的自然风险

如前文所述，自然风险是因自然环境变化给林业生产及经营管理带来不良影响的灾害性因素，既包括极端气候变化而引起的灾害，如旱灾、冻害、雪灾、风灾、水灾等；人为或气候因素引起的森林火灾；污染、地质灾害等导致的森林毁坏；也包括森林自身的生长特征和气候影响而产生的森林病虫害等。这些因素都会导致森林遭受严重的破坏，并给山地社区的森林经营带来极大的影响，导致其利益受到损失，使原本就滞后的社区生计雪上加霜。以前述的云南草果种植为例，草果喜阴喜湿，部分地区近年来连年干旱，使水源减少甚至枯竭，导致了种在林下的草果大片死亡，滇东南种植区很多农户的草果几乎绝收，给当地社区经济收入带来了巨大损失。而枯死草果的更新需要 3～5 年，所以，这种损失的影响并不只限于当年，具有一定的持续性。旱灾还导致当地山林里的野生菌、蕨菜、竹笋等非木材林产品数量急剧减少，经济林大片枯死，给依靠以森林为生的山地居民带来巨大的生计压力，此外，干旱和高温还会使树木的长势衰弱，抵御有害生物的能力下降，容易导致森林病虫害的大面积暴发，不但严重影响着森林生态系统的健康和稳定，更直接影响当地社区的经济收入。例如，滇南普洱的很多山地社区一直以采集思茅松松脂为重要经济收入，但是。干旱和气温升高很容易导致暴发松毛虫灾害，松毛虫灾害一旦发生，将导致大量思茅松死亡，严重影响松脂产量，从而给社区生计发展带来约束。

2. 林产品市场变化形成的市场风险

市场风险主要是指林产品供求失衡及信息不完全导致林产品市场价格波动和价值实现困难产生的风险，这种风险在西南山区主要体现在以下三个方面。

其一，短期生产的林产品及副产品经营存在的风险。短期的林产品及副产品经营是目前大部分山地社区森林经营的主要收入形式。但是，在大多数山地社区，凡是以获取直接现金收入为目的的短期林产品生产，基本上都是村民被动根据短时市场需求和价格高低变化来决定自己的林业投资和生产行为。这种行为导致的结果是假如某一林产品在某一段时间价格较好，村民会跟风而上大规模生产该产品。但是，市场的运行规律往往是山区群众难以把握的，林产品的价格总是涨跌不定，再加上受山区交通不便，信息不灵，市场流通网络发展不健全，生产者技术水平较低，生产经营比较粗放等因素的影响，在林产品成熟的季节，容易出现产品滞销、积压或者受中间商盘剥的现象，村民不得不低价出售，造成自己的利益受损。这种对市场的被动追随和盲目决策很容易导致林产品价格波动较大，村民收入不稳定的情况，不利于社区生计的发展。同样以草果种植为例，近年来，滇西和滇东南草果种植的民族社区经济收入和生活水平都在随草果价格的变化而变化。自 2010 年以后，云南草果价格最高时曾卖到 80 元/公斤，部分村民在短时间内获得了较大的经济收益。于是很多村民跟风而上，在所有适合种植草果的地方都种上了草果，之后草果价格却一路下滑，最低时只卖到 10 元/公斤，甚至更低。再加上受干旱、病虫害等影响，很多草果种植户并没有获得预期中的效益。

其二，长期生产的林产品及副产品经营存在的风险。对于木材等生产周期较长的林产品，因为投资的回收期较长，生产决策和产品的销售存在一个较长的时间差，这就给经济滞后的山地社区森林经营增加了风险性。同时，这些贫困社区的农户亟待获得及时的现金收入以维持日常的生产生活，因此，并不是所有的山区居民都有能力和条件来经营这些生长周期较长的林产品。有很多农户因为缺乏生产资金不得不放弃经营或者是在经营过程中缺乏资金导致生产经营中断的情况。而且，在此过程中，林业投资还很容易遭遇林业生产的长期性与市场需求瞬息万变的较大矛盾，很多林产品在生产之初可能市场需求较大，但是在经历了长时间的生长过程之后，市场需求已经发生了变化，等林产品可以上市出售时，市场需求量已经减少，导致农户的经营行为受损。

其三，林地林木资源有偿转让的风险。林地林木流转是市场经济下社区林业发展的必然趋势，在南方一些发达林区，林地流转已经大量存在并给社区农户带来切切实实的利益。然而流转对于经济欠发达的西南山地社区尤其是少数民族社区来说还不是一个可以普遍接受的方式。集体林权制度改革虽然从政策和制度的角度保障了流转的合法性，但是很多山地社区缺乏流转的相关经验和能力，导致林地和林木的效益得不到充分体现，农户没有从中受益，从而增加了林地林木流转的风险性。流转多以民间自发的形式开展，管理很不规范，导致流转不能按照市场经济法则进行运作，出现了流转价格的确定随意性大，农户不能获得应得的利益等问题。所以，虽然林地林木流转是林业进入市场、实现商品化的一个途径，但是，在此过程中，山区农户自身认识水平和流转运行机制的不完善导致经营风险的存在，致使交易中农户利益受损的情况经常发生。

3. 国家和地方林业政策的影响形成的政策风险

森林是一种特殊的产品，除需要考虑经济效益外，生态效益和社会效益也同等重要。随着生态危机日益严重，人们开始越来越重视森林的生态作用，国家和地方也大量使用政策和实施生态工程的方式来保护森林，维护生态环境，如退耕还林政策、天然林保护工程、生态公益林建设工程以及自然保护区建设等。对西南山区来说，保护政策的颁布给项目区的居民带来了或多或少的影响，但从另一个角度来看，这些大的生态工程虽然有效遏制了山区农户对森林资源的破坏和不合理利用，但在一定程度上也缩小了山区农户对森林资源获取的范围，增加了他们在经济收入、能源获取和粮食生产方面的脆弱性。

例如，退耕还林既是国家的生态工程项目，也是国家生态建设政策的重要组成部分。退耕还林的实施方式是以政策为依据，通过自上而下的行为来实现，其目的在于通过工程的实施，既能保证山区生态环境的恢复和保护，实现社会可持续发展的目标，又能将广大山区农村劳动力从粮食生产中解放出来，转向经济作物种植业、养殖业、农产品加工业、劳动输出等多种经营，从而加快农村产业结构的调整步伐，使山区农户走上脱贫致富的道路。退耕还林自21世纪初期开始实施以来，到目前已经完成了两个10年期的建设。从整体情况来看，退耕还林在西南山地的实施取得了较好的成果，在一些相对发达地区，退耕还林的实施促进了这些地区的生态环境改善，也加快了农村产业结构调整的步伐，在一定程度上实现了农民增收的目的。但是，在一些偏远、闭塞的少数民族山区，退耕还林并没有达到预想中的效果，退耕山区的生计仍然存在很多问题。首先，退耕还林后的林业生产很难取代农业生产。虽然国家从资金和技术上给予大力支持，但是与当地山区延续了千百年的农业耕作习惯相比，从事林业种植仍然存在经验和技术性不足的问题；林业生产收益获取的长期性也导致一些山地农户不能积极主动地参与林业生产和管护。其次，林业山区交通不便，信息流通不畅，这也导致了山区在目前来说难以形成完善的市场流通环境，林业产品生产出来后难以销售，招商引资也比较困难，这不但制约了林业配套产业、后续产业的发展，也影响了农民参与的积极性。最后，自退耕还林以来，贫困山区的人均收入也得到大幅增长。但是，这些增收的部分较大比例来源于国家的各类补助，而并非通过退耕以后产业结构调整所产生的经济效益。可想而知，一旦国家停止发放各类补贴，这些地区的退耕还林成果很容易受到影响，如"退林还耕"，社区农户生计水平下降，重新返贫的可能性就会出现。

中国政府从 1998 年开始启动天然林保护工程，旨在协调社会经济发展与环境资源利用之间的矛盾，保护生态环境和物种多样性的一项重要战略决策。所采取的具体措施是对生态环境起重要保护作用的天然林实行禁伐。禁伐范围主要集中在天然林比较丰富，且生态防护位置十分重要的长江上游、黄河中上游以及东北、内蒙古等重点国有林区。以云南为例，云南省是长江上游的重要生态防护区域，同时也是天然林比较丰富的省份，因此，成为天然林保护工程的重点实施省份，工程区包括全省 13 个州（市）、69 个县（区）和 17 个森工企业。从 1998 年 10 月 1 日开始，云南省就全面停止了省（区）内金沙江流域和西双版纳境内天然林商品性采伐，随后又全面停止了全省范围内的天然林商品性采伐。然后，结合国家公益林建设的任务，在云南省内全面开展生态公益林建设，对划分为生态公益林的区域实行重点管护，依靠自上而下的行政手段加强森林的管护力度。天保工程的实施在改善生态环境质量方面取得了显著的效果，为保护重点生态功能区的稳定和生物多样性做出了重大贡献。但是，这些政策措施的实施也给山地社区的经济发展和当地林农的生计带来了影响。由于天然林禁伐区和国家级生态公益林区大多地处偏远，在这些地区聚居的山地民族往往生活贫困、经济滞后，对森林的依赖性相当大。禁伐以后，这些地区的农户原有对森林的某些经营行为也随之停止，使收入减少，社区生计发展受到阻碍。森林利用范围的缩小还影响当地农户对森林资源的日常需求，山区的薪柴消耗量和自用材（主要用于建房、农具、家具等）都很大，为了满足日常生活所需，山区农户还会继续砍伐森林，部分地区甚至出现了消耗量大于生长量的情况，这不但影响了有林地的生长质量，也直接加大了对天然林的管护难度。所以，从社区生计发展的角度来看，某些生态建设工程实施会给贫困山区生计选择带来风险性。

4. 山地社区森林经营技术水平的局限产生的技术风险

技术风险是指在森林经营过程中由于技术条件的限制，从而影响森林质量和森林保护目标实现的风险。对于山地社区来说，森林经营的技术风险至少可以从三个层面体现出来。第一，育林营林过程中由于缺乏完善的培育技术而给造林质量带来的风险。例如，缺乏科学的选种和育苗技术；中耕管理时翻耕土壤操作不当造成的林木地上或地下部分的机械损伤；病虫害防治时对药物的选择不当或者喷洒剂量过量或不足给林木带来的损害；等等。第二，缺乏有效的森林管护技术导致的风险。例如，对成熟林不能及时地采伐更新，使林木质量下降；对间伐后的林地不能进行及时的缺塘补种，致使森林整体质量退化；缺乏管理经验，导致森林偷砍盗伐严重；等等。第三，在引入新技术时，因为适应新形势的林业技术推广体系尚未形成，这种新技术的不完善性、不稳定性和不适应性的特点必然会给当地林业生产带来风险。新技术的使用在特定的地区可能会给当地群众的生产带来突飞猛进的效果。但是，在文化素质普遍偏低、缺乏及时有效信息渠道的西南山区，对新技术的掌握和运用存在很大的风险。

5. 山地社区森林经营者自身的经营水平和利用方式的局限产生的管理风险

管理风险属于人为风险，受森林经营者自身素质和管理经验的影响，具有较大的弹性。管理风险包括以下几点：森林经营者在经营过程中决策失误带来损失的可能性；森林经营者自身素质不高导致林业生产经营受损的可能性；经营管理不善导致的诸如林木偷砍盗伐严重、森林过度利用、毁林开荒等森林受损的可能性；等等。在西南山地社区，由于森林经营者自身的经营水平和利用方式的局限而产生的管理风险在不同社区的表现各不相同，而且评价指标比较复杂，难以下一个统一的定论。一般来说，那些森林资源对当地社区生计发展影响较大，并具有森林资源合理管理利用传统的山地社区，管理风险较小；而对于那些缺乏管理经验和有效的管理措施，同时又不具备接受外来新技术基础的山地社区来说，受管理风险的影响就要大一些。

（四）山地社区森林资源管理中的冲突和矛盾约束

在西南山地社区的森林资源可持续经营过程中，冲突和矛盾是一个非常重要的限制性因素。随着人口增长和社会经济的快速发展，人们对森林资源也产生了新的兴趣和要求，在经营过程中不可避免地会产生矛盾和冲突，并随着社会环境的变化，在范围和强度上发生改变。从整体来看，西南山地社区在森林资源管理过程中出现的矛盾和冲突主要发生在农户之间，社区与社区之间，社区与个人或与其他组织、成员之间，因对森林资源占有、使用、管理和利益分配不满意而产生的各类纠纷和矛盾。①

1. 社区森林使用权属不清，边界不明，或资源的所有者和利用者不一致等产生的纠纷

这类纠纷是山地社区森林管理中最常见、最普遍的情况，其产生原因

---

① 李建钦：《生态文明视域下云南山地森林资源的社区可持续管理路径》，《学术探索》2021年第4期，第138~145页。

多为历史上几次大的林权变动中界勘工作不到位，导致山地界限不明确，产权不明晰而产生的矛盾。例如，有的地方山林划分时指山为界，没有具体的边界点线和有效的分界物而留下问题隐患；有的地方虽然颁发了产权证，但登记面积与实测面积出入较大，无法确定实际的面积大小和边界划分；有的只有口头协定，遇到纠纷时各执一词，没有合法依据；在几次大的林权调整中，每调整一次要重新颁发山林权证，颁发新证不收老证，容易造成"一地两证""一山多主"或"有证无山""有山无证"的情况；有的山林被多次转包；有的因为产权主体发生变动如儿女分家、出嫁，业主搬迁或互相馈赠等，在权属变更时未能办理相应的变更手续，若干年后确定产权也容易产生矛盾。

2. 社区森林管理制度不严，社区农户法治意识淡薄引起的纠纷

其产生原因多为传统的资源管理机制遭到削弱或其他外部因素如政策和市场的刺激引起的社区内或相邻社区之间在森林资源利用的关系和价值等方面发生变化而引起的纠纷，这类纠纷在社区中的发生率也比较高。主要表现在为了基本的生计需求或利益驱使，一些社区农户会进入其他村寨的社区森林范围或自然保护区偷盗砍伐或从事非法经营活动，违反了当地社区森林管理条例和国家法律而产生的矛盾；有的社区与社区之间为了各自的利益争山、争水、争林不择手段，挑起权属纠纷；有的经过双方达成协议或经政府部门判决已经明确过的山林权属，在若干年之后又以种种理由单方面撕毁协议，不执行判决，重新挑起纠纷；有的借林权制度改革的机会，否定前期改革时已经确定的权属，企图要回"祖宗山""坟山"，从而引起新的山林冲突，等等。

3. 森林资源的价值、作用和可得到性的变化引起的各类纠纷

这类纠纷是基于外界影响因素发生变化而产生的，如政策和市场刺激等引起相邻村社间或社区农户内部在森林资源利用上的关系和价值等发生变化而引起的纠纷；经济发展和人口增长导致森林资源利用需求的增加而

产生的矛盾；等等。随着市场经济的发展，森林的价值越来越大，人们对森林资源的占有欲望也越来越强。在此情况下，历史上遗留的一些模糊的权属问题、森林资源的使用问题会变得更为复杂。在很多民族山区，国家出于生态保护的目的将部分社区森林纳入生态公益林或自然保护地进行管辖，在此过程中，因为森林资源的可得到性和可利用性发生变化，会出现诸如社区农户对国家自然保护政策不理解，对生态补偿标准不满意，或者仍然到保护区域盗伐资源等引起的冲突。此外，在社区中，新组建家庭和新增人口没有分得山林也容易引起纠纷。

4. 在社区森林资源管理利用过程中缺乏民主决策和民主监督机制，村民对管理机构不信任、意见不同引起的纠纷

在一些山地社区，因为缺乏有效的管理制度和参与意识，部分村社领导在没有经过村民同意的情况下私自将集体山林通过承包、租赁等方式转给其他人经营，这种不公正、不透明的处理方式损害了村民的利益，容易引起村民的不满。有些山地社区在集体林权制度改革的过程中，那些社区内地位较高、经济条件较好的农户与地位较低和经济相对贫困的农户之间在林权分配和决策上存在的差别也容易引起纠纷。

三　西南山区林业生态安全的潜力与支撑力

（一）西南山区林业生态安全的内部潜力与支撑力

1. 山地社区森林资源传统可持续经营管理方式

客观上来说，社区森林的管理范围应该包括与社区生计活动直接或间接相关的所有森林类型，既包括社区直接经营的集体林和个人承包的森林，也包括社区周边的部分国有林和自然保护区等；一些特殊森林类型如生态公益林和天然林保护工程区等，由于涉及有社区参与的经营活动，也应纳入社区森林管理的范畴。历史上，各山地社区为适应不同的森林环境和满足生计需求，形成了各种以社区为基础的森林资源传统管理方式，这些方式随着外界和内部的各种变化而适时调整、适应和更新，至今仍然发挥着积极作用，成为维护当地林业生态安全的重要支撑力。这些方式总结如下。

（1）基于传统文化的社区森林资源经营管理方式

西南山区复杂多样的地理、气候环境孕育了丰富的森林生物多样性和民族文化多样性。世代生活在山区森林环境中的民族，对周围的生存环境和自然资源有着深刻的认识，并形成了各自适应环境、合理管理、合理利用和保护森林资源的经验与传统知识。例如，受信仰观念的影响，云南的傣族、哈尼族、彝族、藏族、布朗族、德昂族等民族社区，都保留了"神山""龙山""坟山""风水林"等特别区划出来的山林，这些森林及其中的动物、植物以及自然景观受到了社区最为严格的保护。为了协调资源利用中的社群关系，维持森林资源的可持续利用和保护，社区还产生了如习惯法、乡规民约、社会规范等相关制度和管理知识。这些非正式管理制度由当地居民结合当地的实际情况制定，凝结了他们在林业生产实践中的智慧和经验，具有显著的地方色彩，对成员有很强的约束力。由于山地社区一般地处偏远，经济文化欠发达，当地居民对外部自然保护政策法规的接受程度相对有限，传统的地方性制度则弥补了这一不足。

（2）基于生计需求形成的森林资源经营管理方式

生活于山区的各民族对周边的森林资源有着很高的依赖性，为了满足日常的生计需求，方便利用和管理森林资源，当地人在充分认识生存环境的同时总结出了一系列利用和保护这些自然资源的技术手段。例如，作为传统的山地梯田稻作民族的哈尼族，为了保证充足的生活和梯田灌溉用水，形成了保护森林以涵养水源的生态观念，并延伸出了一系列森林保护和可持续利用的方式。在哈尼村寨，关于森林资源利用和保护的各项制度细致而清晰，涉及其生计的方方面面。例如，居住在半山的哈尼族家中火塘四季不灭，薪柴消耗量很大。为了防止村民到森林里无序砍伐，这些村寨专门制定了薪柴砍伐制度，严格限定每年采伐薪柴的时间、地点和人数，方式灵活，这样既不完全禁止采伐，也控制了乱砍滥伐，保护了森林资源。此外，出于生产生活的需要而形成的水源林保护，非木材林产品的保护与管理也见于很多的山地森林民族当中。这些管理方式和手段在促进社区生计发展的同时也有效地保护了森林资源。

（3）灵活的社区集体管理与个人经营管理方式

在新一轮的集体林权制度改革后，绝大多数社区森林被划归农户自行经营管理，但在一些民族山区，以社区组织为核心的集体管理仍然发挥着重要作用。结合各地实际情况，社区集体经营管理产生了诸如村组集体管理、联合管理、股份制管理等形式。村组集体管理是指以村民小组为单位进行的村社集体经营管理方式；联合管理是指在偏远、交通不便的山区，山林相连的社区联合起来对共同的森林进行管理的方式；股份制管理指的是村民以森林资源、资金、劳动力、技术、管理等多种形式入股、持股，通过股份制管理的方式来获取林业经营收入，这种方式一般见于林业经营比较发达的地区。社区集体经营管理的方式依社区的具体情况而定，灵活多样，成为社区森林可持续经营管理的重要手段。

随着国家林权制度的进一步明晰，个人管理成为目前山地社区森林资源最主要的经营管理方式。因各地的实际情况不同，产生了诸如个体经营、联户管理和轮户管理等多种管理手段。联户管理多见于人口稀少但山林面积较大的山区，山林相连的农户进行联合，对森林资源进行共同管理。联户管理的优势在于组合自由灵活，农户可多可少，既能节约劳动力，又能有效地管护好森林；轮户管理是指为了节约劳动力，提高管理效果，社区农户按一定的规则组合成多个小组，每个小组在一定的时间段内对村社中规定片区的森林进行轮流管理，组与组之间进行交接时，须有监督者按照事先的制度规定对管理效果进行评估。轮户管理弥补了个人管理力量不足的缺陷，在农忙或盗伐高峰时期能够抽出人力对社区森林进行有效管理。

在管理的实现方式上，林权流转是当前个人管理的一种重要手段。林权流转是指在不改变林地所有权和用途的前提下，林地、林木的所有权人或使用权人将林地的使用权或林木的经营权按一定的程序，通过承包、租赁、转让、互换等方式，依法全部或部分转移给其他公民、法人或组织的行为。[①] 在合适的条件下对林地林木资源进行流转，使森林向资金、技术条件较好的单位或个人转移，不仅可以化解林业生产周期长、经营风险大的难题，使林业生产者的造林、育林成果可以随时通过流转实现其价值，而且能增加林业生产者的近期效益，提高林农从事林业生产的积极性。新一轮以"明晰产权，还权于民"为核心的集体林权制度改革强化了林权流转的意义和作用，从政策的角度激励社区村民进行合理流转。因此，集体林权制度改革以后，西南山地社区面临着如何让自己的林地进行合理流转，如何利用现有林地林木资源创造更大收益的问题。

2. 山地社区森林经营者自身积累的抗风险能力

社区森林的经营会受到来自内部和外部的诸如市场、自然灾害等各种因素的冲击，而山地社区能否在短时间内调整策略、制定措施来应对风险，并使自己安然渡过风险，是检验社区森林可持续经营能力的重要指标。社区森林经营中存在的纷繁复杂的风险因素，给山地社区的生计发展带来了许多可知和不可知的困难和障碍。然而，面对这些困难和风险，山地社区并非一味地屈从和被动接受。在与风险因素无数次的交锋中，社区也在不断地调适、加强自己的抗风险能力，并形成了一系列具有地域特色和民族特色的应对措施和策略。这些方式总结如下。

（1）社区资源管理制度的灵活性、变通性和多样性增强了社区的抗风险能力

虽然国家的正式制度在山地社区发挥着重要作用，但这种作用很多时候受到诸多地方因素的限制。事实上，历史上很多山地社区都有自己的社区资源管理体制，与国家的管理制度相比，社区资源管理制度具有较强的变通性、灵活性和多样性。面对各种经营风险，从社区的角度灵活变通自己的经营管理制度，抓住各种可得到的机遇，提高社区福利水平，避免风

---

① 《云南省集体林地林木流转管理办法（试行）》，云南省林业和草原局官网，2008 年 11 月 14 日。

险带来更大的损失，是社区规避风险的重要途径。虽然国家的林业政策改革从长远来看具有无可辩驳的战略指导意义，但每一次变革不可避免地都会给当地社区带来这样或那样的影响。在有准备的社区，改革容易获得成功，消极影响表现得不太明显；但在一些还不具备条件的山地社区，这样的改革导致的后果是无法预料的，人们对改革的态度也是不一样的。在一些山地社区，当地人面对陌生的、不熟知的改革，他们宁愿选择坚守自己传统的管理方式，这样至少可以避免权属变化给社区带来的不利影响。而在面对可得到的、有把握的机遇时，社区的反应是积极的、主动的。在今天的乡村振兴项目推进中，一些林业种植推广项目进入山地村寨后，有的社区组织会抓住机会动员村民积极参与以保护森林、缓解薪柴压力、提高生计水平为目的的林下种植养殖、节能改灶，培育优良树种、荒山绿化等活动，既有效利用了森林资源，又提高了生计水平。在这个过程中，社区资源管理制度的及时变通无疑是促成项目成功的关键因素。因此，社区资源管理制度的灵活性、变通性和多样性的特点可以帮助社区规避某些风险，不仅提高了社区的应变能力，也是社区抵御风险的有效途径。

（2）生计方式的多样化选择是山地社区应对短期困难的有效策略

在西南山区，大部分农户无法只依靠一种生计方式（农业）生活下去。多种生计方式是大多数山区农户的选择。例如，滇东南的梯田民族哈尼族既要耕种梯田、收获谷物、饲养家畜，又要经营林下草果、采集药材、种植用材林；滇南普洱地区的拉祜族既要种植谷物满足日常生活需求，其他一年中大部分时间又要采集松脂，在松脂减产的年月还会选择外出打工。怒江大峡谷的傈僳族则以种植粮食、草果、经济林果，捕鱼、进行林产品加工贸易以及外出打工为主要的生计活动。在大家已经熟知的生产活动之外，很多时候社区村民往往能够有意识地对新生产活动进行投资，寻找新的经济来源。根据市场发展的需求，有的农户会尝试引入新的用材林或经济林树种，在农林经营不景气的情况下，很多人会选择外出打工。因此，多样化的生计选择可以使收入来源增多，从而抵制了来自某一方面的风险压力，同时也保证了社区在不同季节收入水平和消费水平的稳定性，成为山地社区村民抵御困难和潜在风险的有效策略。

（3）山地社区林业经营管理组织化程度在不断加强，提高了农民应对市场风险的能力

随着市场经济的不断发展，西南山地社区的组织制度也在不断发展、创新，呈现多样化的农业组织表现形式。在一些条件成熟的社区，各种林业专业合作组织如雨后春笋般纷纷成立，并在森林资源可持续经营和社区生计发展方面起到了重要作用。目前，西南山地社区成立的林业合作组织主要是由一些种植大户或村寨里比较有影响力的人发起成立专业协会，由政府及相关部门给予一定的支持和帮扶，村民可以自愿参与。协会一般坚持"民办、民管、民受益"的原则，以增加农民的收入为目的。运行较好的专业协会都在各地民政、工商、农业部门挂号注册登记，成为比较正式的组织。总体来说，这些专业合作组织的成立具有如下作用。

第一，林业专业合作组织的成立增强了农民进入市场的组织合作化程度，提高了农民应对市场风险的能力。在过去原有的生产体制下，单个农户的林业经营规模较小，经营手段和方式落后，这种低水平生产使农户的市场竞争力较低，农户在竞争中始终处于弱势地位。从市场风险角度来看，农户一般先生产再去找市场，在交易过程中成为风险的主要承担者。新型的合作组织将分散的、弱势的农民组织起来，按照市场信息使小农户、小生产与千变万化的大市场有效对接。这不仅让农户了解了市场的需求状况，同时也解决了各收购单位和加工企业难以组织货源的问题。目前，各地纷纷成立的诸如草果协会、核桃协会等就为农户的林产品生产和销售提供了保障，免除了他们的后顾之忧。

第二，这些专业组织的成立提高了林业产品的市场竞争力，加快了林业产业化的发展。在市场上，农业产品的竞争力不仅来自产品自身的质量和资源优势，同时与经营组织的管理、营销策略息息相关。而这些信息在过去对山区的农民而言是可遇而不可求的。农民合作经济组织的建立，在一些地区不仅促进了林产品的规模经营，同时还有利于山区农民运用现代化的促销手段和管理模式使林产品在市场中体现其价值，提高林业产品的

市场竞争力。此外，在运行过程中，许多组织积极对自己的产品和生产基地进行品牌认证，打造了一批特色林产品品牌，加快了农业产业化的发展。例如，在西南各地出现了大批获得无公害食品认证、绿色产品认证，以及生态产品认证的如竹笋、野生菌、茶叶、核桃等林产品，从而增强了市场的竞争力。

第三，通过农民合作组织的中介作用，使更多林业科学技术和优秀成果在山地区得以推广运用，增强了农民的综合能力。合作组织通过与农业、林业科技部门、政府与非政府机构以及一些公司、企业的合作，及时获取了市场信息，引进市场需要的新品种。为了提高种植、养殖过程的科技含量，这些组织还与农业科技部门合作，开展各种农业和林业技术的培训和宣传活动，解决了农民在生产中遇到的各种难题。同时，社区村民在培训和学习中掌握了新的科学生产技术，提高了自身的综合能力。

第四，合作组织搭建了基层农民与政府及其他相关部门之间对话的桥梁。过去，山区农民个人的声音是微弱的、无力的，作为弱势群体的社区村民很难把自己的愿望和需求传达给更高层次的政府或其他机构，由此增加了村民生计的风险压力。而由于种种限制，上级政府或机构也很难真正深入了解山区农村，了解农民的发展意愿。而在社区成立的合作组织可以将农民的声音整合在一起，成为广大社区村民自己的代言机构，由此在村民与外部的政府和其他部门之间建立起一种相互联络、相互沟通的桥梁。广大社区村民可以将自己的各种需求、愿望以及在社区发展过程中遇到的各种问题通过组织反映给政府及其他相关部门。同时，政府也可以以组织为工作对象，贯彻落实各种方针、政策，实施各类服务和技术推广工作，减轻社区的生计风险压力，真正发挥政府对农村社区的扶持、引导、技术服务和市场调节等功能，促进农村社区的整体发展。

从上述分析可以看出，林业专业合作组织的成立增强了农民进入市场的组织合作化程度，提高了农民应对市场风险的能力；同时，合作组织还在为社区发展寻求外来援助，搭建信息沟通渠道，提高社区综合发展能力，规避各类生产经营风险发挥着积极的作用。

（4）为了在脆弱环境中求得生存和发展，山地民族社区个体农户必然会发展出各种策略来提供自我保障，而这些保障措施在个体层面上也确实起到了效果

首先，山地社区传统观念浓厚，社区村民守望相助，注重社区和谐的群体价值取向也能够在风险发生时或发生以后降低风险带来的损失起到一定的作用。社区互助可以增强个体农户自身解决问题的能力，使自身的生计处于一个安全的状态，这在风险发生之前可以起到一定的防御作用。在不可抵御的风险发生时，社区互助不但可以通过亲情、友情为处于风险中的同胞提供心理上的慰藉，帮助他们降低对灾害的恐慌，更重要的是，社区还可以整合资源帮助处于风险中的农户应对风险，摆脱困难。在风险发生以后，社区互助还可以形成大户帮小户、互相帮助、共同恢复的局面。因此，在西南山地社区，个体农户通过密切的人情交往建立起亲朋好友的关系网络在困难时会积极运转，为个体农户渡过难关提供有力的保障。

其次，出于对自身生计安全的考虑，贫困的农户还会选择坚守传统的生产经营方式，不采用具有"风险性"的新技术来规避风险。此外，西南山地社区的森林经营以家庭小规模经营为主，经济活动比较单纯，生产资本投入较少，商品交换水平低下，虽然这并非山地社区森林资源经营的优势所在，甚至可以说是一个典型的缺陷，但是，从经济发展规律的角度分析，这种低成本的投入在一定程度上也降低了产业风险，通俗地说就是投入不多，承担风险就不大，当然，经济收益也就成了问题。

3. 山地社区已经形成传统的冲突管理手段

如前文所述，冲突和矛盾是西南山地社区森林资源经营管理中必然会出现的问题。由于社会经济、历史文化背景和所处的地域环境等方面的不同，各地对于各类冲突和矛盾的反应和理解也不同，在解决这些矛盾和各类冲突时，需要根据它们的性质和产生环境，寻求不同的解决途径和办法。对于山地社区来说，森林资源不仅涉及经济利益，也是生存环境的一部分，

具有文化意义。① 在社区森林资源管理过程中，冲突管理是关系到森林资源可持续利用的关键性策略。对冲突解决的效果如何，会直接影响社区的稳定和林业生态安全。在冲突出现时，山地社区也生发出了一系列的冲突管理程序和措施，一般会采用如下方式进行管理。

（1）自行协商解决

协商是冲突各方求同存异、建立相互信任关系最重要的基础。协商暗含一个潜在的原则，即大家应当朝着能够达成一致的方向共同努力。一般在纠纷发生时间不长、争议不大、没有发生太激烈的冲突、双方都有解决纠纷的意愿的情况下，争议双方会自行约定解决纠纷。这种方式多用于解决邻里之间的小矛盾。

（2）使用社区传统习惯等非正式制度来解决

社区内部在长期的生产生活实践中，积累了很多解决社区冲突的策略和技巧，这些方式得到了社区群众的接受和认可，进而形成既定的习俗，并通过村规民约或社区习惯法的方式体现出来，对约束社区成员行为、解决冲突和矛盾非常有效。用社区的传统习惯来解决森林管理冲突，通常是建立在民主的基础上，通过成员的广泛讨论而达成一致意见，能充分考虑到冲突各方的利益，并促使各方执行一致的协议，具有成本低、效率高、易于沟通的优点。

（3）协调解决

协调是由一个或多个协调者在冲突的各方之间以一种中立态度帮助各方自愿参与调解的过程。一般来说，协调解决可以包括以下几种方式。第一，社区或家族内部解决。山地社区的家族和血缘关系浓厚，在家庭或家族成员间出现森林资源纠纷时，大家首先想到的是"家丑不可外扬"，一般的矛盾首先会在社区内部由比较有威信的人出面协调解决。第二，由村集体协调解决。矛盾双方出现争议以后，不愿意或不便主动找对方解决，往往会寻求村集体的支持，由村小组或支部领导出面协助解决问题。在冲突

① 熊小青：《农村环境冲突化解：治理理念及实践创新——基于地方政府管理资源开采利用的视角》，《行政论坛》2014 年第 3 期，第 77~81 页。

处理的协调过程中，调解人需要帮助冲突各方集中关注协商过程的实质部分，寻求共同的兴趣和利益，确保整个协商过程的公正性，最后，在必要时，调解人还要在调解过程出现僵局时提供可供冲突各方解决问题的办法。第三，由上级政府和外来部门协助解决。如果冲突程度比较严重，双方分歧比较大，争议时间较长，且由村集体出面也协调不了的矛盾，就需要请求上级政府部门进行裁决。一般情况下，只有冲突双方都有这种要求时，才采用这种方式来解决问题。

（4）行政机关和法院裁决

一般来说，当冲突双方的问题协商解决无效，并由有权处理的行政机关做出裁决以后，双方仍然不服的，可依据法律程序上诉至法院，获得法院的最终裁决结果。这种方式在社区资源管理过程中往往是最后采取的步骤。

冲突管理是一个过程，在社区森林资源的冲突管理中，经由与冲突无任何利害关系的中间人来引导和促进，通过公断和谈判来取得解决冲突的共识，提出解决冲突的方案是冲突管理的有效途径。在这方面，社区往往在实践中已经积累了丰富的应对经验，这些经验都会成为维护地区林业生态安全的内部支持力量。

（二）西南山区林业生态安全的外部潜力与支撑力

林业生态安全的外部潜力与支撑力是指来自山地社区之外的各种力量，按照生态、经济和社会协调发展的原则，对社区森林资源经营行为进行直接或间接的引导、激励、支持、限制等影响因素。主要可包括以下几个方面。

1. 产权制度

产权是社区森林经营中的核心问题。对于山区农户来说，他们最普遍的要求是"山有主、主有权、权有责，责有利"。因此，森林资源的产权关系是否明晰，不仅关系到广大社区农户的切身利益，也直接决定着社区农户能否当家做主，对森林资源进行合理的经营管理。林业产权不是单一的权利，而是一束权利，包括所有权、使用权、收益权和处置权。其中，所有权决定了林业资产的归属；使用权也称为经营权，是满足森林资源的经营者和使用者在对资源经营、管理和使用进行决策并获得收益的权利；收益权是指从资产运营中获得利益的权利，林业的收益可以是实物形态的，如木材、果实、林副产品等，也可以是价值形态的，如货币、股权等；处置权也称处分权，是指改变森林资产形态和内容的权利，如森林资产的转让、抵押、拍卖等。从可持续经营及林业生态安全的角度来看，明晰的产权关系可以调动社区农户参与森林资源经营管理的主动性和积极性，使农户自觉限制对森林的短期经营行为，避免对资源掠夺式的开发利用；同时还能盘活林业资源，促进社区农户加大对森林经营投入和合理管理的力度，使森林最大限度地发挥其效益和功能。而模糊的产权关系则可能使森林经营者在短期利益的诱使下强化利用行为，对森林资源进行无序开发和过度利用。因此，清晰的产权关系是森林可持续经营的内在必然条件。

西南山地社区林业产权关系的明晰度和稳定性可以用以下几个指标来衡量。

第一，经营者对森林资源进行经营相关国家政策的长期性和稳定性。历史经验表明，不稳定的林权关系会造成森林的极大破坏。20 世纪 70 年代末，家庭联产承包责任制和"林业三定"政策实施之前，由于权属不明确，经营管理形式混乱，在西南少数民族山区曾经刮过一股砍伐森林风，山上没有了可砍的树，大家就到坝子里砍风景林，到箐沟里砍水源林。这种情况一直延续到"林业三定"，山林承包到户以后才停止。究其原因是社区农户对林权制度具有高度敏感性，在权属多变的情况下，他们认为，只有将树木伐倒、售出或留作私用才能体现其对林木的所用权。和农业不同，林业经营是长效经营，具有投资周期长、回收慢的特点，而且还受各种自然因素和生产条件的影响，因此，承包期过短会导致社区农户的利益受损。基于此，20 世纪 90 年代我国实施的将长期闲置的荒山、荒地、荒滩、荒沟以折价租赁、拍卖等形式移交给农民、村集体开发利用的"四荒"转让政策即规定林地经营期为 50~70 年不变；新一轮集体林权制度改革也明确规定林地的承包期为 70 年，这是目前中国土地承包政策的最长年限。这些规定已经考虑到了林业生产的特殊性。因此，只要确定了林业经营权属的长期性和稳定性，赋予森林经营者长期的有保障的林地使用权和林木所有权，就能提高经营者对林业生产的投资和经营的积极性，进而提高林业生产的可持续性。

第二，森林资源所有者对森林资产的实际控制能力。林权制度规定了森林资产的各项权能，在分配各项权能时，需要明确社区各权能主体对森林资产的责、权、利关系。从机制建设的角度来看，森林资源经营者应该依法享有林地的长期占有使用权；在合适的时候享有对林地和林木进行转让、抵押、拍卖和采伐的权利，而当使用者和承包者有违背所有者森林经营的长期利益、产生短期行为的时候，所有者也应享有依法收回森林资产的权利；此外，在森林资源被征占，或者是已经落实使用权主体的山林被划为公益林、自然保护区的，应该享有被补偿的权利。但是这些权利在一些山地社区并没有得到完全落实，在调查中可以看到有一些因素对社区农户的实际控制能力产生着影响。例如，有些社区或农户在缺乏公平保障的前提下因为急切的生计需求以低价将大片的林地承包给外来经营者，自身利益受损；有的社区森林被划入生态公益林范围却没有得到对等的补偿或者补偿没有到农户手中；有的农户因为有外来力量统一征占而不得不将林地出让；等等。这些因素削弱了社区农户对森林资产的控制能力，也削弱了社区村民参与森林可持续经营的积极性。因此，在森林资源管理过程中，需要提高森林经营者对森林资产的实际控制能力，这种能力越强，产权关系就越明晰，经营者对森林经营的成果就越关注，实现森林可持续经营及林业生态安全的可能性也就越大。

第三，确定森林经营者收益权的保障和实现程度。山地民族社区对森林资源经营的根本目的就是通过利用来获得经济利益，促进社区发展。因此，拥有收益权，实现收益的最大化是社区森林经营者的动力和目标。目前在一些民族山区，由于贫困和对生计发展的急切需求，社区农户从森林经营中获得的收益主要还是来自木材之外的短期经营，这些收益很多时候并不稳定，往往会受到自然条件、技术水平以及市场因素的影响。同时，这类经营还存在经营合法性的问题，从长远来看，这种以短期效益为目的的经营不利于森林资源的合理管理，也没有使森林资源的价值得到最大体现，以至于出现了"富资源，穷林农"的情况。因此，明晰产权制度，需要确定森林经营者长期经营效益实现的保障程度，也要确定短期经营的各项责任，通过合理的经营来提高森林资源的价值，同时通过合理的利用来实现经济利益。

第四，明晰实现森林生态保护与经营的关系。如前文所述，为了加强生态环境的建设和保护，近年来，国家通过建立各类自然保护区、实施重点生态建设工程的方式，投入了大量的人力、物力来推进我国生态文明建设的进程。西南山区是这些工程建设的重点区域。在项目涉及的社区，其原有的林地林木权属会发生变化，从而对社区生计产生影响。例如，国家生态公益林的建设是一项重要的环境保护措施，但是，如果生态公益林补偿机制不完善，如生态补偿基金过低，或者在落实补偿的过程中没有真正发放到社区农户手中，这些都会使参与生态保护的农户利益受损。而在一些地方，林权主体不清晰，导致对公益林的经营不能按照经营森林资产的方式来运作，使生态公益林的效益也没有实现最大化，限制了社区农户参与森林资源经营的积极性。因此，只有明确了山地社区与这类国家生态建设工程之间的关系，才能增强社区农户经营森林资源的信心，提高其可持续经营的能力。

2. 国家和地方政府的政策及法律法规对森林经营行为的规定和限制

在山地社区，国家的政策和法律法规的要素主要从两个方面来显示其作用，一是对森林资源经营行为的限制和指导，比如规定合理的社区森林采伐量，对森林分类经营的规定，对森林产权的取得、流转，林权纠纷的处理等；二是从保障社区经济收益获取的角度进行的规定，如生态效益补偿的政策、国家和地方的资源税收和调节政策、公平的产权交易等。在此过程中，政策和法律法规是否完善、执行过程是否到位直接影响着社区森林的可持续经营和林业生态安全格局的形成。

3. 来自外部的各种森林经营技术的支持

来自外部的各种先进的科学技术给山地社区的森林可持续经营提供了强有力的保障，这些技术是山区农户所缺乏而又非常需要的。来自外部的森林经营技术的内容多种多样，总的来说包括两个方面。一是与森林、林木培育、经营管理和保护相关的技术，如林木遗传育种及良种选育、野生资源驯化、育苗、造林、经济林栽培与管护、农林复合经营技术、林地林木的抚育管理、病虫害防治、森林火灾的防治等。二是与改善社区生计、缓解社区对森林的压力相关的各类技术，如能源改造、科学喂养家畜、林产品和林副产品的加工利用、果品保鲜与贮藏、林产品的市场推广、荒山规划、引入外来林业产业等。

4. 社区森林经营金融支持体系

加大资金投入是实现西南山地社区森林可持续经营和林业生态安全的必要条件。目前，山地社区森林经营的资金支持主要有以下来源。一是政策性贷款。为了发展林业生产，社区农户可以向指定银行申请政策性贷款，并享受低息或贴息的福利。二是国家或地方性的财政投资。这部分投资主要是在与社区公益事业相关的项目区开展，即多元化的生态补偿。例如，社区集体林划入生态公益林的，可以得到生态效益补偿；如果要对这类森林进行经营，也可以申请财政投资等。三是来源于政府和社会各界的乡村振兴项目资金。基于山区经济滞后现状，社区森林经营所需资金可以和各类乡村发展基金结合起来，共同开展活动。四是外来项目支持资金。目前，有很多科研机构、非政府组织（NGO）以及其他一些相关的机构在很多山地社区开展了与生物多样性保护、社区发展、农村环境治理、疾病与健康、能力建设、社区教育等内容相关的项目，这些组织或机构在项目社区都会有或多或少的资金投入，有益于山地社区的发展。

5. 社区森林经营的社会化服务体系

社会化服务体系是指来自社区外部的为社区森林可持续经营提供服务的机构和部门的总称。和前面提及的各种支撑体系相对应，社区森林经营的社会化服务体系主要包括以县乡林业管理部门为主体的林业生产指导服务体系、林业种苗供应服务体系、林业科技服务体系、森林病虫害和森林火灾防治服务体系、林产品营销服务体系，以及地方政府的其他各级服务部门如教育、金融、供销、环保等服务体系，其作用主要是直接面向民族社区和农户提供林业产前、产中和产后过程中的各类综合服务。建立一个地区完整、良好的社会化服务体系是实现该区域森林资源可持续经营和林业生态安全的重要保障和支撑力。

小　结

本章引用了生态承载力的概念，从分析林业生态安全承载力的构成要素入手，一方面探讨了西南山地社区森林生态系统对人口和社会发展过程中造成的双向压力和负面影响；另一方面探讨了以社区生计为主的林业活动对西南山地林区生态建设、经济社会发展等所形成的稳定支撑力与持续推动力。西南山区林业的发展不应该超过林业生态承载力范围，而提高林业生态安全承载力也是区域经济社会和生态可持续发展的重要目标。要保持西南山区林业生态安全状况，既要调控林业生态系统在自我调节能力和人类有序生计活动下所能支持的自然资源消耗程度、环境退化、污染和破坏程度、社会经济和社区生计的发展程度和具有一定消费水平的人口数量等，同时又要发挥林业生态安全承载力要素中潜力和支撑力的作用，使其在发育出协调、稳定、健康的林业生态系统的同时，又满足山地社区生计发展对森林资源的所有需求，实现区域林业生态安全状态。

第五章 西南山区林业生态安全评价

为了更好地了解西南山区的林业生态安全整体状况,确保森林生态系统的良好运行、自然资源的可持续利用以及山区林业产业的均衡发展,对区域内林业生态安全水平进行客观评价尤为重要。本章基于 DPSIR 模型,以西南山区林业生态安全为目标层,以驱动力、压力、状态、影响和响应为准则层,在综合考虑环境、经济和社会因素的基础上选取了 29 项评价指标,构建了西南山区林业生态安全评价指标体系,应用熵权法和综合指数法对 2010~2020 年西南区域内四川省、贵州省、云南省及西藏自治区林业生态安全综合指数以及准则层各个子系统的安全指数进行综合评价,并分析了林业生态安全存在的主要问题与影响因素,提出了相应的调控对策与建议,以便为进一步优化西南山区林业生态安全格局、筑牢西南生态安全屏障、推动西南地区生态文明建设提供支持。

一 基于 DPSIR 模型的西南山区林业生态安全评价指标体系构建

建立科学合理的评价指标体系是进行预测或评价研究的前提和基础,也是西南山区林业生态安全评价的关键。林业生态安全是具有多因素、多层次、多侧面的有机整体,涉及生态、社会、经济等因素,其各因素之间存在相互联系、相互制约的复杂关系。为了全面而科学地评价西南山区林业生态资源与产业等各因素间的生态安全状态,本研究利用一系列相互联系的指标,按照一定层次和原则构建评价指标体系,通过指标间关系的量或指标对西南山区林业生态安全影响重要程度的量（即权重），来综合反映林业生态系统各基本要素、系统内部与外部关系等关键性复杂问题。DPSIR模型为简化这类复杂问题提供了一个较好的研究思路，本章基于DPSIR模型框架，构建了西南山区林业生态安全评价指标体系，通过设立驱动力（D）、压力（P）、状态（S）、影响（I）和响应（R）共5个方面系统指标及所包含的多个相互促进、相互制约且不同层面的要素指标，全面反映西南山区林业生态安全水平以及各子系统间的相互联系。

（一）西南山区林业生态安全的 DPSIR 模型分析

1. DPSIR 模型在林业生态安全评价中的适应性

从可持续发展视角来看，区域林业生态安全是生态环境与人文社会、经济产业发展共同构成的自然—经济—社会复合生态系统，通过为经济社会发展提供物质基础、保障人类社会生活环境安全稳定，以有效实现林业自然环境内外部与人类经济社会间的物质流、能量流、信息流等的高度集中与良性有效循环。林业生态安全评价体系应是在区域内林业各子系统与经济社会生态化发展基础上逐步形成合理完善的全面协调可持续发展体系，即系统内部各子系统间及各构成因子间能保持协调均衡关系，在评价体系中体现为所有构成因子的均衡可持续发展①。因此，要科学评价区域林业生态安全，就必须在深入了解和分析各子系统复杂关联的基础上，采用合适的能反映复合生态系统压力及响应等因果关联的模型方法。

驱动力—压力—状态—影响—响应（DPSIR）由欧洲环境署（EEA）综合了压力—状态—响应（PSR）和驱动力—状态—响应（DSR）框架的特点而制定，用于描述并解决经济与环境系统要素之间的因果关系，并在环境政策制定与评价研究中得到推广应用。DPSIR模型能有效地整合资源、发展、环境与人类健康等要素，反映人类活动与自然生态环境系统之间的相互关系

① 宋杰：《健康城市化的生态评价体系构建及实证研究》，中南大学博士学位论文，2014，第35页。

及作用，不仅表明了社会、经济发展和人类行为对环境的影响，也表明了人类行为及其最终导致的环境状态对社会的反馈，这些反馈是由社会为应对环境状态变化以及由此造成对人类生存环境不利的影响而采取的措施组成①。近年来，该模型在水资源、土地利用、农业、森林、渔业和海洋资源的可持续发展评价、生态安全评价以及管理科学决策与实施等诸多领域得到广泛应用，已逐渐成为判断环境状态和环境问题因果关系的有效工具。

DPSIR 模型结构简单清晰，能反映各要素之间的因果关系并能体现人类的管理水平，是评价区域林业生态安全的适宜方法。该模型的优势主要体现在以下几个方面。

第一，具有较强的综合性与灵活性。林业生态安全是由经济—社会—林业生态资源相互作用形成的林业复合生态系统，具有较为显著的动态性，若只对某一特定时间状态进行评价则不能全面地反映复合生态系统的实际状况。DPSIR 模型能综合考虑西南山区农户生产活动和自然环境等相关因素，灵活选取较大时空尺度的多元复合型指标，通过分析复合生态系统中各要素的特点、功能、相互关系，以及各要素如何对林业生态系统产生影响，系统地反映西南山区林业安全水平的稳定性及发展趋势。

第二，具有紧密的内在逻辑性。林业生态系统是典型的自然—社会—经济复合生态系统，对其进行生态安全评价要充分考虑其社会属性和自然属性，以及人类活动对林业生态系统造成的影响。DPSIR 模型具有很强的内在逻辑关系，能够展现社区生计活动和产业发展对林业生态系统的影响及其相互联系，以"原因—结果"为导向的因果视角将复杂的系统要素的作用关系简单化、明晰化，通过驱动力、压力、状态、影响和响应五方面指标把相互间的因果关系展示出来，同时每个指标都能进行分级化处理形成次一级子指标体系，以揭示系统各要素指标间因果关系及其多元空间联系②。

第三，具有较强的管理性。DPSIR 模型不仅可以评价西南山区林业生态

① 曹红军：《浅评 DPSIR 模型》，《环境科学与技术》2005 年第 S1 期，第 110~111+126 页。
② 陈晨：《我国森林生态福利的水平测度及影响机理研究》，东北林业大学博士学位论文，2022，第 81 页。

安全状态，还可以评价导致林业生态安全状态发生改变的原因以及人类对复合生态系统采取的补救措施的有效性。而对西南山区林业生态安全评价的最终目标就是对林业生态系统和人类经济活动进行管理与调控，实现林业资源管理与利用的良性循环以及社区生计的可持续发展。所以 DPSIR 模型可以评价管理者所采取调控手段的成效，促使管理者不断改进和调节管理措施，并对改进后的管理措施再进行评价，这种循环往复的评价和管理模式可以促进人类活动与自然生态环境的和谐，是西南山区可持续发展的重要措施和保障①。

2. 基于 DPSIR 模型的西南山区林业生态安全评价关键因素

西南山区林业生态安全状态的形成和演变机制主要是驱动力、压力、状态、影响、响应五个因子相互作用的过程，其作用机理如图 5-1 所示。以西南山区的社区生计活动、经济发展、人口增长、空间扩张及自然环境演变为潜在驱动力（D）导致对山区森林生态系统干扰增加，产生压力（P）迫使山区林业复合生态系统状态（S）发生改变，状态的改变反过来对山区的社会经济活动、人类健康及生态系统结构与功能产生影响（I），为了实现山区的可持续发展，这种影响促使人类作出直接或间接响应（R），响应反作用于驱动力、压力、状态或直接作用于影响，以使此反馈保持山区林业生态系统的稳定与平衡，最终实现西南山区林业生态安全的稳定和可持续发展。

（1）潜在驱动力

潜在驱动力（Driving force）是指造成林业资源及生态环境变化的潜在诱因，影响着林业生态安全演化过程，代表山区林业生态系统发生演化的动力。西南山区正处于社会经济加速发展阶段，经济发展、人口增长、空间扩张等是林业生态安全的主要驱动力，经济发展水平越高，在区域各要素体系中的地位越明显，抗冲击能力越强。另外，区域自身的环境条件以及全球性气候变化对森林资源丰富的山区生态系统会有一定的影响。总体来说，潜在驱动力可分为立地环境驱动力和社会经济驱动力两类。

---

① 李向明：《基于 DPSIR 概念模型的山地型旅游区生态健康诊断与调控研究》，云南大学博士学位论文，2011，第 78 页。

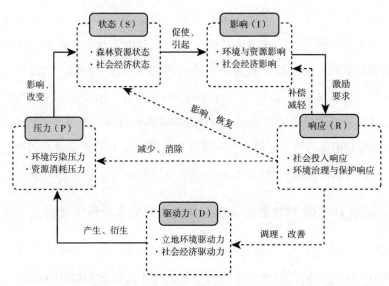

图 5-1　影响西南山区林业生态安全的 DPSIR 模型分析框架

立地环境驱动力相对较稳定，发挥着累积性效应。森林生态系统具有高度的复杂性、脆弱性和敏感性，对维持陆地生态系统的稳定，保护生态环境方面发挥着重要作用。全球性气候变化对山区林业生态系统的影响是潜在的和缓慢的，其影响结果需要很长时间才能显现出来。其中气候因子如降水、气温、光照等的变化，将会直接或间接对植被分布、树木生长、火灾和病虫害的发生、生物多样性、林产品产量等方面产生作用，同时，全球环境变化如温室效应等会给区域气候条件带来显著影响，不仅会干扰山区林业生态系统的演化进程，而且会造成一系列自然灾变，这种自然灾变会对山区脆弱的生态系统造成破坏，进而导致林业生态安全发生变化，影响林业生态安全水平。

社会经济驱动力包含社会和经济两方面，是时空尺度上影响林业生态安全的主导驱动因子。一方面，随着社会的发展和进步，良好的社会环境能够提供更多的功能来满足人民日益增长的物质文化需求。然而，适合人类生存的环境空间及资源是有限的，人口增加及其活动会对森林生态环境、自然资源带来压力，人们在开发利用资源时造成的资源消耗与环境污染会直接影响林业生态安全水平。另一方面，经济增长与环境资源之间存在对立统一的关系，随着经济发展规模不断扩大，必然会消耗更多的资源，产生更多的废弃物，给环境带来压力甚至破坏。此外，随着经济的发展，人们收入水平的提高，会为环境治理投入更多的资金，通过各项政策与投资治理对环境质量进行改善。①

驱动力对西南山区林业生态安全存在正、负两方面的影响，当各驱动力因子协同发展时会产生正面效应，积极促进林业生态系统良性循环发展；反之，则会引发负面效应，与安全状态相背离。

（2）压力

压力（Pressure）是引起生态环境变化的直接影响因素。林业生态系统的压力来自立地环境驱动力和社会经济驱动力的直接作用导致的环境变化，以及人类经济社会活动通过物质、生态需求和污染排放对森林生态系统产生的压力等，具体可分为环境污染压力和资源消耗压力。

环境污染压力是指随着工业化和城镇化的发展，人类生产生活产生了大量的废水、废气、固体废弃物等，损坏了林木生长所需的土壤、大气、水源等，且不同地区之间的环境污染会通过风向、水流等自然因素以及地区间的人口流动和产业转移，使林业生态系统面临巨大的环境压力，进而作用于林业生态安全的状态。

资源消耗压力是指随着人口的增长、经济社会的发展，人类对林产品和森林生态服务的需求与日俱增，林木采伐、林产品利用、满足居民生产生活的水资源、能源、土地等的开发利用等致使森林资源被过度消耗。此外，人类活动对森林生态系统的干扰程度不断增大，会引起森林生态系统服务功能的变化，从而影响林业生态安全的整体状态。

（3）状态

状态（State）是指山区林业生态系统目前所处的态势和演变趋势，是驱动力和压力共同作用的结果。林业生态系统的状态主要包括森林资源状态和社会经济状态。森林资源状态主要指森林资源的数量和质量，森林生

---

① 李向明：《基于 DPSIR 概念模型的山地型旅游区生态健康诊断与调控研究》，云南大学博士学位论文，2011，第 78 页。

态系统的稳定性和健康程度是林业生态安全的基础。社会经济状态主要指林业产业的结构与发展状况，林业产业的发展可提升广大林区群众的生活水平，促进社区经济发展，同时，林业产业结构的良性发展也是影响林业生态系统稳定运行的重要因素。

（4）影响

影响（Impact）是指当外界对环境施加压力时，林业生态系统状态变化反过来对人类健康和社会经济结构产生的影响和最终的环境效果。林业生态系统状态变化所产生的影响主要表现在两个方面：一是环境与资源影响，即林业生态系统状态变化对系统中各因素的影响，如生态环境质量对人类健康的影响；二是社会经济影响，即林业生态系统的变化对林业产业经济结构和效益产生的影响。林业产业的发展与转型，会带动更多相关产业的发展，进而对区域社会经济带来影响。

（5）响应

响应（Response）是人类在促进林业生态系统良性和稳定运行中所采取的积极对策。响应程度的大小能够反映人类对生态环境保护投入程度以及管理保护政策的制定与实施力度，可包括森林生态建设的投资强度、科研经费的投入、技术水平和生产效率升级、提升森林生态系统质量的经济投入，以及加大林业管理人员投入、促进林业产业发展和转型等。它与压力构成了因果关系，即通过采取各类响应手段以减轻压力的影响，进而改善林业生态系统健康状态。

（二）西南山区林业生态安全评价指标体系构建

1. 评价指标选取的方法

西南山区林业生态安全指标体系应充分体现出西南山区林业资源利用与管理的现状和主要特点，通过分析指标的具体状态和相互关系，使其能够全面反映该地区林业生态系统的安全状况，并在分析的基础上较为直观地识别、归纳出影响西南山区林业生态安全的主要因素，为提高林业生态安全水平采取有针对性的调控措施提供依据。

2. 评价指标体系的构建原则

（1）科学性和真实性

以大量的相关资料分析为基础，并对西南山区环境、社会、经济发展历史和现状进行深入了解，真实可靠地获取指标数据；结合区域实际经济社会发展状况，参考其他相关研究指标选取方法，科学、客观地选取和建立评价指标体系，以保证评价结果的科学性和客观性。

（2）整体性与层次性相结合

为了更有利于发现问题，推证出合理的结果，评价指标体系的构建要符合整体性与层次性相结合的要求。林业生态安全评价体系是一个综合的整体，它包含了目标层、准则层、要素层和指标层等不同层级，每个层级都代表着不同的内涵和位置，共同组成一个有机的评价体系，其中目标层体现了整个评价体系的最终目的，准则层体现出评价体系的构建原则，同时准则层指导了下一层级要素层的构建，指标层是要素层细致而具体的表现。最后，通过不同层级的有机结合，构建出一个层次丰富的林业生态安全评价指标体系。

（3）可操作性与可比性

评价指标的选择是为了更方便地了解研究区域的林业生态安全状态，因此，指标选择首先应在包含大部分重要信息的基础上尽量简化，要具有较强的可操作性；其次，对于部分指标需考虑其因子数值的可获取性，并保证数据的准确性；最后，要尽可能利用现有数据，一般情况下，评价指标相关数据获得可通过实际监测和查阅统计年鉴等二手资料获得。

（4）代表性

构建评价指标体系时不可能涵盖林业生态安全的所有因子，只能从中选择具有代表性的、最能反映其本质特征的指标，并要考虑相似载体的共性特征和地域特性，以适用于不同的区域。因此，构建西南地区林业生态安全评价指标体系时，既要考虑到林业生态安全的共性，也要考虑西南山地不同区域林业资源的实际情况，选出具有代表性的指标。

（5）动态性

随着时间、社会经济发展等外部条件的不断变化，森林生态环境会相应呈现不同状态，绝对的或固定的林业安全状态是不存在的，因此在选择区域性评价指标时，需要考虑指标在空间和时间上的动态变化特征。

3. 西南山区林业生态安全评价指标体系

基于 DPSIR 分析模型，依据指标体系的选取原则，采用自上而下、逐层分解的方法，同时结合西南山区林业生态环境特性和经济发展状况，本研究将西南山区林业生态安全评价指标体系分为四个层次，每一个层次分别选择反映其主要特征的要素作为评价指标。其中第一层为目标层，以林业生态安全指数为目标，用来度量西南山区林业生态安全的总体水平；第二层为准则层，包含驱动力、压力、状态、影响和响应 5 个子系统，每个子系统包含数个评价指标；第三层为要素层，是准则层指标下细化的各要素分类；第四层为指标层，通过对指标适用度和数据可获取性进行反复筛选与论证，并对有内涵重叠的指标进行剔除，对内容模糊的指标进一步细化和明确而获得。在此基础上构建出西南山区林业生态安全评价指标体系，详见表 5-1。

表 5-1　西南山区林业生态安全评价指标体系

目标层	准则层	要素层	指标层	单位	指标属性
西南山区林业生态安全	驱动力（D）	立地环境（B1）	D_1 年降水量	mm	+
			D_2 年平均气温	℃	+
			D_3 年日照时数	h	+
		社会经济（B2）	D_4 农村居民可支配收入	元/人	+
			D_5 人均 GDP	元/人	+
			D_6 人口密度	人/km²	−
			D_7 城镇化率	%	−
	压力（P）	环境污染（B3）	P_1 二氧化硫排放强度	t/km²	−
			P_2 固体废弃物排放强度	t/km²	−
		资源消耗（B4）	P_3 林木采伐强度	‰	−
			P_4 人类工程占用土地强度	%	−
			P_5 森林旅游开发强度	%	−

续表

目标层	准则层	要素层	指标层	单位	指标属性
西南山区林业生态安全	状态(S)	森林资源(B5)	S_1森林覆盖率	%	+
			S_2林地面积比重	%	+
			S_3天然林比重	%	+
			S_4单位面积森林蓄积量	m^3/hm^2	+
		社会经济(B6)	S_5林业产业结构	—	+
			S_6森林旅游产业比重	%	+
	影响(I)	环境与资源(B7)	I_1林业有害生物发生率	%	−
			I_2森林火灾受灾率	%	−
		社会经济(B8)	I_3地质灾害直接经济损失占比	‰	−
			I_4林业产值占GDP比重	%	+
	响应(R)	社会投入(B9)	R_1乡村护林员人数	人	+
			R_2政府林业投资强度	元/hm^2	+
			R_3单位GDP工业污染治理投资强度	%	+
		环境治理与保护(B10)	R_4工业固体废弃物综合利用率	%	+
			R_5水土流失治理强度	%	+
			R_6林业自然保护区面积占比	%	+
			R_7造林总面积比重	%	+

4. 评价指标释义

（1）驱动力准则层指标

驱动力是造成森林生态环境状态发生变化及林业产业内在交互安全性发生改变的潜在诱因，同时也是改善资源和环境状况的动力，反映人口和社会经济特征。主要体现为良好的立地环境条件和区域经济的良性可持续发展。良好的生态资源禀赋是保障林业生态安全的前提条件；而有力的经济发展能促使地区政府在保护和改善生态环境方面投入更多的物质资源，同时，经济发展能够加快产业结构优化，从而在一定程度上缓解社会经济发展带来的压力。[1] 基于此，在驱动力子系统下选择年降水量、年平均气

---

[1]　霍子文、王佳：《基于PSR模型的北京市西北生态涵养区生态健康评价研究》，《中国土地科学》2020年第9期，第105~112页。

温、年日照时数、农村居民可支配收入、人均 GDP、人口密度、城镇化率共 7 项指标，以综合反映自然条件和人类社会经济生产活动对林业生态安全状态发生变化的影响。

①立地环境驱动力指标。年降水量（mm）。降水量是指一年中每月降水量平均值的总和。降水是植物生长和森林物种分布的重要限制性因子，其对森林生态系统安全状态的影响主要通过影响森林的生产力以及物种分布而实现。森林能够涵养水分，并不断汲取自己所需的水分。一般来说，降水量越大，生物多样性越丰富，森林生产力越高，森林生态系统越安全，因此该指标属于正指标。

年平均气温（℃）。年平均气温是指在一年时间内，各次观测的气温值的算术平均值。气温通过影响森林生产力和生物多样性来影响林业生态安全，气温越高，森林生态系统越安全，因此该指标属于正指标。

年日照时数（h）。日照时数也可称实照时数，年日照时数是指在年内太阳直接辐照度达到或超过 120 瓦/米^2 的各段时间的总和，以小时为单位，对林业生态安全的影响通过影响植物的正常生长实现，一般情况下，日照时数越长，森林生态系统越安全，因此该指标属于正指标。

②社会经济驱动力指标。农村居民可支配收入（元/人）。农村居民可支配收入反映的是一个地区或一个农户的平均收入水平。人均可支配收入越高，生活水平就越高，对森林资源的消耗越低，越有利于林业生态安全水平的提高，为正指标。

人均 GDP（元/人）。人均 GDP 是指一定时期内（通常为一年）西南山区的生产总值与其总人口数之比，反映了该地区的经济发展情况。越发达的经济环境会从投资、科技、规划、保护等多方面更多地促进林业生态安全水平提高，因此，该指标为正指标。

人口密度（人/km^2）。人口密度是指单位面积土地上的人口数，由某一地区的总人口数与这一地区的行政面积之比得到，体现了西南山区的人口密度情况。人口密度越大的省域和地区对森林资源的消耗和破坏越大，越不利于林业生态安全水平的提高，因此该指标为逆指标。

城镇化率（%）。城镇化是指城镇人口占总人口的比重，是衡量西南地区城市化情况的指标，一般不用计算，可从年鉴中直接获取。城镇化率越高的地区对森林资源开发的需求就越强，就越不利于林业生态安全水平的提高，因此该指标为逆指标。

（2）压力准则层指标

压力是造成森林生态环境状况发生变化的直接因素，通常情况下多是由人类社会的频繁活动对森林生态系统所造成的干扰，以及发展林业产业而消耗森林资源、损害生态环境、排放工业污染等对林业生态安全状况造成的压力。在压力子系统下选择了二氧化硫排放强度、固体废弃物排放强度、林木采伐强度指数、人类工程占用土地强度、森林旅游开发强度等5项指标。

①环境污染压力指标。二氧化硫排放强度（t/km^2）。二氧化硫排放强度是指某一地区单位面积二氧化硫排放量，由二氧化硫排放总量与该地区行政区总面积之比来表示，当二氧化硫的排放量超过森林生态系统的承载力时，就会对森林生态系统和人类生产生活产生严重威胁，因此指标数值越大，林业生态安全状况越差，因此该指标为逆指标。

固体废弃物排放强度（t/km^2）——是单位面积的固体废弃物产生量，由固体废弃物产生量与该地区的行政面积之比得到。当固体废弃物产生指数超过林业生态系统可调节处理的最大值时，就会对林业生态系统和人类生产生活产生严重威胁，不利于林业生态安全水平的提高，因此该指标为逆指标。

②资源消耗压力指标。林木采伐强度（‰）。林木采伐强度是指主要木材采伐量占森林蓄积量之比，是衡量人类开发利用森林资源强度的重要指标，反映了人类获取资源对森林生态系统的干扰。当森林采伐量超过森林蓄积量时，森林资源将逐步减少，威胁林业生态安全，不利于林业生态系统的永续发展，为逆指标。

人类工程占用土地强度（%）。人类工程占用土地强度是指某一地区的建设用地面积与行政区面积之比，反映了人类的生产生活对山区林业用地的占用和影响，体现了社会发展对生态系统造成的影响。占用强度越大，意味着人类对森林生态系统的影响越强,林业生态安全水平越低,因此该指标为逆指标。

森林旅游开发强度(%)。森林旅游开发强度是指人类对森林的开发利用程度,是已开发的森林公园或相关旅游开发地面积与森林面积之比。目前,西南地区对森林资源利用的一个主要方式为开发旅游,随着生态旅游向纵深发展,人们在森林游憩过程中对森林资源的影响将逐步扩大。在森林中建设一系列公共设施的行为改变了森林原始面貌,占用了森林资源。因此,选取森林旅游开发强度指数主要反映人类占用森林资源的压力及强度,森林旅游开发强度越大,对森林生态系统产生干扰越强,森林生态系统承受的压力越大,林业生态系统越不安全,因此该指标为逆指标。

(3)状态准则层指标

森林资源的自然状况是生态环境在驱动力因子的潜在推动下以及压力层的驱使下森林系统所表现出的现实状态。在状态准则层下选择森林覆盖率、林地面积比重、天然林比重、单位面积森林蓄积量、林业产业结构、森林旅游产业比重等6项指标。

①森林资源状态指标。森林覆盖率(%)。森林覆盖率是指森林面积占该地区土地调查面积的百分比。反映了该地区森林资源的多少、森林资源丰富程度及实现绿化程度,同时也是评价一个地区生态环境好坏的重要指标。森林资源的质量和数量是林业可持续发展的基础,因此,森林覆盖率越高,森林的生命力越强,森林资源越丰富,森林生态系统安全度越高,因此该指标为正指标。

林地面积比重(%)。林地面积比重是指林地面积占行政区面积的百分比。林地是森林生长的基础载体,是森林物质生产和生态服务的源泉,也是森林资产的重要组成部分。林地面积占比直接反映了该地区林业资源的丰富程度,比重越大,林业资源数量越多,越有利于林业生态安全,因此该指标为正指标。

天然林比重(%)。天然林比重是天然林面积占森林面积的百分比。天然林结构复杂,生态服务功能强大,是自然形成和人工促进天然更新或萌生所形成的森林，其环境适应能力和自我恢复能力相对较强，森林的结构也更稳定。天然林比重越大，林业生态系统越安全，因此该指标为正指标。

单位面积森林蓄积量（m^3/hm^2）。森林总蓄积量是指一定林地面积上生长的各种活立木的总材积。单位面积森林蓄积量则是指单位土地面积上的森林蓄积量，是反映一个国家或地区森林资源规模和水平的基本指标之一，也是反映森林资源量的丰富程度、衡量森林生态环境优劣的重要依据。森林蓄积量既能体现森林资源的发展情况和丰富程度，也能体现森林生态环境的优劣程度。单位面积森林蓄积量数值越高，说明森林资源越丰富，林业生态安全程度越高，因此该指标为正指标。

②社会经济状态指标。林业产业结构。林业产业结构是指林业一产加三产之和与林业二产的比值，代表了人类活动对森林生态系统作用形成的产业发展状态。林业第一产业包括林业培育和管理、木材与主材采伐等内容。第一产业的发展既产生了森林资源的损耗，同时也进行了人为干预的更新，是循环经营活动，有利于林业生态安全。第三产业发展虽有大量消费者对森林生态系统产生干扰，但是长远的合理发展也会成为维持森林生态系统健康稳定的因素。林业第二产业以制造业为主，主要是通过对林产品生产加工实现产业发展，长远来看会增加对森林资源的需求，从而对森林资源产生不利影响。总体而言，林业产业结构比值越高，森林生态系统状态越稳定，因此该指标为正指标。

森林旅游产业比重（%）。森林旅游产业比重是指森林旅游年收入与林业总产值之间的比值，衡量了森林旅游产业对林业产业的贡献，说明了森林旅游的发展趋势，在一定程度上代表了人们对森林生态的精神文化需求，为正指标。

（4）影响准则层指标

森林生态环境影响是指生态系统当前状态对社会经济发展、人类生产生活及自然生态环境的影响。该准则层通常包含生态环境理化状态变化时，对生态系统质量及人们生产生活状态产生影响的指标。在影响准则层下，选择了林业有害生物发生率、森林火灾受灾率、地质灾害直接经济损失占比、林业产值占 GDP 比重共 4 项指标。

①环境与资源影响指标。森林有害生物发生率（%）。森林有害生物发生率是指森林病害、虫害、鼠兔害和有害植物的发生面积占森林面积的比重，是衡量森林受到自然或人为侵害的重要指标，反映了森林资源受到有害生物的破坏或压力。数值越高，森林生态系统就越不安全，因此该指标为逆指标。

森林火灾受灾率（%）。森林火灾受灾率是指森林火灾受灾面积与森林面积的比，反映了受火灾干扰的森林面积损失程度，是衡量森林受到自然或人为侵害的重要指标。反映了森林资源受森林火灾的破坏或压力，森林火灾对森林生态系统的干扰过大会影响森林生态系统的健康与可持续发展，数值越高，森林生态系统就越不安全，为逆指标。

②社会经济影响指标。地质灾害直接经济损失占比（‰）。地质灾害直接经济损失占比是地质灾害直接经济损失值与地区生产总值的比值。森林具有水源涵养、水土保持、防风固沙等作用，可减缓外力对地表物质的剥蚀、搬运和沉积的速率和状态，从而防止、减轻地质灾害，保障林业生态安全水平。西南山区生态环境较为脆弱，人类活动频繁，地质灾害频发，故选择该指标作为评估林业生态安全水平的影响指标。该数值越大，说明受到的地质灾害越严重，林业生态安全越不安全，因此该指标属于逆指标。

林业产值占 GDP 比重（%）。林业产值占 GDP 比重是指林业总产值占地区生产总值的比重，反映了森林生态系统及其资源对社会经济发展的支持力度，因此该指标为正指标。

（5）响应准则层指标

生态保护与治理响应是人类面对已产生的生态环境问题时，为积极有效地解决问题所能采取的应对措施和政策响应，以此来促进生态环境可持续发展。该准则层通常包括决策者为人类活动所带来的非期望影响而作出的相应对策，例如，改善生态状态的投入、对工业污染物排放进行有效处理等响应举措。在该准则层下选择了乡村护林员人数、政府林业投资强度、单位 GDP 工业污染治理投资强度、工业固体废弃物综合利用率、水土流失治理强度、林业自然保护区面积占比、造林总面积比重等 7 项指标。

①社会投入响应指标。乡村护林员人数（人）。乡村护林员人数反映了区域内保护和管理森林资源的情况。管理人力的投入有助于森林管护工作质量的提升，能够有效预防森林火灾、各类灾害以及偷砍盗伐等人为破坏行为的发生，可促进森林资源数量和质量的提高，有利于提高森林生态系统的安全水平，因此该指标为正指标。

政府林业投资强度（元/hm²）。政府林业投资强度是指当年完成的林业投资占森林面积的百分比，反映了各地区政府对林业生态建设与保护的资金投入总规模和重视程度。充足的林业投资是保障森林安全的重要基础，该指数越大，说明林业生态建设与保护的强度越大，对森林生态系统的保护恢复工作越到位，森林资源状态越好，能直接促进林业生态安全水平的提高，因此该指标为正指标。

单位 GDP 工业污染治理投资强度（‰）。单位 GDP 工业污染治理投资强度是指工业污染治理投资额占 GDP 的比重，反映了经济发展中投入的污染治理成本与对建设生态环境的重视程度。比重越大，表明污染治理力度越强，有利于构建更加良好的生态环境，该指标有助于森林生态环境污染的改善和森林质量的提升，为正指标。

②环境治理与保护响应指标。工业固体废弃物综合利用率（%）。工业固体废弃物综合利用率是指区域内固体废弃物的综合利用量占固体废弃物总产生量的比重，体现了固体废弃物被利用的程度。固体废弃物综合利用率越高，固体废弃物对森林生态系统的破坏就越小，有利于提高森林生态系统的安全水平，因此该指标为正指标。

水土流失治理强度（%）。水土流失治理强度是指水土流失治理面积占水土流失面积的比重。水土流失是常见的自然灾害，加强对水土流失的治理力度是提升区域生态环境质量的主要措施之一，治理强度越大，越有利于森林生态系统，有利于提高林业生态安全水平，因此该指标为正指标。

林业自然保护区面积占比（%）。林业自然保护区面积比是指林业类自然保护区面积占国土面积的比重。自然保护区是野生动植物资源和森林生态系统最主要的保护形式，是国家实现生物多样性保护的基础。林业自然保护区比重越大，保护程度越好，越有利于森林生态安全水平的维持，因此为正指标。

造林总面积比重（%）。造林总面积比重是指在宜林荒山荒地或退耕地上，人工营造的森林面积占地区森林面积的比重，反映了人工造林力度和绿色发展状况。造林总面积比重越大，代表森林生态系统恢复力中人类活动的作用力越强，因此该指标为正指标。

二 西南山区林业生态安全综合评价方法

（一）数据来源与评价指标权重确定

1. 数据来源

在构建西南山区林业生态安全评价指标体系时，共选择了 29 项指标，其中气象数据、社会经济数据等主要来源于《中国气象年鉴》（2011~2021年）、《中国统计年鉴》（2011~2021 年）、《中国环境统计年鉴》（2011~2021 年）等以及各地区统计年鉴和国民经济统计公报等，森林资源数据来源于《中国林业和草原统计年鉴》（2010~2019 年）及各地区森林资源清查数据，其他相关的数据源于相关的文献资料、文件、研究报告以及各政府部门官网公布等。对上述 2012 年、2014 年、2016 年、2018 年、2020 年四川省、云南省、贵州省、西藏自治区的相关数据进行收集与整理，运用SPSS24.0 对所有数据进行标准化处理，统一计算。

2. 评价指标数据的无量纲化

为了消除在计算过程中由于指标数据量纲不同、自身差异、数值相差过大等造成的误差，先对指标数值进行标准化处理。本研究对指标数据的归一化处理采用极值处理法，使处理后的各项林业指标数据结果落到 [0，1]，考虑到指标体系中指标性质的不同，对指数具有正逆向影响的指标采用不同的处理方法，指标标准化处理过程如下。

对正向指标数据进行标准化处理：

$$Y_{ij} = \frac{x_{ij} - \min(x_{ij})}{\max(x_{ij}) - \min(x_{ij})} \qquad (5-1)$$

对逆向指标数据进行标准化处理：

$$Y_{ij} = \frac{\max(x_{ij}) - x_{ij}}{\max(x_{ij}) - \min(x_{ij})} \qquad (5-2)$$

其中，x_{ij} 表示第 i 个样本的第 j 个指标初始值；$\max(x_{ij})$、$\min(x_{ij})$ 分别为第 i 个样本的第 j 个指标中的最大值和最小值，Y_{ij} 为原始数据 x_{ij} 的标准化后指标值。

3. 指标权重确定

基于 DPSIR 模型的林业生态安全评价是多指标定量综合评价，指标权重的确定对林业生态安全评价结果具有直接影响。本研究采用客观赋权的熵权法计算和确定指标权重，通过评价指标的离散程度确定指标权重，熵值越大则指标权重越小。

①计算第 j 个项指标下第 i 个样本占该指标的比重（e_{ij}）：

$$e_{ij} = \frac{Y_{ij}}{\sum_{i=1}^{1} Y_{ij}} \qquad (5-3)$$

②计算第 j 个评价指标的信息熵值（H_j）：

$$H_j = -\frac{1}{\ln(n)} \sum_{i=1}^{n} e_{ij} \ln(e_{ij}) \qquad (5-4)$$

③计算第 j 个评价指标的权重（W_j）：

$$W_j = \frac{1 - H_j}{\sum (1 - H_j)} \qquad (5-5)$$

表 5-2 所示为西南山区林业生态安全评估指标体系内各项指标权重计算结果，指标属性"+"为正向指标，"-"为逆向指标。

表 5-2　西南山区林业生态安全评估指标权重

目标层	准则层	要素层	指标层	权重	指标属性
西南山区林业生态安全	驱动力（D）	立地环境（B1）	D_1年降水量（mm）	0.0276	+
			D_2年平均气温（℃）	0.0272	+
			D_3年日照时数（h）	0.0457	+
		社会经济（B2）	D_4农村居民可支配收入（元/人）	0.0283	+
			D_5人均GDP（元/人）	0.0246	+
			D_6人口密度（人/km²）	0.0420	−
			D_7城镇化率（%）	0.0219	−
	压力（P）	环境污染（B3）	P_1二氧化硫排放强度（t/km²）	0.0116	−
			P_2固体废弃物排放强度（t/km²）	0.0166	−
		资源消耗（B4）	P_3林木采伐强度（‰）	0.0107	−
			P_4人类工程占用土地强度（%）	0.0141	−
			P_5森林旅游开发强度（%）	0.0180	−
	状态（S）	森林资源（B5）	S_1森林覆盖率（%）	0.0352	+
			S_2林地面积比重（%）	0.0334	+
			S_3天然林比重（%）	0.0393	+
			S_4单位面积森林蓄积量（m³/hm²）	0.0369	+
		社会经济（B6）	S_5林业产业结构	0.1470	+
			S_6森林旅游产业比重（%）	0.0407	+
	影响（I）	环境与资源（B7）	I_1林业有害生物发生率（%）	0.0142	−
			I_2森林火灾受灾率（%）	0.0050	−
		社会经济（B8）	I_3地质灾害直接经济损失占比（‰）	0.0053	−
			I_4林业产值占GDP比重（%）	0.0386	+
	响应（R）	社会投入（B9）	R_1乡村护林员人数（人）	0.0534	+
			R_2政府林业投资强度（元/hm²）	0.0529	+
			R_3单位GDP工业污染治理投资强度（%）	0.0334	+
		环境治理与保护（B10）	R_4工业固体废弃物综合利用率（%）	0.0303	+
			R_5水土流失治理强度（%）	0.0369	+
			R_6林业自然保护区面积占比（%）	0.0631	+
			R_7造林总面积比重（%）	0.0460	+

（二）基于综合指数法的西南山区林业生态安全评价

1. 综合指数法

综合指数法是将评价体系中的各个指标进行标准化后，再与各个指标所对应的权重进行加权求和，以得到目标层综合值的一种综合评价方法。综合指数法的计算步骤如下。

①计算五项准则层下的各个具体指标在各年份的评价值，具体计算公式为（以驱动力为例）：

$$E(D_t) = \sum_{j=1}^{n} Y_{jt} W_j \qquad (5-6)$$

式中：$E(D_t)$ 为在第 t 年的驱动力评价值，Y_{jt} 为驱动力准则层中第 j 个指标在第 t 年的标准化后数据，W_j 为驱动力准则层中的第 j 个指标的权重值。同理，可以得到压力准则层、状态准则层、影响准则层和响应准则层下的第 j 个指标在 t 年的评价值：$E(P_t)$、$E(S_t)$、$E(I_t)$ 和 $E(R_t)$。

②分别计算某年份的各地区林业生态安全综合评价值即林业生态安全综合指数，具体计算公式如下：

$$FES = E(D_t) + E(P_t) + E(S_t) + E(I_t) + E(R_t) \qquad (5-7)$$

其中，FES 为林业生态安全指数，用来表示林业生态安全水平，取值范围为 [0，1]，FES 越接近 1，表示这个地区的林业生态安全水平越高，FES 越接近 0，则表示这个地区的林业生态安全水平越低。

2. 西南山区林业生态安全综合评价等级划分

在参考相关文献的基础上，本研究将林业生态安全评判标准划分为极不安全、较不安全、临界安全、较安全、安全五个评价等级，它们各自对应着区间 [0.0，0.2)、[0.2，0.4)、[0.4，0.6)、[0.6，0.8)、[0.8，1.0]，[1] 具体如表 5-3 所示。FES 越接近于 1，说明森林生态安全等级越高，该地区的森林生态安全水平越高；FES 越接近于 0，说明森林生态安全等级越低，该地区的森林生态安全水平越低。

---

① [a，b) 指右半开区间，即只包含左端点的区间；[a，b] 为闭区间，即包含两端点的区间。其中 [0.0，0.2) 表示所有在 0.0 和 0.2 之间的实数，包括 0 但不包括 0.2，其余类似；[0.8，1.0] 表示所有在 0.8 和 1.0 之间的实数，包括 0.8 和 1.0。

表 5-3　林业生态安全评价等级

指数区间	安全等级	安全状态	特征
0.8≤FES≤1.0	V	安全	林业生态功能保持良好,生态环境维持稳定状态,可持续发展能力强
0.6≤FES<0.8	IV	较安全	林业生态功能基本完善,生态环境较稳定,可持续发展能力较强
0.4≤FES<0.6	III	临界安全	林业生态功能基本维持,生态环境基本稳定,易受外界因素扰动可持续发展能力较弱
0.2≤FES<0.4	II	较不安全	林业生态功能退化,生态环境趋于恶化,可持续发展能力较弱
0.0≤FES<0.2	I	极不安全	林业生态功能严重退化,生态问题突出,可持续发展能力低下

3. 西南山区林业生态安全综合评价分析

本研究对西南 4 个山地省份的林业生态安全进行了时序对比分析,其中,列出了各省域在 2010~2020 年林业生态安全综合指数,并对此进行了分析。表 5-4 所示为西南各省域在 2010~2020 年林业生态安全综合指数值。

表 5-4　2010~2020 年西南山区林业生态安全综合指数

年份	四川	贵州	云南	西藏
2010	0.3196	0.2559	0.4137	0.2753
2012	0.3190	0.3011	0.4269	0.3226
2014	0.3417	0.3624	0.4410	0.4801
2016	0.3686	0.3777	0.4317	0.3813
2018	0.3991	0.4581	0.4616	0.4368
2020	0.4094	0.5179	0.5132	0.5741

从各省域林业生态安全综合指数的均值看,云南(0.4480)和西藏(0.4117)的森林生态安全综合指数较高,均处于临界安全等级,贵州(0.3788)和四川(0.3596)的林业生态安全综合指数较低,均处于较

不安全等级。说明前者的林业生态安全水平较高,但还应继续保持并稳步提高,而后者的林业生态安全水平相对较弱,应不断加大森林生态系统的建设和保护力度。从整体情况看,四个省域林业生态安全综合评价值在不同时期均出现了一定程度的波动,但每个省份的整体水平变化仍趋平稳,各省域的林业生态安全水平主要集中在临界安全和较不安全等级。其中,从 2010~2020 年的整体变化情况可以看出,四个省份的林业生态安全综合评价值呈上升趋势。但也可以看出,西藏在 2012~2016 年的林业生态安全综合值发生了较大波动,其中在 2014 年达到了较大值,到 2016 年又呈现下降趋势,分析发现这可能由于西藏在这两年投入了较高的单位 GDP 环境污染治理金额,这也说明了加大环境污染治理的投资对提高森林生态安全水平起到了重要作用。综合而言,在大力推动生态建设的情况下,西南各省域林业生态安全状况得到了一定程度的改善。长远来看,需要结合社会、经济、自然等各种现实情况综合推进林业生态安全建设,对于林业生态安全综合指数较低的省份,更需要集中力量进行建设和改善。

三　西南山区林业生态安全评估结果分析

(一) 西南山区林业生态安全驱动力准则层时序分析

1. 西南山区林业生态安全驱动力综合评估分析

图 5-2 所示为 2010~2020 年西南山区林业生态安全驱动力准则层指数。从西南山区林业生态安全驱动力指数的均值看,西藏 (0.1248) 和云南 (0.1162) 的林业生态安全驱动力指数较高,四川 (0.0883) 和贵州 (0.0809) 的林业生态安全驱动力指数较低。从整体上看,2010~2020 年,西南山区的林业生态安全驱动力指数呈上升趋势,这也说明降水量、温度和年日照时数的增加可促进植被的生长,其变化可以影响森林资源的状况;农村居民可支配收入和人均 GDP 的提高能促进林业生态

安全状态的改善，但是由于人口密度和城镇化率的升高，仍会降低林业生态安全水平。

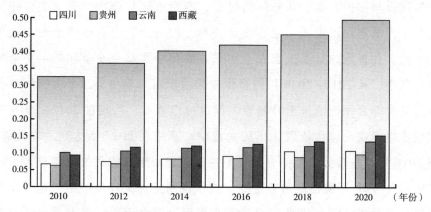

图 5-2　2010~2020 年西南山区林业生态安全驱动力准则层指数

2. 西南各省份林业生态安全驱动力指标层评估分析

图 5-3 所示为 2010~2020 年四川省林业生态安全驱动力指标层指数。从整体上来说，2010~2020 年，四川省林业生态安全驱动力指数呈上升趋势，林业生态安全驱动力指数从 2010 年的 0.0676 持续上升至 2020 年的 0.1081，前期立地环境条件是造成指数变化的主要驱动力，年降水量及年日照时数的波动对林木的生长影响较大，从 2014 年开始，城镇化水平的提高和人口密度的增大，促进人们开发利用更多的林业资源，从而对林业生态系统造成压力，影响林业资源状态。

图 5-4 所示为 2010~2020 年贵州省林业生态安全驱动力指标层指数。从整体上来说，2010~2020 年，贵州省林业生态安全驱动力指数呈上升趋势，林业生态安全驱动力指数从 2010 年的 0.0632 持续上升至 2020 年的 0.0976，立地环境因子维持贵州省森林生态系统的稳定性，城镇化进程的加速以及人口密度的增大，同时会对森林生态系统造成一定的影响。

图 5-5 所示为云南省在 2010~2020 年林业生态安全驱动力指标层指数。从整体上来说，2010~2020 年，云南省林业生态安全驱动力指数呈上升趋

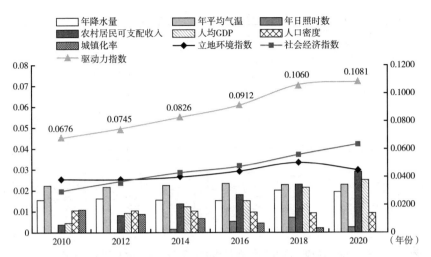

图 5-3　2010~2020 年四川省林业生态安全驱动力指标层指数

注：左坐标轴数值表示柱状图中指标层各指标的数值。右坐标轴数值表示折线所示
的要素层和准则层数值。因为指标层指数综合构成了要素层指数，要素层指数综合构成
了准则层指数，因此左、右两个数轴的数值刻度大小不同。以下各图注释同。

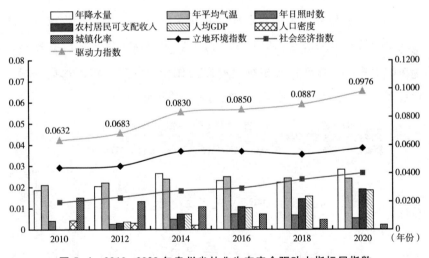

图 5-4　2010~2020 年贵州省林业生态安全驱动力指标层指数

势，林业生态安全驱动力指数从 2010 年的 0.1012 持续上升至 2020 年的
0.1357，云南省水热条件好，有利于植物生长，森林资源较丰富，森林覆盖
率较高，越有利于林业生态安全。

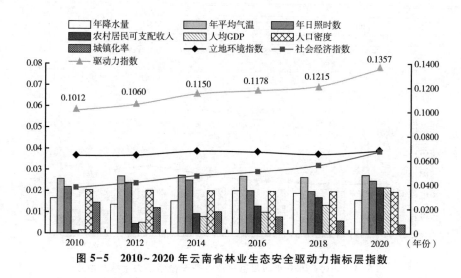

图 5-5　2010~2020 年云南省林业生态安全驱动力指标层指数

图 5-6 所示为 2010~2020 年西藏自治区林业生态安全驱动力指标层指数。从整体上来说，2010~2020 年，西藏自治区林业生态安全驱动力指数呈上升趋势，林业生态安全驱动力指数从 2010 年的 0.0935 持续上升至 2020 年的 0.1536，立地环境条件是造成指数变化的主要驱动力，西藏自治区年平均气温偏低，年降水量相对较少，但水资源丰富，年日照时数较多，有利于植物生长，对森林生态系统具有促进作用。西藏自治区地广人稀，城镇化程度及人口密度对森林生态系统的影响作用相对较小。

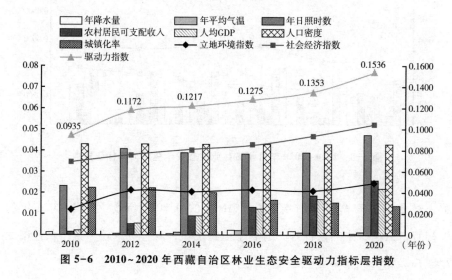

图 5-6　2010~2020 年西藏自治区林业生态安全驱动力指标层指数

（二）西南山区林业生态安全压力准则层时序分析

1. 西南山区林业生态安全压力综合评估分析

图 5-7 所示为 2010~2020 年西南山区林业生态安全压力指数。从西南山区林业生态安全压力指数状态的均值来看，西藏（0.0570）和云南（0.0541）的林业生态安全压力指数较高，四川（0.0431）和贵州（0.0321）的林业生态安全压力指数较低。从整体上来看，2010~2020 年，四川的林业生态安全压力指数呈下降趋势，云南和贵州的林业生态安全压力指数呈起伏变化，其中，贵州在 2012~2016 年，林业生态安全压力指数持续上升达到较高峰值，随后在 2018 年又下降到较低水平，由于二氧化硫排放强度以及工业固体废弃物排放强度的增大，生态环境受到严重威胁。西藏自治区的林业生态安全压力指数呈逐步上升趋势，其主要原因是随着工程征占用土地强度的逐年增大，生态环境压力也逐渐增大。

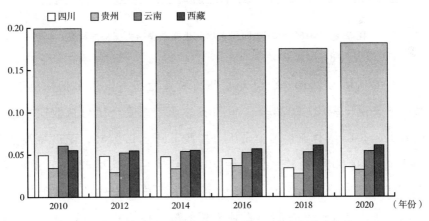

图 5-7　2010~2020 年西南山区林业生态安全压力指数

2. 各省份林业生态安全压力指标层评估分析

图 5-8 所示为 2010~2020 年四川省林业生态安全压力指标层指数。从整体上来说，2010~2020 年，四川省林业生态安全压力指数呈下降趋势，林

业生态安全压力指数从 2010 年的 0.0494 持续下降至 2018 年的 0.0340，随后在 2020 年上升到 0.0348，回升幅度较小。资源消耗不断降低是压力下降的主要原因，其中，森林旅游开发是当前人们利用森林资源的最主要形式，会不可避免地对森林生态系统造成较大扰动。疫情期间，随着对森林旅游开发强度的降低，森林生态系统承受的压力也相对减低。

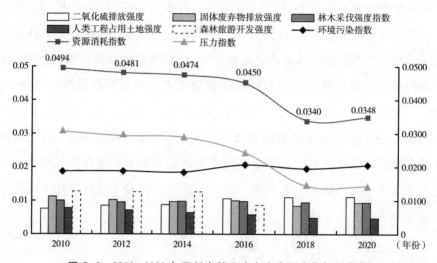

图 5-8 2010~2020 年四川省林业生态安全压力指标层指数

图 5-9 所示为 2010~2020 年贵州省林业生态安全压力指标层指数。从整体上来说，2010~2020 年，贵州省林业生态安全压力指数往复波动幅度较大，2012 年林业生态安全压力指数下降至 0.0289，随后持续上升至 2016 年的 0.0367 的较大值，到 2018 年再下降至 0.0276 的较小值，到 2020 年又上升至 0.0318，资源消耗要素是压力变化的主要原因，其中，林木采伐是人们开发利用森林资源的最主要形式，对森林生态系统造成较大扰动，每年林木采伐量的波动造成林业生态安全压力指数的起伏，林木采伐强度越大，森林生态系统承受的压力越大，林业生态系统越不安全。

图 5-10 所示为 2010~2020 年云南省林业生态安全压力指标层指数。从整体上来说，2010~2020 年，云南省林业生态安全压力指数往复波动幅度较

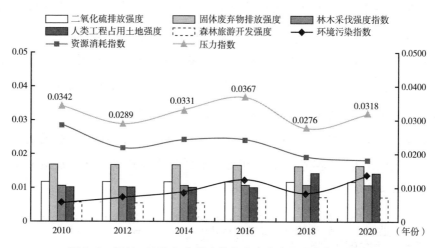

图 5-9　2010~2020 年贵州省林业生态安全压力指标层指数

小，2010~2012 年林业生态安全压力指数明显下降，由于二氧化硫、固体废弃物的排放强度减小，对环境的污染程度降低，同时，林木采伐量的减少，减少了对林业资源的消耗，使林业生态安全压力有所缓解，但 2012~2020 年，林业生态安全压力指数处于往复波动状态，环境污染加重、资源消耗减少是压力指数上下波动的主要原因。

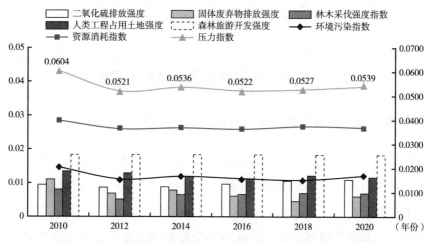

图 5-10　2010~2020 年云南省林业生态安全压力指标层指数

图 5-11 所示为 2010~2020 年西藏自治区林业生态安全压力指标层指数。从整体上来说，2010~2020 年，西藏自治区林业生态安全压力指数呈缓慢上升趋势，2016~2018 年，由于人类工程占用土地强度的增大，人们开发利用自然资源、改造生态系统，不断对林业生态环境施加压力和造成负面影响，林业生态安全压力指数明显上升。西藏自治区土地面积广阔，人口数量较少，经济结构主要由第一产业和第三产业构成，第二产业尤其是工业发展较少，表明林业生态安全压力主要还是人类追求经济发展造成了森林生态系统的不稳定性。

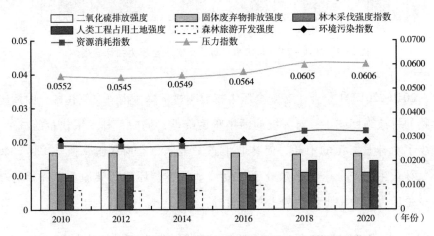

图 5-11　2010~2020 西藏自治区林业生态安全压力指标层指数

（三）西南山区林业生态安全状态准则层时序分析

1. 西南山区林业生态安全状态综合指数分析

图 5-12 所示为西南山区在 2010~2020 年林业生态安全状态指数。从西南山区林业生态安全状态指数的均值看，云南（0.1241）和西藏（0.1179）的林业生态安全状态指数较高，四川（0.0975）和贵州（0.0860）的林业生态安全状态指数相对较低。但从整体变化情况上来看，西南山区林业生态安全状态指数在稳步提升，这与生态环境质量的改善、地方政府投入力度增大、政策性保障不断完善等原因相关。长远来看，不仅要持续提高和

稳定各地区林业生态安全水平，还要不断增强对森林资源的保护和永续利用程度，如天然林保护、新增造林、国土绿化、林产品合理开发与利用等，以稳步提高森林资源的质量和数量。

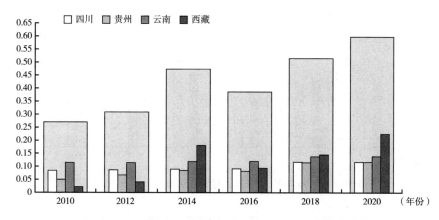

图 5-12　2010~2020 年西南山区林业生态安全状态指数

2. 各省份林业生态安全状态指标层评估分析

图 5-13 所示为 2010~2020 年四川省林业生态安全状态指标层指数。2010~2020 年，四川省林业生态安全状态指数呈上升趋势，由 2010 年的 0.0841 上升至 2020 年的 0.1169，森林资源状态是造成林业生态安全状态指数上升的主要因子。随着森林覆盖率和单位面积森林蓄积量的增加，森林状态持续改善，天然林比重增加，森林生态系统越稳定，抗风险能力越强。

图 5-14 所示为 2010~2020 年贵州省林业生态安全状态指标层指数。2010~2020 年，贵州省林业生态安全状态指数呈上升趋势，由 2010 年的 0.0501 上升至 2020 年的 0.1168，社会经济状态是造成林业生态安全状态指数上升的主要因子。森林旅游产业比重不断增加，森林旅游大多在经济落后的民族山区，通过森林旅游增加就业机会、改善社区生计，有力促进地方经济的发展和人们生活水平的提高。当地村民认识到保护森林资源给他们带来的好处，因此也能自觉地采取有效措施来保护森林资源。

图 5-15 所示为 2010~2020 年云南省林业生态安全状态指标层指数。

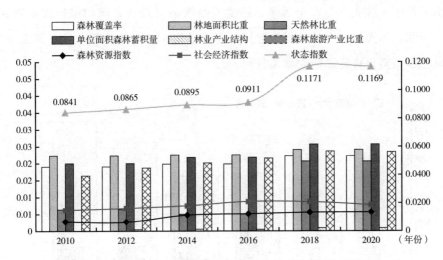

图 5-13　2010~2020 年四川省林业生态安全状态指标层指数

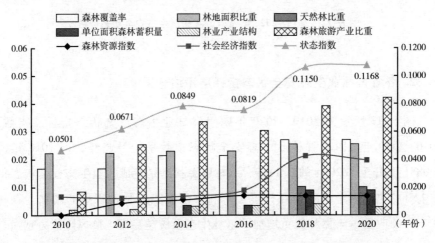

图 5-14　2010~2020 年贵州省林业生态安全状态指标层指数

2010~2020 年，云南省林业生态安全状态指数呈上升趋势，由 2010 年的 0.1146 上升至 2020 年的 0.1390，森林资源状态是造成林业生态安全状态指数上升的主要因子，社会经济状态对林业生态安全状态指数的影响相对不大。随着森林覆盖率及单位面积森林蓄积量的增加，云南省林业生态安全状态指数不断上升，林业生态安全水平也不断提高。

图 5-16 所示为 2010~2020 年西藏自治区林业生态安全状态指标层指

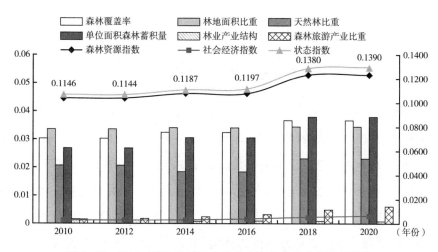

图 5-15 2010~2020 年云南省林业生态安全状态指标层指数

数。2010~2020 年，西藏自治区林业生态安全状态指数呈上升趋势，由 2010 年的 0.0217 上升至 2020 年的 0.2252，社会经济状态是造成林业生态安全状态指数上升的主要因子，其中林业产业结构对西藏自治区林业生态安全状态影响最大，同时天然林比重的增加也是林业生态安全状态发生变化的一个重要原因。

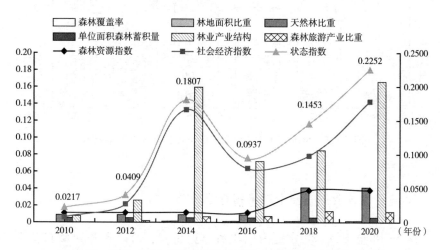

图 5-16 2010~2020 年西藏自治区林业生态安全状态指标层指数

（四）西南山区林业生态安全影响准则层时序分析

1. 西南山区林业生态安全影响综合评估分析

图 5-17 所示为 2010~2020 年西南山区林业生态安全影响指数。从西南山区林业生态安全影响指数的均值来看，云南省（0.0402）和贵州省（0.0362）的林业生态安全影响指数较高，四川省（0.0289）和西藏自治区（0.0219）的林业生态安全影响指数相对较低。从整体水平上看，四个省份影响指数均呈上升趋势，其中贵州省在 2016~2018 年指数增长较快，说明驱动力指数和压力指数对森林生态环境和林业产业发展影响较大；西藏自治区和云南省影响指数处于上下波动状态，起伏幅度较小，说明这两个省份的林业生态系统承压能力较强；四川省的影响指数呈缓慢上升趋势，说明林业生态系统承压能力一般，需要加大对森林的保护与生态建设。

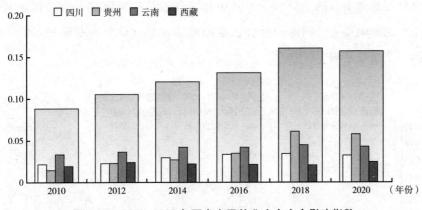

图 5-17 2010~2020 年西南山区林业生态安全影响指数

2. 各省份林业生态安全影响指标层评估分析

图 5-18 至图 5-21 分别为四川省、贵州省、云南省和西藏自治区在 2010~2020 年林业生态安全影响指标层指数分析。2010~2020 年，前三个省份林业生态安全影响指数呈上升趋势，西藏自治区林业生态安全影响指数则呈

往复波动，林业生态安全影响指数的变化均与社会经济发展有较大联系，其中林业产值占 GDP 比重是造成前三个省份林业生态安全影响指数发生变化的重要因素，林业产值的增加有利于改变经济结构，并在一定程度上激励人们制定出相应的对策措施，从而减轻影响和改变状态；林业有害生物发生率是造成各省份影响指数发生变化的另一个因素，有害生物发生率能够降低森林质量，影响森林生态系统状态，使林业生态安全水平减弱。

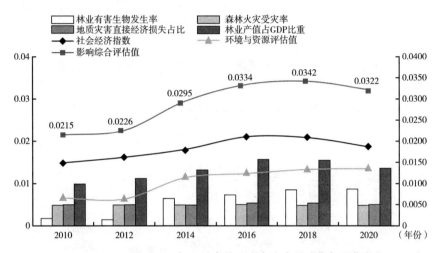

图 5-18　2010~2020 年四川省林业生态安全影响指标层指数

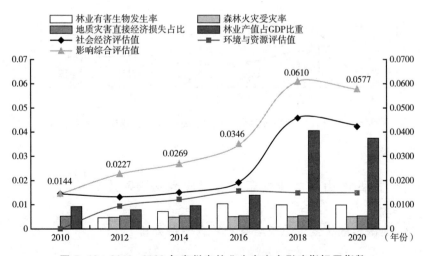

图 5-19　2010~2020 年贵州省林业生态安全影响指标层指数

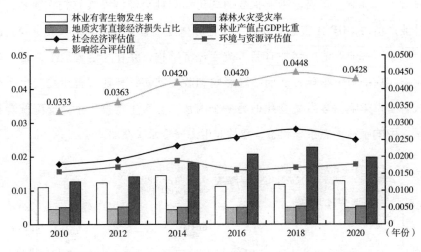

图 5-20　2010～2020 年云南省林业生态安全影响指标层指数

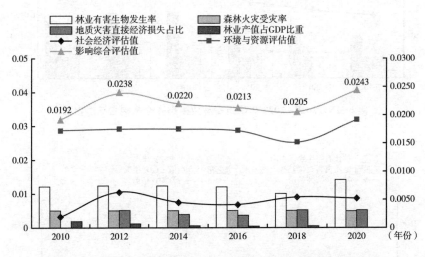

图 5-21　2010～2020 年西藏自治区林业生态安全影响指标层指数

（五）西南山区林业生态安全响应准则层时序分析

1. 西南山区林业生态安全响应综合评估分析

图 5-22 所示为 2010～2020 年西南山区林业生态安全响应指数。从西南

山区林业生态安全响应指数的均值看，贵州（0.1437）和云南（0.1134）的林业生态安全响应指数较高，四川（0.1017）和西藏（0.0900）的林业生态安全响应指数较低。从整体变化上看，贵州省林业生态安全响应指数一直处于上升阶段，其余三个省份响应指数处于往复波动状态，均在不同年份出现不同程度的上下波动，从历年变化值来看，四川省在 2012 年响应指数最低，云南省在 2016 年响应指数最低，西藏自治区则在 2018 年响应指数最低，综合来看，贵州省和云南省的响应程度相对较大，有利于改善林业生态安全水平。

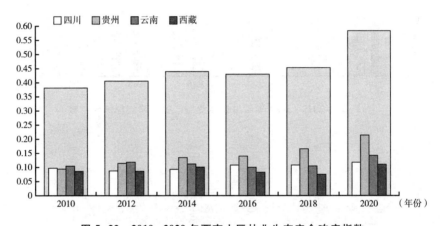

图 5-22　2010~2020 年西南山区林业生态安全响应指数

2. 各省份林业生态安全响应指标层评估分析

图 5-23、图 5-24、图 5-25 和图 5-26 分别为四川省、贵州省、云南省和西藏自治区 2010~2020 年林业生态安全响应指数。2010~2020 年，贵州省林业生态安全响应指数呈上升趋势，其他三个省份林业生态安全响应指数往复波动。环境治理与保护力度是提升响应指数变化的重要因素，其中，造林总面积比重的提升是使四川省森林资源状态发生改变的重要原因，单位 GDP 工业污染治理投资强度是造成其余三个省份响应指数发生波动变化的关键因子。2016~2020 年，各省份都增加了对森林管护人员数量，加强对森林资源的管理与保护。

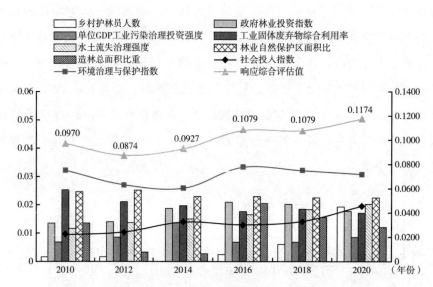

图 5-23　2010～2020 年四川省林业生态安全响应指标层指数

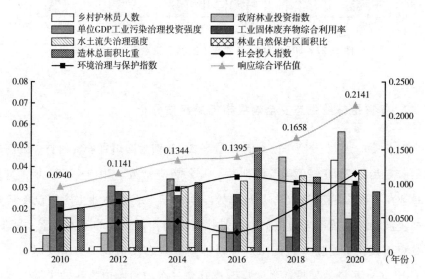

图 5-24　2010～2020 年贵州省林业生态安全响应指标层指数

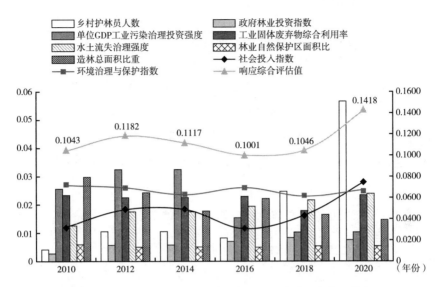

图 5-25　2010~2020 年云南省林业生态安全响应指标层指数

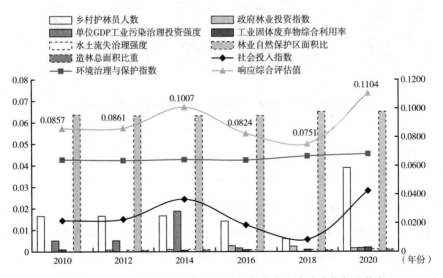

图 5-26　2010~2020 年西藏自治区林业生态安全响应指标层指数

（六）西南山区林业生态安全综合分析

1. 西南山区林业生态安全综合指数分析

由图 5-27 可知，研究期内，西南各省份林业生态安全指数处于持续上升状态，云南省与西藏自治区在个别年份出现指数下降情况，其余时间段内都处于上升状态。从林业生态安全综合指数均值来看，从 2010 年开始，每两年为间隔，到 2020 年西南山区林业生态安全综合指数均值分别为 0.3161、0.3424、0.4063、0.3898、0.4389、0.5037，说明在研究期内，西南山区林业生态安全状况总体上处于逐步改善的状态。

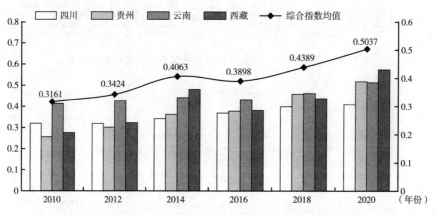

图 5-27 2010~2020 年西南山区林业生态安全综合指数

各省林业生态安全指数变化的幅度呈现较大差异，2010 年，仅有云南省林业生态安全指数（0.4137）处于临界安全状态，其他省份均处于不安全状态，其林业生态安全程度排序由低到高分别为贵州省（0.2559）、西藏自治区（0.2753）、四川省（0.3196）。2010~2014 年，云南省与四川省林业生态安全水平稳步提升；贵州省与西藏自治区林业生态安全水平提升较快，贵州省的林业生态安全指数由 2010 年的 0.2559 提升至 2014 年的 0.3624，西藏自治区的林业生态安全指数由 2010 年的 0.2753 提升至 2014 年 0.4801，在 2014 年达到临界安全状态，其主要原因是加大了对工业污染的治理与投资，以及林业产业结构中二产比重降低，减小了对林业资源的消耗与林业生态环境的影响，再加上工业污染治理效果逐渐显现，以及相关法律法规的完善等，林业生态安全水平得到很大程度的提升。2014～2016年，西藏自治区与云南省的林业生态安全指数有所下滑，西藏自治区由2014年的临界安全状态下降至2016年的不安全状态，其主要原因是林业二产比重的增加以及人们对森林旅游的开发利用对林业生态环境造成一定的影响，加之工业污染治理的投资减缓，人类消费大于林业资源的更新速度，使林业生态环境质量将下降，林业生态安全水平降低。2016～2020年，各省份林业生态安全指数持续上升，到2020年，西藏自治区林业生态安全综合指数（0.5741）最高，其次分别为贵州省（0.5179）、云南省（0.5132）和四川省（0.4094），均处于临界安全状态。从历年最低值来看，2010年和2012年，贵州省的林业生态安全水平均为最低，其主要原因是2010年贵州省受罕见旱灾影响，全省森林火灾高发，造成大面积森林受害，以及林业有害生物的频发，导致林业生态安全处于不安全状态。受森林旅游开发强度和林业有害生物发生程度的影响，2014年后四川省林业生态安全状态均处于较低水平。

2. 各省份林业生态安全综合指数分析

图5-28所示为2010～2020年四川省林业生态安全综合指数。可以看出，四川省林业生态安全水平在逐步提升，四川省2010～2018年林业生态安全综合指数分别为0.3196、0.3190、0.3417、0.3686和0.3991，参照表5-3可知，处于较不安全状态，在2020年已提升到临界安全状态，林业生态安全指数达到0.4094。在四川省林业生态安全综合指数的计算过程中，状态指数的影响作用最为明显，其后是响应指数、驱动力指数、影响指数与压力指数。状态类指标中各具体指标影响方向均为正向，状态指标在2016～2018年有明显的上升趋势，原因在于天然林保护的投入比重明显增加，森林覆盖率与林地面积等指标数据随之增加。其次，响应类指标上升趋势较为明显，这是DPSIR模型各层指标相互作用的结果。受其他指标相

互作用的影响，根据 DPSIR 模型各层指标的相关关系，其作用机理在于由于状态类指标的改变会促使影响类指标发生变化，而影响类指标会激励响应类指标发生作用，响应指标又可以使状态指标的作用得到恢复与提高，并且达到改善驱动力指标影响的作用。随着人们生态保护意识的提高，对生态环境质量的要求也越来越高，各地不断增加森林管护人员的投入，大力扩大造林面积，加大林业投资的强度等，从而提高了对四川省林业生态安全的保障力度。

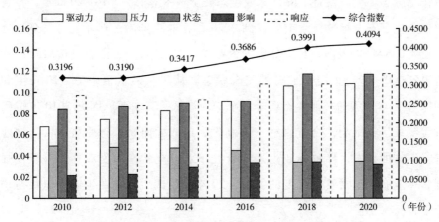

图 5-28 2010~2020 年四川省林业生态安全综合指数

图 5-29 所示为 2010~2020 年贵州省林业生态安全综合指数，可以看出，贵州省林业生态安全水平整体在不断提升。2010~2016 年，贵州省林业生态安全综合指数分别为 0.2559、0.3011、0.3624、0.3777，参照表 5-3 可得知，均处于较不安全状态，2018~2020 年已提升到临界安全状态，林业生态安全综合指数分别为 0.4581、0.5179。总体来看，贵州省林业生态安全状况趋势向好，主要是因为产业结构重心不断向第二、第三产业转移，环境污染、森林资源的开发和利用以及人类对生态环境的关注和保护行为越来越多。在贵州省林业生态安全综合指数的计算过程中，响应指数的影响作用最为明显，其次是状态指数、驱动力指数、影响指数与压力指数。2010 年，贵州省林业生态安全综合指数主要受森林火灾受灾率、林业有害

生物发生率以及二氧化硫排放强度的影响较大，受罕见冬春连旱影响，全省森林火灾高发，以及林业有害生物的高频发生，造成巨大的林业资源与经济损失，森林资源质量和储存量受到严重影响，单位面积森林蓄积量减少，直接影响森林生态服务系统的状态，致使贵州省林业生态安全处于较低水平。2012~2016 年，随着对水土流失治理强度和造林力度的不断加大，政府对林业投资力度加大，随着森林管护人员投入、环境污染治理程度加大等响应措施的不断实施，林业生态环境以及森林状态得到了改善，贵州省林业生态安全指数稳步上升。到 2020 年，贵州省的森林状态及林业生态安全水平得到明显提升。

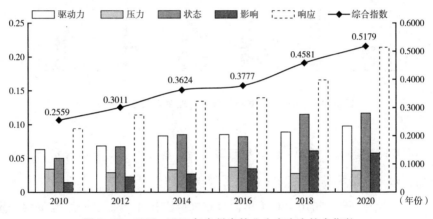

图 5-29　2010~2020 年贵州省林业生态安全综合指数

图 5-30 所示为 2010~2020 年云南省林业生态安全综合指数，可以看出，云南省林业生态安全水平在此期间稳步提升。2010~2020 年，云南省林业生态安全综合指数分别为 0.4137、0.4269、0.4410、0.4317、0.4616、0.5132，参照表 5-3 可知，均处于临界安全状态。云南省林业生态安全水平较高的原因与其丰富的森林资源有关，其森林生态状况相对较好，森林质量较高。从各准则层指标来看，状态指数的影响作用最为明显，其次是响应指数、驱动力指数、压力指数与影响指数。2010~2014 年，云南省林业生态安全指数缓步上升，到 2016 年，林业生态安全综合指数有所下降，其主要原因在于在单位GDP 工业污染治理投资强度有所降低以及林业有害生物发生率增高，林业生

态复合系统受到的压力增大，导致林业生态安全水平有所下降。到 2020 年，随着乡村护林员人数的增加，天然林得到更有效的管护，森林质量与数量得到改善，人们生活质量及生活条件得到改善，生态保护意识增强，林业生态安全水平得到显著提升。

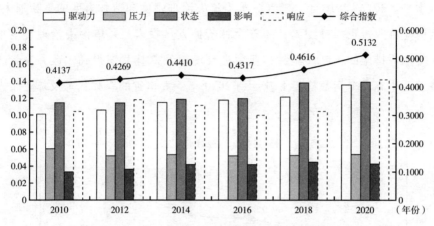

图 5-30   2010~2020 年云南省林业生态安全综合指数

图 5-31 所示为 2010~2020 年西藏自治区林业生态安全综合指数。可以看出，西藏自治区林业生态安全水平处于波动上升趋势，这与相关文献评估结果大致相同[1]。2010~2014 年，西藏自治区林业生态安全综合指数分别为 0.2753、0.3266、0.4801，参照表 5-3 可知，在 2010 年及 2012 年均处于不安全状态，2014 年显著提升到临界安全状态，但在 2016 年林业生态安全综合指数又下降到 0.3813，降至不安全状态，随后在 2018 年及 2020 年，林业生态安全综合指数分别上升至 0.4368 和 0.5741，回到临界安全状态。从各准则层指标来看，状态指数的影响作用最为明显，其次是驱动力指数、响应指数、压力指数与影响指数。西藏地区天然林比重很高，森林生态系统稳定性强，人口稀少对于森林资源的干扰破坏少，病虫害发病率低，多方面的因素导致这个时期西藏的林业生态安全水平最高。随着各项保护政

<hr />

[1]　马毅军：《基于生态安全评价的西藏地区森林生态系统管理研究》，西藏大学硕士学位论文，2022，第29页。

策的实施以及加大对森林管护的人力投入、增加林业投资和造林面积等一系列保护措施，林业生态安全水平显著提升。

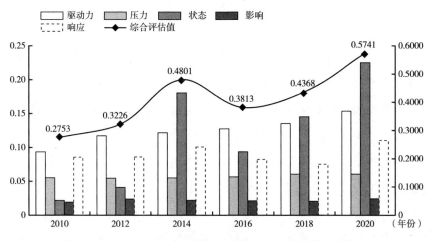

图 5-31　2010~2020 年西藏自治区林业生态安全综合指数

表 5-5 所示为 2010~2020 年西南山区林业生态安全综合等级状况，从表中可以看出，云南省 2010~2020 年一直处于临界安全状态，这与其丰富的森林资源有很大关系；四川省在 2010~2018 年均处于较不安全状态，需要加强林业生态保护，加强对森林可持续经营的重视，减少对森林资源的破坏；西藏自治区和贵州省分别在 2014 年和 2018 年达到临界安全状态，整体来看，西南地区林业生态安全水平处于相对稳定的状态。虽发展向好，但存在各类障碍因素，需要进一步提高对森林资源保护的重视，降低林业生态安全风险，防止林业生态环境出现恶化。

表 5-5　2010~2020 年西南山区林业生态安全综合等级

年份	四川省	贵州省	云南省	西藏自治区
2010	较不安全	较不安全	临界安全	较不安全
2012	较不安全	较不安全	临界安全	较不安全
2014	较不安全	较不安全	临界安全	临界安全
2016	较不安全	较不安全	临界安全	较不安全
2018	较不安全	临界安全	临界安全	临界安全
2020	临界安全	临界安全	临界安全	临界安全

小　结

综合上述分析，研究期内，西南山区整体林业生态安全等级处于临界安全状态，林业生态系统的服务功能基本稳定，生态环境建设正在逐步向好。但是比较容易受到外来障碍因素的扰动，难以承载各种人类活动对森林资源的消耗和破坏。由于林业生态安全内部驱动力—压力—状态—影响—响应各子系统之间存在显著的相互作用，且林业生态安全的状态由森林生态系统面临的压力和响应要素综合决定（状态本身无法直接调控），所以在提升西南山区林业生产安全水平时，应加大响应措施的实施力度，如投入更多的资金、技术和人力，加强森林资源经营管理，实施更大规模的植树造林和生态修复项目；同时调整和优化林业产业结构，推动林业产业和生态保护的协调发展等。从各指标权重大小来看，林业产业结构所占权重最大，其次分别是林业自然保护区面积占比、乡村护林员人数、政府林业投资强度、造林总面积比重和森林旅游产业比重等。这也说明持续优化林业产业结构、促进林业经济健康发展、加强森林资源的保护与管理、提高林业的投资比重等是提高西南山区林业生态安全水平的重要手段。此外，从统计方法上来说，因为指标数值主要从各类统计年鉴中获得，受数据精度本身的限制，在计量时不可避免地会出现一些误差，但并不影响整体发展趋势和结果评价。

第六章 西南山区林业生态安全小尺度评价实证案例

第五章以西南山区为研究范围,以较大的尺度对整个西南地区的林业生态安全进行了综合性的定量评价。但是,因为西南山区地域广大,各地的情况差别很大,为了进一步说明西南山区不同区域内的多样性,本章特选择云南省楚雄彝族自治州、云南省保山市昌宁县、云南省迪庆藏族自治州维西傈僳族自治县为案例研究点,探讨在区域小尺度上的林业生态安全问题。其中,楚雄彝族自治州的研究聚焦于乡村振兴背景下的林业生态安全评价;保山市昌宁县的研究重点关注林业与产业共生的林业生态安全评价;迪庆藏族自治州维西傈僳族自治县的研究则着力于对重点林业生态工程区的生态公益林的生态安全价值进行评估。本章的研究结果与第五章的整体评价相互印证、相互补充,力图通过点面结合及定量分析的视角,全面揭示西南山区的林业生态安全状况。

一 总体思路

本章以云南省楚雄彝族自治州、云南省保山市昌宁县、云南省迪庆藏族自治州维西傈僳族自治县为研究点,开展关于林业生态安全的实证研究。从研究点囊括的地域范围来说,三个研究点有所不同。楚雄彝族自治州的研究以整个楚雄州的林业区域为研究范围,保山市昌宁县的研究以整个昌宁县的林业区域为研究范围,迪庆藏族自治州维西傈僳族自治县的研究则以维西县的生态公益林区域为研究范围。从研究的内容上看，楚雄彝族自治州的研究聚焦于乡村振兴背景下的林业生态安全评价，保山市昌宁县的研究重点关注林业与产业共生的林业生态安全评价，迪庆藏族自治州维西傈僳族自治县的研究则着力于对重点林业生态工程区的生态公益林的价值进行评估。生态公益林对于维持林业生态安全的贡献最大，将生态公益林的价值进行货币转换，有利于维系区域林业生态安全，也有利于将生态价值货币化，提高社区生计收入，减少对森林资源的干扰行为。

三个研究案例采取了不同的研究方法，以应对研究点的地域特征和不同的研究主题。在楚雄彝族自治州的林业生态安全评价中，采取了文献查阅、半结构化访谈、问卷调查、样地调查的方法收集资料和数据，并选取 ESI-PS 框架模型和 DSR 框架模型进行资料和数据分析，在此基础上，通过极差标准化、赋权法、几何平均法完成数据处理。在保山市昌宁县基于林业与产业共生的林业生态安全评价案例中，运用前人建立的森林生态—林业产业复合系统评价的 Lotka-Volterra 共生模型（以下简称 L-V 共生模型），构建出能够体现生态—产业复合系统特性的"压力—状态—影响—响应"指标体系。并结合林业 L-V 共生模型中的生态水平、产业水平、环境容量三大基本指数，以及共生受力指数、共生度指数，共同分析昌宁县的林业生态安全状况。此外，本研究还利用了双特征动态判断矩阵，以及基于熵权法的指标权重测算，实现生态安全级别及预警级别判定。与楚雄彝族自治州和保山市昌宁县的研究不同，迪庆藏族自治州维西傈僳族自治县的研究则通过对翔实数据的处理，计算维西县重点林业生态工程区域内的生态公益林价值，以构建维西县公益林生态系统服务功能价值评价体系。在案例中，生态公益林的价值主要包括涵养水源价值、保育土壤价值、固氮释氧功能价值、森林积累营养物功能价值、净化大气功能价值、森林防护功能价值、生物多样性保护功能价值、森林游憩功能价值等。

二　乡村振兴背景下的林业生态安全评价

——楚雄彝族自治州案例

（一）楚雄彝族自治州林业概况

1. 楚雄彝族自治州概况

楚雄彝族自治州（以下简称楚雄州）位于北纬 24°13′~26°30′、东经 100°43′~102°32′，属云贵高原西部、滇中高原的主体部分，自古有"省垣屏障、滇中走廊、川滇通道"之称，地理区位十分优越。土地面积为 28438.41 平方公里。境内有国道 320 线、杭瑞高速公路、广（通）大（理）铁路、昆（明）楚（雄）大（理）高铁线过境，东接昆明市，西邻大理市，南与玉溪市和普洱市相连，北连四川省攀枝花市，是从云南省省会昆明西出滇西 7 州（市）及缅甸的必经之地，故也有"迤西咽喉"之称。楚雄州地势大致由西北向东南倾斜，东西最大横距 175 公里，南北最大纵距 247.5 公里，具有中部高、南北低、北部比南部稍高的特点，其最高点为大姚县百草岭主峰帽台山，海拔 3657 米；最低点是双柏县与玉溪市新平县交界的三江口，海拔 556 米。全境多山，山地面积占全州总面积的 90% 以上，盆地及江河沿岸平坝所占面积不到 10%，素有"九分山水一分坝"之称。

楚雄州气候宜人，属亚热带低纬高原季风气候，山高谷深，气候垂直变化明显。年平均降水量为 681.9 毫米，年平均气温为 17.9℃，年日照时数为 2880.9 小时。总体气候特征为冬夏季短，春秋季长；日温差大，年温差小；干湿分明，雨热同季；日照充足，霜期较短；蒸发量大，降水较云南大部分偏少；冬春少雨，干旱频发。因地形和海拔的差异，有明显的立体气候和区域小气候特征，呈"一山分四季，谷坡两重天"的特点。

楚雄州下辖 8 县 2 市，共 103 个乡镇，2023 年末，楚雄州常住人口为

234.2 万，乡村常住人口为 121.89 万，全州少数民族众多，其中彝族 75.5 万人，占少数民族人口的 80.7%。楚雄州历史文化悠久，民族风情浓郁，著名的彝族传统文化元素包括彝族十月太阳历，以及火把节、赛装节等民族节目。

2. 森林资源状况

楚雄州山林广阔，森林资源丰富，植被类型多样，林产品种类繁多。全州森林面积为 199.43 万公顷，活立木蓄积量为 1.26 亿立方米，森林覆盖率为 70.01%。主要植被类型有中亚热带半湿性常绿阔叶林、中山湿性常绿阔叶林、亚高山暗针叶林、河谷上部干热松栎灌丛草坡和低热河谷植被 5 种类型，其中以云南松（*Pinus yunnanensis*）、滇青冈（*Quercus schottkyana*）、麻栎（*Quercus acutissima*）、滇润楠（*Machilus yunnanensis*）等为主要树种。林地面积为 206.38 万公顷，其中，乔木林地为 174.9 万公顷，占全州林地的 84.75%。以楚雄市、双柏县、大姚县、禄丰市四个县（市）林地面积较大，占全州林地的 58.31%。① 从林分起源上看，由于过去对森林资源的过度开发利用，天然林资源被严重破坏，现今楚雄州大部分森林都是经自然或人工演替形成的次生林，林分组成以中、幼龄林为主。

林业产业方面，主要包括以核桃、板栗等干果为主的特色经济产业为优势产业；以野生菌为主的林下经济产业为特色林产业；以木材采运、人造板加工和家具制造为主的木材加工产业为传统产业；以桉叶油、松油、松节油为主的林产化工产业；以林木种苗花卉为主的极具发展潜力产业；以森林康养为主的生态旅游产业等。林业已经成为山区农户脱贫致富的支柱产业。

（二）楚雄州林业发展存在的问题

楚雄州是滇中林业大区，也是云南省天然林保护工程实施的主要区域，

---

① 《楚雄州第三次全国国土调查主要数据公报》，楚雄彝族自治州人民政府网站，发布日期：2022 年 4 月 24 日，http://cxz.gov.cn/info/1031/42486.htm。

生态区位特别重要。多年来，楚雄州实施了极为严格的森林保护管理措施，在林业生态建设和林业产业发展方面做了很多工作，促使重点区域和流域的生态环境退化状况得到缓解，森林覆盖率和森林质量都有大幅度提高，退化林地得到恢复性发展，初步建立了林业产业体系，社会公众的森林环境保护意识也得到不断加强。然而，在取得较为显著成绩的同时，楚雄州的林业发展也存在诸多问题。

首先，从管理的角度来看，在国家严格的林地使用定额管控和用途管制的前提下，部分山地社区对林地的管理较为单一，大多数只能进行简单的监督管理。公益林和商品林在管理方式上没有太大区别，基本上是禁止开发利用，林地供需矛盾较为突出。商品林采伐管理制度极为严格，大多数集体林和除桉树林以外的商品林被禁止采伐和利用。除林地所有权外，社区农户虽然拥有大部分的林地林木权属，但依然无法对森林资源进行更灵活的经营和利用，有些地区甚至出现了"死守青山"的状况。其次，从林业产业发展的角度来看，产业发展质量和效益还不高，林产品精深加工及多样化水平滞后，全产业链发展的格局尚未形成，林产业"大资源、小产业、低效益"的状况突出，规模化、产业化、现代化水平不高。最后，从社会化服务和保障体系的角度来看，当地林业基础保障能力薄弱，林业管理人员普遍不足，管理资金投入不够，一些地区的相关部门对于森林保护的职责权限没有认真落实或者管理僵硬、死板。部分县（市）、乡（镇）林草应急体系还不完善，组织基础、工作基础、物质基础薄弱，应对森林火灾、病虫害、疫源疫病等灾害的能力严重不足等。以上问题使当地林业的可持续发展受到较大影响，大部分森林资源难以转化为实际价值，民族山区的林业经济活力因此大大降低，最终降低了林业对地方发展和乡村振兴的支持力度，也让林业生态安全问题凸显。此外，长期以来，由于交通不便、山地广大、耕地破碎化等，楚雄州各民族的生计发展滞后，贫困问题较为突出。因为缺少发展的途径，当地居民对森林资源的依赖程度很高，不合理的经营对森林破坏比较严重，致使林业生态安全处于极大的风险当中。

基于上述问题，本案例力图对楚雄州的林业生态安全状况进行综合评价，分析其影响因素，探索融合山区现代林业生态建设与生计发展的有效机制，以促进森林生态安全水平，筑牢民族地区生态屏障，实现人与自然的和谐共生与发展。

（三）研究评价方法

1. 分析和评价方法

在综合前人相关研究的基础上，结合楚雄州本地森林生态安全的特征，选取 ESI-PS 框架模型和 DSR 框架模型进行分析。ESI-PS 模型结构简单，实用性强，在指标的选择上限制较少，能够对研究对象开展较为全面的评价。DSR 框架模型本质上为可持续发展评估模型，该模型以驱动力和压力作为自变量，充分考虑到人类社会发展需求对于林业生态的推动作用，能较好地将人为干扰和自然生态特性结合起来，符合本研究的需要，因此采用该模型作为评价结果对照模型。

ESI-PS 框架模型是由国内学者根据林业生态系统与人类社会的内在交互机理，以 PSR 框架模型为蓝本总结并建立起来的，主要评价林业生态系统的自身状况和在承受压力时的综合安全体现。该模型由林业生态安全压力和林业生态安全状态两个一级指标组成。林业生态安全压力指数（EPI）用于评价林业生态系统面临的压力和威胁，代表自然灾害和人类活动等因素对林业生态造成的影响。林业生态安全状态指数（ECI）从林业生态系统向人类社会提供直接服务和间接服务的能力角度来评价当地林业生态系统的安全状况，代表林业系统自身的资源和环境情况；ESI-PS 框架模型的运行机制为：当地的自然条件、经济发展和社会发展等压力因素会影响林业生态系统的状况，林业生态状况也会造成压力因素的改变，两者共同影响林业生态系统对人类社会发展的支持能力和对地区的生态服务能力。在实际运用中，林业生态安全压力指标内容主要包括：对林业生态安全造成负面影响的自然因子和人类行为等；人类对森林生态和林业资源的维护行为等。将产生正面效果的因子归入 EPI 指标下的正指标，反之则归为逆指标。林业生态安全状态指标（ECI）内容主要包括：反映当前林业生态系统现状的指标；反映当前人类社会发展现状的指标等。每个一级指标下各单项指标指数之和即为该一级指标指数，林业生态安全指数（ESI）由 EPI 和 ECI 两个一级指标指数以特定方法求和得出。

DSR 框架模型由联合国可持续发展委员会（UNCSD）开发使用，用于对地区的可持续发展进行评估，第五章中所用的 DPSIR 模型为 DSR 模型的延伸。DSR 模型由驱动力（D）、状态（S）和响应（R）三个一级指标构成。驱动力表示人类社会和生态系统对可持续发展需求的迫切程度；状态表示林业生态资源和环境状况对发展的支持能力；响应表示人类根据前两项指标，为改善林业生态、维护森林资源、提升可持续发展能力而施行的政策和采取的措施。[①] DSR 模型的运行机制为：依据林业生态的现状制定生态发展目标以改善生态系统状态，人类社会根据发展目标制定策略采取措施以改善现状，进而完成目标。在本案例中，驱动力（D）包含的主要内容有：当前林业生态系统承受的压力，乡村振兴战略生态宜居、产业兴旺的要求；产业发展过程中需要解决的生态和社会发展问题；影响当前社区人民生活质量的生态问题；等等。状态（S）包含的主要内容有：当前林业生态系统的资源状况，当前社会发展水平，等等。响应（R）包含的主要内容有：当前社区对林业资源的管护措施；当前林业发展政策；当前林业产业发展情况；等等。该模型通过总结各指标之间的相互作用的关系，反映当地可持续发展水平。

2. 数据处理方法

（1）极差标准化。林业生态安全评价的指标体系涉及大量相互关联和影响的指标，各指标之间的量纲不同，在统一衡量前必须将每个指标进行标准化处理。本研究采用极差标准化法进行数据标准化处理。在指标体系

---

① 李晓丹、杨灏、陈智婷等：《基于 DSR 模型的煤矿废弃工业广场再开发时序评价体系》，《农业工程学报》2018 年第 1 期，第 224～231 页。

中，正负指标的处理方法如下：

正指标即越大越优型：

$$Y_i = \frac{X_i - X_{min}}{X_{max} - X_{min}}$$
$$i = 1,2\cdots,n \qquad\qquad (6-1)$$

负指标即越小越优型：

$$Y_i = \frac{X_{max} - X_i}{X_{max} - X_{min}}$$
$$i = 1,2\cdots,n \qquad\qquad (6-2)$$

式中，Y_i表示标准化以后的值，X_i表示被选择的指标中的第i个指标，X_{min}表示第i个指标的最小值，X_{max}表示第i个指标的最大值。

（2）赋权法。本案例将熵权法与专家评价法结合使用，综合主观和客观两种视角来确定评价体系中各指标的权重，指标的最终权重取两种方法结果的平均值。熵权法利用数据的变异程度来计算权重，客观性强、准确度较高，避免了由人的主观因素带来的偏差，但缺陷在于关注视角较为单一，主要关注数据的波动，容易忽略指标在不同领域评价中重要程度的差异性。专家评价法使用较为简便，直观性强，对于一些无法量化计算的指标也适用，并且能够将从业者的利益诉求纳入评价范畴中。但专家评价法存在主观性影响，针对同一个指标，不同背景的从业者之间的评价会出现分歧，对评价工作造成一定困难。故本案例采取两种方法共同使用，以弥补各自缺陷，使结果更切合实际。

本研究中使用熵权法的具体步骤如下。

第一步，数据标准化后，求出该指标下所有标准化数值之和，然后求出第i个指标数值占总数之比，比值设为P_i。

第二步，求第i个指标的信息熵H_i，公式为：

$$H_i = -\frac{1}{ln(n)}\sum_{i=1} P_i ln(P_i) \qquad\qquad (6-3)$$

式中，n表示该指标下的数值数量。

第三步，求第 i 个指标的熵权 W_i，公式为：

$$W_i = \frac{1 - H_i}{\sum (1 - H_i)} \tag{6-4}$$

专家评价法指运用相关领域的从业人员的经验和学识，根据需要对评价指标体系中的各个项目重要性进行量化评估。本研究通过调查问卷的形式，邀请不同背景的林业从业者对各个指标进行评分，以此作为确定各指标权重的依据。本案例的受访专家共 16 人，来源包括楚雄州楚雄市鹿城镇紫溪镇林业和草原服务中心、楚雄市鹿城镇军屯社区板栗园管护点、楚雄市鹿城镇新村森林管护所、牟定县化佛山州级自然保护区管护局、牟定县安乐乡林业站等单位的林业部门的工作人员和来自牟定县张河屯村、牟定县老豆冲村、楚雄市鹿城镇军屯社区和楚雄市鹿城镇紫溪彝村等村寨的林业经营者。

（3）几何平均法（林业生态安全指数计算）。在 ESI－PS 框架模型中，林业生态安全指数（ESI）是由林业生态安全状态指数（ECI）和林业生态安全压力指数（EPI）综合计算得出的。本研究采用几何平均法计算林业生态安全指数（ESI），公式如下：

$$\text{林业生态安全指数}(ESI) = \sqrt[2]{ECI \times (1 - EPI)} \tag{6-5}$$

式中，林业生态安全指数 ESI 的取值范围为 0~1，ESI 取值越高，表明林业生态安全状况越好；ECI 表示林业生态安全状态指数，计算公式为：

$$ECI = \sum_{j=1}^{j} w_i Z_i \tag{6-6}$$

式中，j 表示林业生态安全状态指标数量，Z_i 表示第 i 个状态指标的标准化数值，W_i 表示第 i 个指标的权重；EPI 表示林业生态安全压力指数，计算公式为：

$$EPI = 1 - \sum_{n=1}^{n} W_i Z_i \tag{6-7}$$

式中，n 表示林业生态安全压力指标数量，Z_i 表示第 i 个压力指标的标准化数值，W_i 表示第 i 个指标的权重。

在 DSR 模型中，使用几何平均法计算林业生态安全指数公式如下：

$$林业生态安全指数(ESI) = \sqrt[2]{(1-D)(R+S)} \qquad (6-8)$$

式中，ESI 表示林业生态安全指数；D 表示林业生态安全驱动指数，计算公式为：

$$D = 1 - \sum_{j=1}^{j} w_i Z_i \qquad (6-9)$$

式中，j 表示林业生态安全驱动指标数量，Z_i 表示第 i 个驱动指标的标准化数值，W_i 表示第 i 个指标的权重；S 表示森林生态安全状态指数，计算公式为：

$$S = \sum_{j=1}^{j} w_i Z_i \qquad (6-10)$$

式中，j 表示林业生态安全状态指标数量，Z_i 表示第 i 个状态指标的标准化数值，W_i 表示第 i 个指标的权重；R 表示森林生态安全响应指数，计算公式为：

$$R = \sum_{j=1}^{j} w_i Z_i \qquad (6-11)$$

式中，j 表示林业生态安全响应指标数量，Z_i 表示第 i 个响应指标的标准化数值，W_i 表示第 i 个指标的权重。

（四）楚雄州林业生态安全评价

1. 影响林业生态安全的因素

影响林业生态安全的因素可分为四个层面。

第一，自然环境层面。自然环境因子能直接影响森林的类型和林分结构，对地区的林业生态安全状况也能造成较大影响。本案例根据影响林业生态的自然因子重要性排列，列出 6 个自然因子单项指标：森林覆盖率、林木蓄积量、年降水量、年平均气温、森林火灾发生面积和森林病虫害发生面积。这些单项指标分别归入林业资源、气候条件、自然灾害三个二级指标中（见表6-1）。

表 6-1　自然环境层面指标

二级指标	单项指标
林业资源	森林覆盖率
	林木蓄积量
气候条件	年降水量
	年平均气温
自然灾害	森林火灾发生面积
	森林病虫害发生面积

第二，人类活动层面。人类活动是林业生态安全的重要影响因子，本案例将人口活动因素中的人口密度、常住人口、人口自然增长率、林权流转面积分别归入综合压力、林业资源经营两个二级指标中（见表6-2）。

表 6-2　人类活动层面指标

二级指标	单项指标
综合压力	人口密度
	常住人口
	人口自然增长率
林业资源经营	林权流转面积

第三，社会建设层面。社会发展很大程度上决定了人类利用森林的方式，本案例将社会建设因素中的城镇建成区面积、完成农村建设投资、中低产林改造面积纳入指标体系、新增林地面积、聘用护林员人数、林业发展资金投入，分别归入环境改造、林业资源维护两个二级指标中（见表6-3）。

表 6-3　社会建设层面指标

二级指标	单项指标
环境改造	城镇建成区面积
	完成农村建设投资
林业资源维护	中低产林改造面积
	新增林地面积
	聘用护林员人数
	林业发展资金投入

　　第四，经济发展层面。经济发展对林业生态安全有两方面影响：一方面，可增加政府的财政收入，使林业发展和生态改善获得更多资金；另一方面，可能会消耗更多林业资源，或是占用更多林地面积，从而对森林生态安全造成消极影响，特别是在发展程度较低的地区，经济发展和生态保护的矛盾尤其尖锐。本案例将经济发展层面中农民人均可支配收入、地方财政总收入、部分具有代表性的林业产品产值或产量、第一产业产值纳入经济发展成果和产业经济两个二级指标当中。林业产品产值包括核桃产值、野生菌产值、松香产品产值、木材加工业产值、桉叶油产值，林业产品产量包括核桃产量、松脂产量等（见表 6-4）。

表 6-4　经济发展层面指标

二级指标	单项指标
经济发展成果	农民人均可支配收入
	地方财政总收入
产业经济	核桃产值或产量
	松脂产量
	野生菌产值或产量
	松香产品产值
	木材加工业产值
	桉叶油产值
	第一产业产值

本案例评价楚雄州民族山区林业生态系统是否安全，主要考虑以下几个方面：第一，当地的林业生态系统中，资源和环境状况相对来说是否变好；第二，自然灾害、人类活动给林业生态带来的负面干扰是否变得更大；第三，当地为了维护林业生态系统安全所采取的措施是否充分；第四，当地的产业发展能否与森林生态互利共生。

2. 林业生态安全指标体系的建立

本案例基于生态安全理论、森林—产业共生关系、可持续发展等理论和方法，考虑到林业生态系统的综合性、研究内容的广泛性和各指标间关系的复杂性，在参考了前人①②所设计的评价指标体系后，结合地区之间不同的社情民情和发展差异，利用前文提到的各项指标建立楚雄州民族山区林业生态安全评价指标体系。通过综合筛选，本案例选取了 27 个单项指标，将其应用于两个模型中。其中正向指标与林业生态安全状况呈正相关性，林业生态安全程度越高，该指标的数值越大；负向指标与林业生态安全状况呈负相关性，对林业生态安全的评价越低，该指标的数值越大。

随着脱贫攻坚工作于 2019 年结束，2020 年全国各地开始全力实施乡村振兴战略，鉴于新冠疫情三年的数据难以收集，因此本案例的时间跨度选择为 2009~2020 年，以突出楚雄州民族山区林业生态安全水平的横向变化。各指标统计的基础数据来源于《楚雄州统计年鉴》《楚雄州国民经济和社会发展统计公报》《楚雄州林业和草原局政府信息公开工作报告》等。楚雄州民族山区林业生态安全评价指标体系如表 6-5、表 6-6 所示。

---

① 王金龙、杨伶、李亚云等：《中国县域森林生态安全指数——基于 5 省 15 个试点县的经验数据》，《生态学报》2016 年第 20 期，第 6636~6645 页。
② 陈晓珍：《基于 P-S-R 模型和灰色预测模型的银川市土地生态安全评价》，《农业科学研究》2018 年第 1 期，第 22~26 页。

表 6-5 基于 ESI-PS 模型的楚雄州林业生态安全评价指标体系

一级指标	二级指标	单项指标	指标属性
A1 林业生态安全压力(P)	B1 综合压力	C_1 人口密度(人/平方千米)	－
		C_2 常住人口(万人)	－
		C_3 人口自然增长率(‰)	－
	B2 环境改造	C_4 城镇建成区面积(平方千米)	－
		C_5 完成农村建设投资(万元)	＋
	B3 林业资源维护	C_6 聘用护林员人数(人)	＋
		C_7 林业发展资金投入(亿元)	＋
		C_8 新增林地面积(万亩)	＋
		C_9 中低产林改造面积(万亩)	＋
	B4 自然灾害	C_{10} 森林病虫害发生面积(万亩)	－
		C_{11} 森林火灾发生面积(公顷)	－/＋ (7年内/7年前)
	B5 经济发展成果	C_{12} 农民人均可支配收入(万元)	＋
		C_{13} 地方财政总收入(亿元)	＋
A2 林业生态安全状态(S)	B6 林业资源经营	C_{14} 林权流转面积(公顷)	＋
	B7 气候条件	C_{15} 年降水量	＋
		C_{16} 年平均气温	＋
	B8 林业资源	C_{17} 森林覆盖率(%)	＋
		C_{18} 林木蓄积量	＋
	B9 产业经济	C_{19} 核桃产量	＋
		C_{20} 松脂产量	－
		C_{21} 野生菌产量	＋
		C_{22} 核桃产值	＋
		C_{23} 松香产品产值	＋
		C_{24} 野生菌产值	＋
		C_{25} 木材加工业产值	＋
		C_{26} 桉叶油产值	＋
		C_{27} 第一产业产值(亿元)	＋

表 6-6 基于 DSR 模型的楚雄州林业生态安全评价指标体系

一级指标	二级指标	单项指标	指标属性
A1 驱动力(D)	B1 产业兴旺	C_1 农民人均可支配收入(万元)	+
		C_2 地方财政总收入(亿元)	+
		C_3 第一产业产值(亿元)	+
	B2 生态宜居	C_4 森林覆盖率(%)	+
		C_5 城镇建成区面积(平方千米)	−
		C_6 完成农村建设投资(万元)	+
	B3 自然灾害	C_7 森林病虫害发生面积(万亩)	−
		C_8 森林火灾发生面积(公顷)	−/+ (7 年内/7 年前)
	B4 综合压力	C_9 人口密度(人/平方千米)	−
		C_{10} 常住人口(万人)	−
		C_{11} 人口自然增长率(‰)	−
A2 状态(S)	B5 林业资源经营	C_{12} 林权流转面积(公顷)	+
	B6 林业资源	C_{13} 林木蓄积量	+
	B7 产业经济	C_{14} 核桃产量	+
		C_{15} 松脂产量	−
		C_{16} 野生菌产量	+
		C_{17} 核桃产值	+
		C_{18} 松香产品产值	+
		C_{19} 野生菌产值	+
		C_{20} 木材加工业产值	+
		C_{21} 桉叶油产值	+
	B8 气候条件	C_{22} 年降水量(mm)	+
		C_{23} 年平均气温(℃)	+
A3 响应(R)	B9 林业资源维护	C_{24} 新增林地面积(万亩)	+
		C_{25} 中低产林改造面积(万亩)	+
		C_{26} 林业发展资金投入(亿元)	+
		C_{27} 聘用护林员人数(人)	+

ESI-PS 模型指标体系各单项指标含义如下。

C_1人口密度表示楚雄州每平方千米内的人口数量。人口密度越大,林业生态可能受到的压力就越大。

C_2常住人口表示楚雄州内常住人口数量。常住人口越多,环境承载的压力就越大，对森林生态安全的危害可能就越大。

C_3人口自然增长率表示一年内，人口自然增加数量与同时期人口数量之比。人口自然增长率越高，环境潜在的压力也就越大。

C_4城镇建成区面积表示行政区范围内经过征收的土地和实际建设发展起来的非农业生产建设地段，具有基本完善的市政公用设施的城市建设用地。城镇建成区面积越大，对林业生态安全的威胁就越大。

C_5完成农村建设投资是指政府投入农村各方面建设的资金。农业建设资金投入得越多，对缓解林业生态的压力作用越明显。

C_6聘用护林员人数越多，人均管理森林的面积就越小，管理也就越细致，因此护林员人数越多，对林业生态安全起到的积极作用越大。

C_7林业发展资金投入是指政府机构为当地林业的建设发展投入的资金。在资金合理利用的情况下投入资金越多，对林业生态安全越有利，取得的成效越显著。

C_8新增林地面积越大，表明当地森林面积越大，当地对林业的投入也越大，森林生态系统越稳定，对林业生态安全越有利。

C_9中低产林改造面积越大，则森林质量提升得越多，林业生态安全程度越高。

C_{10}森林病虫害发生面积对森林健康影响较大。森林病虫害发生面积越大，对林业生态安全造成的负面影响就越大。

C_{11}森林火灾发生面积对林业生态的影响是双重的。本研究参考前人[1]的研究成果，将 7 年前的森林火灾发生面积定为正指标，7 年内的为负指标。

C_{12}农民人均可支配收入表示当地农民的收入情况。一般来说，农民人均可支配收入的增加对林业生态安全具有促进作用。

C_{13}地方财政总收入为地方财政收入和上划中央收入的总和。地方财政总收入越多，用于林业发展建设的资金就越多，对林业生态安全就越有利。

C_{14}林权流转面积是指林地的使用权被转让面积。与传统管理相比，林

---

① 吴超、徐伟恒、肖池伟等：《滇中地区典型火烧迹地恢复率动态变化及其影响因子》《资源科学》2021 年第 12 期，第 2465~2474 页。

地流转后能产生更多的收益，能间接对林业生态安全产生促进作用。

C_{15}年降水量表示在研究区域内，一年中每个月平均降水量的总和。在不引起洪涝灾害的前提下，充沛的降水是十分有利于森林的生长的。

C_{16}年平均气温表示在研究区域内，一年中每个月的平均气温的算术平均值。在降水充沛的前提下，温度较高的地区，林业生态状况更好。

C_{17}森林覆盖率表示森林面积占区域面积的比重。森林覆盖率越高，林业生态系统安全状态越好。

C_{18}林木蓄积量表示楚雄州内全境林地中活立木的材积总量。该数值越大，表示森林生产水平和森林质量越高，林业生态安全状况越好。

C_{19}表示楚雄州当年度核桃产量。该数值越大，表示楚雄州森林生产量越高，林业生态安全状况越好。

C_{20}表示楚雄州当年度松脂产量，获取松脂会对松树造成极大的不可逆伤害，因此该数值越大，表示林业生态安全水平越差。

C_{21}表示楚雄州当年度野生菌产量。该数值越大，表示林产品产量越高，林业生态安全状况越好。

C_{22}表示楚雄州当年度核桃产值。该数值越大，表示对林业生态越有利。

C_{23}表示楚雄州当年度松香产品产值。在松脂产量不增加的前提下，该数值越大，表示当地林业生态状况越好。

C_{24}表示楚雄州当年度野生菌产值。该数值越大，表示林业生态安全状况越好。

C_{25}表示楚雄州当年度木材加工业产值。该数值越大，表示林业生态安全状况越好。

C_{26}表示楚雄州当年度桉叶油产值。该数值越大，表示管理更高效，立地条件更好，林业生态安全状况更好。

C_{27}第一产业产值表示当年内所有第一产业生产的最终产品和第一产业生产产品的劳务活动的总价值量。第一产业产值的增加对林业生态安全具有促进作用。

DSR 模型指标体系各指标内涵释义如下。

DSR 模型中的单项指标内容与 ESI-PS 模型指标体系相同，含义不变，但由于模型框架发生了变化，因此在前一个指标体系的基础上对部分单项指标所属的一、二级指标以及顺序作了适当调整，将部分压力指标归入驱动力指标当中，并根据乡村振兴战略促进山区产业发展的总体要求，新增了产业兴旺、生态宜居两个二级指标。将前一指标体系中的 B_5 指标和 C_{27} 指标并入产业兴旺指标，将 B_2 指标并入生态宜居指标，将 A_1 分别归入驱动力和响应两个一级指标中。

3. 林业生态安全指标体系计算结果

（1）ESI-PS 框架模型各指标标准化数值

各评价指标体系中单项指标标准化后的数值如表 6-7 所示。

表 6-7　ESI-PS 框架模型各单项指标标准化后的数值

单项指标	2009 年	2010 年	2011 年	2014 年	2016 年	2017 年	2018 年	2019 年	2020 年
人口密度 C_1	0.9985	0.9319	0.9763	1.0000	0.1109	0.0666	0.0444	0	1.0000
常住人口 C_2	0.3907	1.0000	0.3633	0.1663	0.07481	0.0333		0.7282	1.0000
人口自然增长率 C_3	0.5000	1.0000	0.2843	0.3775	0.0316	0.1814	0.1765	0	1.0000
城镇建成区面积 C_4	—	1.0000	0.99834	—	0.3468	0.2259	0.1763	0	—
完成农村建设投资 C_5	0.1103	0.0817	0.3068	0	1.0000	0.4267	0.2367	0.1670	—
聘用护林员人数 C_6	0	0.8409	—	0.3834	0.5031	—	1.0000	0.4272	1.0000
林业发展资金投入 C_7	0.0019	0.2267	0	0.0271	1.0000	0.7645	0.5541	0.0976	0.0286
新增林地面积 C_8	0.2908	0.2552	1.0000	0.0427	0.0619	0	0.6991	0.0165	0.1673
中低产林改造面积 C_9		0.2579	1.0000	0.3506	0.4508		0		
森林病虫害发生面积 C_{10}	—	—	0.5625	0	0.2042	0.7125	1.0000	0.6583	0
森林火灾发生面积 C_{11}	0.7378	0.8572	0.0046	1.0000	0.9586	1.0000	0.5693	0.4454	0.8970

续表

单项指标	2009 年	2010 年	2011 年	2014 年	2016 年	2017 年	2018 年	2019 年	2020 年
农民人均可支配收入 C_{12}	0	0.0453	0.1312	0.4773	0.6667	0.7682	0.8792	1.0000	1.0000
地方财政总收入 C_{13}	0	0.1146	0.2593	0.6947	0.7164	0.8338	0.8821	1.0000	1.0000
林权流转面积 C_{14}	0	0.0516	0.4048	0.7923	0.8837	1.0000	0.8396	0.916	—
年降水量 C_{15}	0	0.2303	0	0.4121	1.0000	0.6277	0.4937	0.1856	—
年平均气温 C_{16}	0.3571	0.6429	0	0.7143	0.3571	0	0.1929	1.0000	0.2388
森林覆盖率 C_{17}	0	1.0000	0.1111	0.1099	0.3185	0.3185	0.3426	0.4512	0.7143
林木蓄积量 C_{18}	0	—	0	0.3002	0.7067	—	—	1.0000	0.5747
核桃产量 C_{19}	0	0.0286	0.1328	0.6838	0.6775	0.8064	0.9147	1.0000	1.0000
松脂产量 C_{20}	0.5776	0.03136	0	0.6378	0.9421	0.9602	0.9794	1.0000	1.0000
野生菌产量 C_{21}	0	0.0140	0.0369	0.5810	0.3374	0.4150	1.0000	0.4939	0.5360
核桃产值 C_{22}	0	0.0011	0.0649	0.2465	0.5350	0.7109	1.0000	0.5015	—
松香产品产值 C_{23}	0	0.6670	1.0000	0.5082	0.6808	0.7150	0.6213	0.4194	—
野生菌产值 C_{24}	0.0347	0	0.1166	0.5095	0.3805	0.5906	0.9793	1.0000	—
木材加工业产值 C_{25}	0	0.0166	0.4587	0.5031	0.7344	1.0000	0.9626	0.9759	—
桉叶油产值 C_{26}	0	0.040	0.2406	0.2672	0.4020	0.4939	0.7035	1.0000	—
第一产业产值 C_{27}	0	0.0617	0.1842	0.5317	0.6497	0.7131	0.1840	1.0000	—

注：一表示缺少该项统计数据，下同。

资料来源：《楚雄州统计年鉴》《楚雄州国民经济和社会发展公报》。

（2）ESI-PS 框架模型各单项指标权重

如前文所述，本研究采用专家评价法与熵权法相结合的方式对单项指标进行赋权。经计算，结果如表 6-8 所示（以 ESI-PS 框架模型为例）。

表 6-8　专家评价权重

一级指标	二级指标	单项指标	专家评价法权重
A₁ 林业生态安全压力（P）	B₁ 综合压力	C_1 人口密度	0.3333
		C_2 常住人口	0.2500
		C_3 人口自然增长率	0.1577
	B₂ 环境改造	C_4 城镇建成区面积	0.1667
		C_5 完成农村建设投资	0.5833

续表

一级指标	二级指标	单项指标	专家评价法权重
A₁ 林业生态安全压力(P)	B₃ 林业资源维护	C₆聘用护林员人数	0.3750
		C₇林业发展资金投入	0.6251
		C₈新增林地面积	0.2917
		C₉中低产林改造面积	0.3032
	B₄ 自然灾害	C₁₀森林病虫害发生面积	0.4583
		C₁₁森林火灾发生面积	0.7504
	B₅ 经济发展成果	C₁₂农民人均可支配收入	0.1708
		C₁₃地方财政总收入	0.4166
A₂ 林业生态安全状态(S)	B₆ 林业资源经营	C₁₄林权流转面积	0.5389
	B₇ 气候条件	C₁₅年降水量	0.6250
		C₁₆年平均气温	0.4405
	B₈ 林业资源	C₁₇森林覆盖率	0.4167
		C₁₈林木蓄积量	0.4584
	B₉ 产业经济	C₁₉核桃产量	0.3752
		C₂₀松脂产量	0
		C₂₁野生菌产量	0.6167
		C₂₂核桃产值	0.4303
		C₂₃松香产品产值	0.1607
		C₂₄野生菌产值	0.6066
		C₂₅木材加工业产值	0.4173
		C₂₆桉叶油产值	0.5294
		C₂₇第一产业产值	0.2083

使用熵权法计算各单项指标权重如表 6-9 所示。

表 6-9　各单项指标熵权法权重

一级指标	二级指标	单项指标	熵权法权重
A₁ 林业生态安全压力(P)	B₁ 综合压力	C₁人口密度	0.0549
		C₂常住人口	0.0321
		C₃人口自然增长率	0.0285
	B₂ 环境改造	C₄城镇建成区面积	0.0455
		C₅完成农村建设投资	0.0372

续表

一级指标	二级指标	单项指标	熵权法权重
A₁ 林业生态安全压力(P)	B₃ 林业资源维护	C₆聘用护林员人数	0.0352
		C₇林业发展资金投入	0.0419
		C₈新增林地面积	0.0425
		C₉中低产林改造面积	0.0737
	B₄ 自然灾害	C₁₀森林病虫害发生面积	0.0482
		C₁₁森林火灾发生面积	0.0493
	B₅ 经济发展成果	C₁₂农民人均可支配收入	0.0235
		C₁₃地方财政总收入	0.0365
A₂ 林业生态安全状态(S)	B₆ 林业资源经营	C₁₄林权流转面积	0.0181
	B₇ 气候条件	C₁₅年降水量	0.0461
		C₁₆年平均气温	0.0461
	B₈ 林业资源	C₁₇森林覆盖率	0.0321
		C₁₈林木蓄积量	0.0710
	B₉ 产业经济	C₁₉核桃产量	0.0236
		C₂₀松脂产量	0.0184
		C₂₁野生菌产量	0.0308
		C₂₂核桃产值	0.0315
		C₂₃松香产品产值	0.0108
		C₂₄野生菌产值	0.0262
		C₂₅木材加工业产值	0.0204
		C₂₆桉叶油产值	0.0237
		C₂₇第一产业产值	0.0247

　　综合权重取专家评价法和熵权法权重的平均值,作为最终的指标评价权重,结果如表6-10所示。

表6-10　各单项指标综合权重

一级指标	二级指标	单项指标	综合权重
A₁ 林业生态安全压力(P)	B₁ 综合压力	C₁人口密度	0.1941
		C₂常住人口	0.1411
		C₃人口自然增长率	0.0931
	B₂ 环境改造	C₄城镇建成区面积	0.1061
		C₅完成农村建设投资	0.3103

续表

一级指标	二级指标	单项指标	综合权重
A₁ 林业生态安全压力（P）	B₃ 林业资源维护	C₆聘用护林员人数	0.2051
		C₇林业发展资金投入	0.3335
		C₈新增林地面积	0.1671
		C₉中低产林改造面积	0.18845
	B₄ 自然灾害	C₁₀森林病虫害发生面积	0.2533
		C₁₁森林火灾发生面积	0.3999
	B₅ 经济发展成果	C₁₂农民人均可支配收入	0.0972
		C₁₃地方财政总收入	0.2266
A₂ 林业生态安全状态（S）	B₆ 林业资源经营	C₁₄林权流转面积	0.2785
	B₇ 气候条件	C₁₅年降水量	0.3356
		C₁₆年平均气温	0.2433
	B₈ 林业资源	C₁₇森林覆盖率	0.2244
		C₁₈林木蓄积量	0.2642
	B₉ 产业经济	C₁₉核桃产量	0.1994
		C₂₀松脂产量	0.0092
		C₂₁野生菌产量	0.3238
		C₂₂核桃产值	0.2309
		C₂₃松香产品产值	0.0856
		C₂₄野生菌产值	0.3164
		C₂₅木材加工业产值	0.2189
		C₂₆桉叶油产值	0.2766
		C₂₇第一产业产值	0.1165

4. 楚雄州林业生态安全评价结果与分析

（1）ESI-PS 框架模型计算结果如下，通过计算得出的林业生态安全压力指数如表 6-11 所示。

表 6-11　林业生态安全压力指数

单项指标	林业生态安全压力指数								
	2009 年	2010 年	2011 年	2014 年	2016 年	2017 年	2018 年	2019 年	2020 年
C₁人口密度	0.1938	0.1809	0.1895	0.1941	0.0215	0.0129	0.0086	0	0.1941
C₂常住人口	0.0551	0.1411	0.0512	0.0235	0.0106	0.0047	0	0.1027	0.1411

续表

单项指标	林业生态安全压力指数								
	2009 年	2010 年	2011 年	2014 年	2016 年	2017 年	2018 年	2019 年	2020 年
C_3 人口自然增长率	0.0465	0.0931	0.0265	0.0351	0.0029	0.0169	0.0164	0	0.0931
C_4 城镇建成区面积	—	0.1061	0.1059	—	0.0368	0.0240	0.0187	0	0
C_5 完成农村建设投资	0.0342	0.0253	0.0952	0	0.3103	0.1324	0.0734	0.0518	0
C_6 聘用护林员人数	0	0.1725	—	0.0786	0.1032	—	0.2051	0.0876	0.2051
C_7 林业发展资金投入	0.0006	0.0756	0	0.0090	0.3335	0.2550	0.1848	0.0326	0.0095
C_8 新增林地面积	0.0486	0.0426	0.1671	0.0071	0.0103	0	0.1168	0.0028	0.0280
C_9 中低产林改造面积	—	0.0486	0.1885	0.0661	0.0850	—	0	—	—
C_{10} 森林病虫害发生面积	—	—	0.1425	0	0.0517	0.1804	0.2533	0.1667	0
C_{11} 森林火灾发生面积	0.2950	0.3428	0.0018	0.3999	0.3830	0.3999	0.2276	0.1781	0.3587
C_{12} 农民人均可支配收入	0	0.0044	0.0127	0.0464	0.0648	0.0746	0.0854	0.0972	0.0972
C_{13} 地方财政总收入	0	0.0260	0.0587	0.1574	0.1623	0.1889	0.1998	0.2266	0.2266

通过计算得出的林业生态安全状态指数如表 6-12 所示。

表 6-12 林业生态安全状态指数

单项指标	林业生态安全状态指数								
	2009 年	2010 年	2011 年	2014 年	2016 年	2017 年	2018 年	2019 年	2020 年
C_{14} 林权流转面积	0	0.0144	0.1127	0.2207	0.2461	0.2785	0.2338	0.2551	0.0000
C_{15} 年降水量	0	0.0773	0	0.1383	0.3356	0.2106	0.1657	0.0623	0.0801
C_{16} 年平均气温	0.0869	0.1564	0.0000	0.1738	0.0869	0	0.0469	0.2433	0.1738
C_{17} 森林覆盖率	0	0.2244	0.0249	0.0247	0.0715	0.0715	0.0769	0.1012	0.1289

续表

单项指标	林业生态安全状态指数								
	2009 年	2010 年	2011 年	2014 年	2016 年	2017 年	2018 年	2019 年	2020 年
C_{18} 林木蓄积量	0	—	0	0.0793	0.1867	—	—	0.2642	0.2642
C_{19} 核桃产量	0	0.0057	0.0265	0.1363	0.1351	0.1608	0.1824	0.1994	0.1994
C_{20} 松脂产量	0.0053	0.0003	0.0000	0.0059	0.0087	0.0088	0.0090	0.0092	0.0092
C_{21} 野生菌产量	0	0.0045	0.0119	0.1881	0.1092	0.1344	0.3238	0.1599	0.1735
C_{22} 核桃产值	0	0.0003	0.0150	0.0569	0.1235	0.1641	0.2309	0.1158	—
C_{23} 松香产品产值	0	0.0572	0.0858	0.0436	0.0584	0.0613	0.0533	0.0360	
C_{24} 野生菌产值	0.0110	0.0000	0.0369	0.1612	0.1204	0.1869	0.3099	0.3164	—
C_{25} 木材加工业产值	0	0.0036	0.1004	0.1101	0.1607	0.2189	0.2107	0.2136	—
C_{26} 桉叶油产值	0	0.0111	0.0665	0.0739	0.1112	0.1366	0.1946	0.2766	—
C_{27} 第一产业产值	0	0.0072	0.0215	0.0619	0.0757	0.0831	0.0214	0.1165	0.0859

最终，ESI-PS 框架模型下的林业生态安全各指标综合评价结果如表 6-13 所示。

表 6-13　基于 ESI-PS 模型的楚雄州林业生态安全综合评价结果

年份	压力（EPI）	状态（ECI）	综合评价结果（ESI）
2009	0.3261	0.1032	0.2637
2010	0.2589	0.5623	0.8413
2011	0.0396	0.5021	0.7225
2014	0.0172	1.4747	1.2247
2016	0.5761	1.8296	1.6982
2017	0.2896	1.7154	1.4874
2018	0.3900	2.0591	1.6918
2019	0.0540	2.3694	1.4971

注：新冠疫情给楚雄州的产业发展和生态建设造成了较大阻碍，受疫情影响，自 2020 年起的楚雄州部分经济社会发展指标统计数据难以获取，导致 2020 年的重要数据缺失较多，因此为了保证评价结果的有效性，在计算林业生态安全综合评价指数时，2020 年的评价结果不计算在内。

（2）DSR 框架模型计算结果。该模型作为对照组使用的单项指标和标准化数值均与前一模型相同，因此直接计算各指标指数。其中林业生态安全驱动力单项指标指数如表 6-14 所示。

表 6-14　林业生态安全驱动力单项指标指数

单项指标	林业生态安全驱动力单项指标指数								
	2009 年	2010 年	2011 年	2014 年	2016 年	2017 年	2018 年	2019 年	2020 年
C_1 农民人均可支配收入	0.0000	0.0044	0.0127	0.0464	0.0648	0.0746	0.0854	0.0972	0.0972
C_2 地方财政总收入	0.0000	0.0260	0.0587	0.1574	0.1623	0.1889	0.1998	0.2266	0.2266
C_3 第一产业产值	0.0000	0.0072	0.0215	0.0619	0.0757	0.0831	0.0214	0.1165	0.0859
C_4 森林覆盖率	0.0000	0.2244	0.0249	0.0247	0.0715	0.0715	0.0769	0.1012	0.1289
C_5 城镇建成区面积	0	0.1061	0.1059	—	0.0368	0.0240	0.0187	0	
C_6 完成农村建设投资	0.0342	0.0253	0.0952	0	0.3103	0.1324	0.0734	0.0518	
C_7 森林病虫害发生面积	0	0	0.1425	0	0.0517	0.1804	0.2533	0.1667	0
C_8 森林火灾发生面积	0.2950	0.3428	0.0018	0.3999	0.3833	0.3999	0.2276	0.1781	0.3587
C_9 人口密度	0.1938	0.1809	0.1895	0.1941	0.02153	0.0129	0.0086	0	0.1941
C_{10} 常住人口	0.0551	0.1411	0.0512	0.0235	0.0106	0.0047	0	0.1027	0.1411
C_{11} 人口自然增长率	0.0466	0.0931	0.0265	0.0351	0.0029	0.0169	0.0164	0	0.0931

林业生态安全状态单项指标指数如表 6-15 所示。

表 6-15　林业生态安全状态单项指标指数

单项指标	林业生态安全状态单项指标指数								
	2009 年	2010 年	2011 年	2014 年	2016 年	2017 年	2018 年	2019 年	2020 年
C_{12} 林权流转面积	0	0.0144	0.1127	0.2207	0.2461	0.2785	0.2338	0.2551	0
C_{13} 林木蓄积量	0	0.0000	0.0000	0.0793	0.1867	—		0.2642	0.2642
C_{14} 核桃产量	0	0.0057	0.0265	0.1363	0.1351	0.1608	0.1824	0.1994	0.1994
C_{15} 松脂产量	0.0053	0.0003	0.0000	0.0059	0.0087	0.0088	0.0090	0.0092	0.0092
C_{16} 野生菌产量	0	0.0045	0.0119	0.1881	0.1092	0.1344	0.3238	0.1599	0.1735
C_{17} 核桃产值	0	0.0003	0.0150	0.0569	0.1235	0.1641	0.2309	0.1158	—
C_{18} 松香产品产值	0	0.0572	0.0858	0.0436	0.0584	0.0613	0.0533	0.0360	—

单项指标	林业生态安全状态单项指标指数								
	2009 年	2010 年	2011 年	2014 年	2016 年	2017 年	2018 年	2019 年	2020 年
C_{19} 野生菌产值	0.0110	0	0.0369	0.1612	0.1204	0.1869	0.3099	0.3164	—
C_{20} 木材加工业产值	0	0.0036	0.1004	0.1101	0.1607	0.2189	0.2107	0.2136	—
C_{21} 桉叶油产值	0	0.0111	0.0665	0.0739	0.1112	0.1366	0.1946	0.2766	—
C_{22} 年降水量	0	0.0773	0.0000	0.1383	0.3356	0.2106	0.1657	0.0623	0.0801
C_{23} 年平均气温	0.0869	0.1564	0.0000	0.1738	0.0869	0.0000	0.0469	0.2433	0.1738

林业生态安全响应单项指标指数如表 6-16。

表 6-16 林业生态安全响应单项指标指数

单项指标	林业生态安全响应单项指标指数								
	2009	2010	2011	2014	2016	2017	2018	2019	2020
C_{24} 新增林地面积	0.0486	0.0426	0.1671	0.0071	0.0103	0	0.1168	0.0028	—
C_{25} 中低产林改造面积	0	0.0486	0.1885	0.0661	0.0850		0	—	—
C_{26} 林业发展资金投入	0.0006	0.0756	0	0.0090	0.3335	0.2550	0.1848	0.0326	0.0095
C_{27} 聘用护林员人数	0	0.1725	—	0.0786	0.1032	—	0.2051	0.0876	0.2051

DSR 框架模型下林业生态安全评价指标体系最终评价结果如表 6-17 所示。

表 6-17 DSR 框架模型下林业生态安全指数

年份	驱动力（D）	状态（S）	响应（R）	林业生态安全指数（DSR）
2009	0.3753	0.1032	0.0492	0.3086
2010	-0.1513	0.3308	0.3393	0.8783
2011	0.2696	0.4557	0.3556	0.7698
2014	0.0570	1.3881	0.1608	1.2086

年份	驱动力（D）	状态（S）	响应（R）	林业生态安全指数（DSR）
2016	−0.1914	1.6825	0.5320	1.6243
2017	−0.1893	1.5609	0.2550	1.4696
2018	0.0185	1.9610	0.5067	1.5563
2019	−0.0408	2.1518	0.1230	1.5387

5. 楚雄州林业生态安全变化趋势分析

（1）目前不同研究对于林业生态安全的评价等级暂没有固定的标准，为了与第五章中的综合评价等级进行对应并有所区别，本案例将楚雄州的安全等级由不安全向安全发展的阶段划分为恶劣级、风险级、敏感级、良好级和安全级五个等级，划分标准如表6-18、表6-19所示。

表 6-18　基于 ESI-PS 框架模型的林业生态安全等级划分

林业生态安全指数	安全等级
≤0.8000	恶劣级
（0.8000,1.2000]	风险级
（1.2000,1.4000]	敏感级
（1.4000,1.6000]	良好级
>1.6000	安全级

表 6-19　基于 DSR 框架模型的林业生态安全标准划分

林业生态安全指数	安全等级
≤0.8000	恶劣级
（0.8000,1.0000]	风险级
（1.0000,1.3000]	敏感级
（1.3000,1.5000]	良好级
>1.5000	安全级

（2）两种框架模型得出的结果趋势分别如下。由 ESI-PS 框架模型得出的评价结果如图6-1所示。

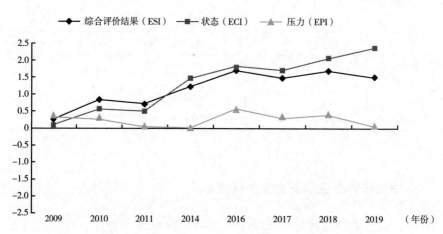

图 6-1 楚雄州民族山区林业生态安全指数结果比较（ESI-PS）

由 DSR 框架模型评价结果如图 6-2 所示。

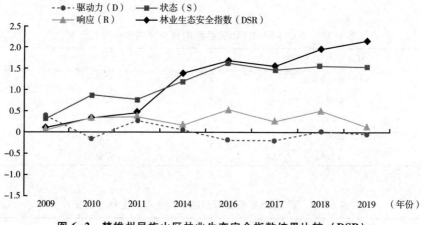

图 6-2 楚雄州民族山区林业生态安全指数结果比较（DSR）

（3）通过上述分析可以看出，近 11 年间，2009 年、2011 年楚雄州林业生态安全为恶劣级，2010 年处于风险级，2014 年处于敏感级，也是生态安全改善的转折点，2016 年、2018 年为安全级，2017 年、2019 年为良好级。

2009 年和 2011 年虽然压力指数不断减小，但生态安全状态指数也在降低。其原因可能是 2010～2011 年云南省遭遇极端干旱天气，对生态环境造成了较大的不良影响。除年降水量显著下降造成的影响外，2009年和2011年楚雄州自然气候还表现出年平均气温较低，林业发展资金投入减少，导致森林蓄积量下降。而这四个指标在评价指标体系中占有较大权重，因此林业生态安全综合指数较低，生态安全水平为恶劣级。2010年，压力指数下降，状态指数和综合指数上升，主要原因是当年楚雄州降水量增多、年平均气温较高，聘用护林员人数增加，林业发展资金投入增多，并且从当年起全州开始严厉打击松脂的非法采集活动，所以林业生态安全水平由恶劣级上升为风险级。2014年楚雄州年平均气温达到历年来较高水平，降水量与2009~2011年相比有显著增加，野生菌产量较高，但森林火灾受灾面积较大，对林业生态安全造成较大影响，随着压力指数进一步下降，状态指数和综合指数大幅上升，当年林业生态安全水平上升为敏感级。

2016年和2018年压力指数、状态指数和综合指数同步上升，其中2016年森林火灾发生面积较大，因此压力指数上升，但人口自然增长率为历年来最低，降水量、完成农村建设投资和林业发展资金投入达历年来最高，森林病虫害发生面积较小。2015年中共中央、国务院印发了《党政领导干部生态环境损害责任追究办法（试行）》，11月国务院颁布了《中共中央 国务院关于打赢脱贫攻坚战的决定》，在一系列政策和法规的支持下社会对于林业生态的重视程度显著提高，对农林产业的建设投入显著增加，因此状态指数大幅上升；2018年虽然森林病虫害发生面积达到历年来最高，但与此同时核桃产业产值为历年来最高，聘用护林员人数为历年来最多，常住人口为历年来最低，因此，2016年和2018年楚雄山区林业生态安全上升为安全级。2017年压力指数、状态指数和综合指数同步下降，2019年压力指数和综合指数同步下降，状态指数则大幅上升。其中，2017年虽然森林火灾和病虫害发生面积较大，但林权流转面积为历年最多，年降水量和林业发展资金投入皆处于历年来较高水平；2019年聘用护林员人数和林业发展资金投入较少，森林火灾和病虫害发生面积较前一年有较大减少，因此压力指数降低；当年年平均气温达到历年来最高，林权流转面积较多，随着生态文明建设的不断深入和乡村振兴工作的不断推进，一些正向指标数据逐年提升，林业生态安全状态指数保持了较大的增长惯性，林业生态安全水平维持在稳定的水平上。

整体而言，楚雄州山区林业生态安全状态正在不断上升，压力值开始逐渐减小，但楚雄州山区林业生态安全依然面临诸多挑战，安全水平还存在较大的上升空间，需要付出更多的努力。

三　基于林业与产业共生的林业生态安全评价

——保山市昌宁县案例

（一）林业、产业共生林业生态安全评价的意义

县域作为我国经济发展和社会治理的基本单元，既是涵盖不同民族、连接城乡、承上启下、沟通条块的枢纽，也是开展生态环境治理、筑牢城乡生态屏障和实施生态文明建设的重要场域①。县域生态安全对维护地区整体生态安全、促进地方管理决策和政策落地实施起到关键作用。因此，以县域单元进行的林业生态安全评价在指标选取、结果判定和生态安全成因分析上也更具针对性和准确性。

我国林业产业发展相对于发达国家起步较晚，在林业资源开发利用、森林经营管理理念方面存在一定滞后性，尤其是在西南山区，林业在综合开发中的巨大潜力和优势未能充分发挥，且随着经济社会不断发展，林业产业对森林资源的需求量不断增加，生态系统收到的负面反馈逐渐超过自身调节能力，人类社会活动对生态系统造成的威胁成为林业生态安全评价的关键性因素。一直以来，传统的林业生态安全评价大多只考虑单纯的自然生态系统问题，即林业生态本身的安全状况，忽视了产业发展等生态安全问题的"成因"，存在"就生态论生态"的局限；而林业生态—产业共生

---

① 李伊彤、荣丽华、李文龙等：《生态重要性视角下东北林区县域生态安全格局研究——以呼伦贝尔市阿荣旗为例》，《干旱区地理》2022 年第 5 期，第 1615~1625 页。

关系理念，将森林生态系统和林业产业看作一个有机整体，从林业生态—产业复合系统的相互作用关系来审视林业生态安全和产业生态安全的整体水平，充分体现了生态安全中自然生态和社会经济生态的复合关系①。所以，以林业生态-产业共生视角为切入点进行林业生态安全评价，论证西南山区森林资源经营管理的可持续性更符合当前"两山"理论指导下的绿色发展与乡村振兴的协同路径探索。为此，本案例选取了具有林业产业发展代表性的云南省昌宁县作为研究对象，以生态—产业共生角度对其展开林业生态安全评价，分析安全成因并提出针对性的发展建议，以进一步缓解山区由于生产生活条件制约而依托现有资源进行粗放开发导致的技术规模有限、产业链建设不足、整体利用效率偏低、资源浪费严重、需求及产出比例严重失调等问题，使当地林业产业在向培育资源、多元化集约化经营转变的同时，促进林业产业和林业生态的协调可持续发展。

（二）昌宁县林业的基本概况

昌宁县位于云南省西部，为大理、临沧、保山三州市的结合地带，土地面积为 3888 平方公里，其中山区面积占 97%。有汉、回、苗、彝、傣等 7 个世居民族，总人口为 35.5 万人，少数民族总人口为 4.26 万人，占全县总人口的 12.07%。昌宁县是云南省重点林区县之一，辖区内林业资源丰富，林业产业发展潜力较大。全县森林总面积为 238758.3 公顷，森林覆盖率为 69.30%，高于全省平均水平；活立木总蓄积量为 1938 万立方米，林业产值为 48.6 亿元；现有 6 个国有（国社合作）林场，经营总面积为 62634.7 公顷。

得益于资源及交通区位优势，近年来昌宁县形成了以低热河谷地区为代表的粮食、蔗糖、蔬菜、水果、香料烟产业带；以温热地区为代表的茶叶、泡核桃产业带；以温凉地区为代表的中药材、经济林木产业带和茶、林、畜、果蔬、中药材五大产业群，先后被列为中国优质红茶示范县、全国十大生态产茶县、全国首批命名"中国名特优经济林核桃之乡"、全省重

---

① 张智光：《基于生态—产业共生关系的林业生态安全测度方法构想》，《生态学报》2013 年第 4 期，第 1326~1336 页。

点核桃生产基地县和全省第一批高原特色农业示范县。全县用于发展林下经济的林地总面积达 175.23 万亩，从业人员 12.7 万人，农民人均林业产业收入达 7000 余元，林业产业成为昌宁县面积最大、覆盖范围最广、受益群众最多的传统支柱产业。

（三）研究方法

本研究运用前人建立的森林生态—林业产业复合系统的 L-V 共生模型，构建了体现生态—产业复合系统特性的"压力—状态—影响—响应"指标体系，结合林业 L-V 共生模型中的生态水平、产业水平、环境容量三大基本指数以及共生受力指数、共生度指数两大特征指数，客观分析昌宁县的林业生态安全状况。利用双特征动态判断矩阵，实现生态安全级别及预警级别判定，为昌宁县的林业生态安全建设决策提供参考依据。

1. 林业生态安全测度的 L-V 共生模型[①]

传统的逻辑斯蒂方程模型是用于描述生物种群在有限资源空间中生长动态的数学模型。Lotka 和 Volterra 在原有逻辑斯蒂方程模型的基础上进一步提出了两物种种群的种间共生关系的微分方程动态系统 L-V 共生模型。该模型的基本形式如下：

$$\frac{D N_1}{dt} = r_1 N_1(t) \frac{K_1 - N_1(t) - \alpha N_1(t)}{K_1} \tag{6-12}$$

$$\frac{D N_2(t)}{dt} = r_2 N_2(t) \frac{K_2 - N_2(t) - \beta N_2(t)}{K_2} \tag{6-13}$$

式中，N_1、N_2 表示两物种的种群数量；K_1、K_2 表示两物种的环境容纳量；r_1、r_2 表示两物种的种群增长率；α 表示物种 2 对物种 1 的竞争系数，即每 N_2 个体所占用的空间相当于 α 个 N_1 个体所占用空间；β 表示物种 1 对物

---

① 张智光：《林业生态安全的共生耦合测度模型与判据》，《中国人口·资源与环境》2014 年第 8 期，第 90~99 页。

种 2 的竞争系数，即每 N_1 个体所占用的空间相当于 β 个 N_2 个体所占用的空间。由于两物种竞争过程中，K_1、K_2（环境容纳量）以及 α、β（竞争系数）数值的不同，会产生不同的相互抑制结果，二者存在不同的共生关系，即种群数量发生改变。

在 L-V 共生模型原理的基础上，针对林业生态—林业产业复合系统中二者的共生关系，使用林业生态—产业复合系统共生关系的动态系统模型来描述林业生态子系统、林业产业子系统的竞争合作关系：

$$\frac{dI(t)}{dt} = r_1(k)I(t)\frac{C(k) - I(t) - \alpha(k)E(t)}{C(t)} \tag{6-14}$$

$$\frac{dE(t)}{dt} = r_E(k)E(t)\frac{C(k) - E(t) - \beta(k)I(t)}{C(k)}$$

式中，$I(t)$ 为产业水平指数；$E(t)$ 为第 k 年林业产业水平增长率；$r_{E(k)}$ 为第 k 年森林生态水平增长率；$\alpha(k)$ 为第 k 年森林生态对林业产业的竞争系数；$\beta(k)$ 为第 k 年林业产业对森林生态的竞争系数；t 为第 k 年附近的时间变量。

该复合模型将林业生态与林业产业看作同一生态水平下的共生系统，均依赖同一区域森林资源进行发展。与传统生态学中 L-V 共生模型不同的是：两个子系统之间存在竞争性但也会互相产生正向作用，二者的可持续发展能够创造更大的环境容纳量，从而营造更好的共生环境。

2. 林业生态安全评价指标体系

基于 L-V 共生模型中的三大基本指数，选取了林业生态安全的"压力—状态—影响—响应"结构模型作为评价指标构建依据，其中压力子系统反映了社会经济发展和林业产业对生态系统造成的威胁，对应产业水平指数指标；状态子系统反映了林业生态系统在压力子系统影响下所呈现的状态，对应环境容量指数指标；影响子系统反映了"压力"作用下林业生态系统所产生的影响，对应生态水平指数指标；响应子系统反映了为应对生态系统威胁而作出的响应，对应环境容量指数指标。参考生态—产业共生系统研究已有文献①②③④⑤⑥，并综合田野调查、专家咨询情况，拟定了能够反映昌宁县林业产业与林业生态发展状态的评价指标。

3. 基于熵权法的指标权重测算

本案例采用熵权法进行指标权重测算，通过确定不同指标的熵值来计算指标权重，有效弥补了专家对指标权重主观赋权打分的不足，具有较高的可信度和精确度。

4. 昌宁县林业生态安全指数测算

（1）基本指数测算方法

根据熵权计算结果，运用式（6-15）计算出产业水平指数 I、生态水平指数 E、环境容量指数 C 的最终综合评价值：

$$Z_i = \sum_{j=1}^{n} w_j y_{ij} \tag{6-15}$$

式中，Z 分别代表三个基本水平指数，w_j 为各指标经标准化处理后的权重，y_{ij} 为第 i 年第 j 个指标经过标准化处理后的数值。

（2）共生受力指数测算

根据 L-V 共生模型，结合产业共生模式谱系得出了林业生态—林业产业复合系统的竞争系数 α 和 β 与共生模式的对应关系，并将其转化为共生受

① 谢煜、张智光、杨铭慧：《我国林业生态安全评价、预测与预警研究综述》，《世界林业研究》2021 年第 3 期，第 1~7 页。
② 李坦、陈天宇、米锋等：《基于变权理论和 DPSIRM 的中国森林生态安全评价》，《中国环境科学》2021 年第 5 期，第 2411~2422 页。
③ 汤旭、郑洁、冯彦等：《云南省县域森林生态安全评价与空间分析》，《浙江农林大学学报》2018 年第 4 期，第 684~694 页。
④ 白江迪、刘俊昌、陈文汇：《基于结构方程模型分析森林生态安全的影响因素》，《生态学报》2019 年第 8 期，第 2842~2850 页。
⑤ 冯彦、郑洁、祝凌云等：《基于 PSR 模型的湖北省县域森林生态安全评价及时空演变》，《经济地理》2017 年第 2 期，第 171~178 页。
⑥ 黄和平、杨宗之：《基于 PSR-熵权模糊物元模型的森林生态安全动态评价——以中部六省为例》，《中国农业资源与区划》2018 年第 11 期，第 42~51 页。

力指数，进一步对林业生态安全状况进行定量研究：

$$S_I(k) = -\alpha(k) = -[\phi_I(k)C(k) - I(k)]/E(k) \tag{6-16}$$

$$S_E(k) = -\beta(k) = -[\phi_E(k)C(k) - E(k)]/I(k) \tag{6-17}$$

式中，$S_I(k)$ 为林业产业受到森林生态共生作用受力系数，即产业共生受力系数；$S_E(k)$ 为森林生态受到林业产业共生作用受力系数，即生态共生受力系数。

（3）共生度指数测算

根据上述共生受力指数可判断研究地区森林生态与林业产业共生关系，但仅依靠正负号只能反映出该共生关系的模式，不能定量反映其优劣程度。因此，可以利用共生度指数 $S(k)$ 更加全面地反映该复合系统共生关系的综合特征：

$$S(k) = \frac{S_I(k) + S_E(k)}{\sqrt{S_I^2(k) + S_E^2(k)}} \tag{6-18}$$

式中，$S(k)$ 的值域为 $[-\sqrt{2}, \sqrt{2}]$，依据其数值即可判断林业生态与林业产业共生状态，共生度指数越趋向于 $\sqrt{2}$，则该区域生态系统越接近健康状态，林业生态—产业共生关系越趋向于互利共生。

（4）指数测算结果与分析

评价指标及权重。本案例围绕产业水平、生态水平和环境容量三大基本指标，采用"压力—状态—影响—响应"结构模型构建指标体系（见表6-20）。其中，产业水平指标包括昌宁县经济发展水平、林业一产情况、林业二产情况以及能耗情况，反映了经济社会发展的宏观环境、森林资源利用情况、林业产业结构以及为促进产业发展而消耗森林资源、破坏生态环境的潜在驱动因素；生态水平指标包括气候条件、资源状况，反映了气候因素对林业生态的消极和积极作用以及当前林业生态系统的资源禀赋程度和森林生态环境的优势和劣势。环境容量指标包括造林情况、治理投资及环境容量情况等，反映了当前森林资源的质量和结构、人们对生态系统修复的主观重视程度、资金投入强度以及经济社会发展过程中的环境容纳程度。

表 6-20 昌宁县林业生态安全评价指标

基本指数	一级指标	二级指标	单位	权重
产业水平指数 I	经济发展水平 I_1	地区生产总值	万元	0.0218
		人均 GDP	万元	0.0225
		城市化水平	%	0.0198
	林业一产情况 I_2	茶叶产量	百公斤	0.0168
		水果产量	百公斤	0.0160
		泡核桃产量	百公斤	0.0191
		油桐籽产量	百公斤	0.0373
		棕片产量	百公斤	0.0302
		竹笋干产量	百公斤	0.0365
		板栗产量	百公斤	0.0405
		紫胶产量	百公斤	0.0353
		木耳产量	百公斤	0.0308
		花椒产量	百公斤	0.0269
		果松子产量	百公斤	0.0275
		林下经济产业面积	公顷	0.0211
	林业二产情况 I_3	精制茶产量	百公斤	0.0193
	能耗情况 I_4	能源消费总量	吨标煤	0.0376
		单位增加值能耗	吨标煤/万元	0.0446
生态水平指数 E	气候条件 E_1	年平均气温	℃	0.0393
		年平均降水量	mm	0.0157
	资源状况 E_2	森林总面积	公顷	0.0712
		森林蓄积量	立方米	0.0159
		森林病害治理面积	公顷	0.0560
环境容量指数 C	造林情况 C_1	造林总面积	公顷	0.0373
		用材林面积	公顷	0.0430
		经济林面积	公顷	0.0363
		异地植被恢复造林面积	公顷	0.0312
	治理投资 C_2	生态修复治理面积	公顷	0.0359
		营林投资占比	%	0.0163
		环境治理投资占比	%	0.0365
	环境容量 C_3	森林覆盖率	%	0.0202
		人均森林面积	公顷	0.0176
		城市建成区绿化覆盖率	%	0.0239

资料来源:《昌宁县国民经济和社会发展统计公报》《昌宁统计年鉴》。

通过权重计算可以发现，单位增加值能耗、森林总面积和用材林面积分别代表产业水平指数、生态水平指数、环境容量指数中最重要的三个因素，即以上三个指标对林业生态安全状况的影响较大。其中，生态水平指数中的森林总面积权重在所有指标中最大，说明昌宁县 2011~2021 年森林总面积变化较大，即该指标对林业生态安全状况的影响最大；年平均降水量权重最小，说明昌宁县 2011~2021 年降水量相对稳定，对林业生态安全状况的影响较小。

（四）昌宁县林业生态安全评价

1. 昌宁县林业生态安全指数

2011~2021 年昌宁县林业生态安全指数的计算结果如表 6-21 所示。

表 6-21　2011~2021 年昌宁县林业生态安全指数

年份	产业水平指数 I	生态水平指数 E	环境容量指数 C
2011	0.1809	0.0348	0.1962
2015	0.2665	0.0516	0.1284
2019	0.2152	0.0423	0.1745
2021	0.3174	0.1325	0.0790

综合 2011~2021 年生态安全基本指数的计算结果可知：昌宁县林业产业发展水平始终高于林业生态建设水平，说明其产业发展程度始终大于森林资源禀赋能力。其中，产业发展水平在 2016~2019 年有所下降，其余时间均呈现上升趋势，主要由于 2019 年脱贫攻坚处于最后决战阶段，在脱贫攻坚与乡村振兴的有效衔接下，昌宁县经济发展水平大幅提升，但林业一产中的水果、油桐籽、棕片、竹笋干、板栗、紫胶、木耳等产量都存在不同程度的下降，对该年度林业产业整体水平产生了一定影响。2019 年以后，昌宁县林业一产、二产稳步发展，机械化水平和产量提升明显，林产业发展水平随之升高，因此产业水平指数再次呈现正向增长。

生态水平在2016~2019年有所恶化，森林生态系统受到一定程度的消极影响，其余时间均呈现上升趋势。主要由于昌宁县2015年年平均降水量为近年最低，且年平均气温较高，相对高温干旱的环境一定程度上阻碍了林业生态的正向发展，加之该年度森林病虫害治理面积有所减少，林业生态发展较为迟滞，在后续发展过程中，新一轮退耕还林项目的启动和退耕还林成果巩固重点工程的开展以及相关生态效益补偿机制的逐步完善，进一步强化了群众及涉林企业的护林意识。另外，异地植被恢复造林、国家储备林项目建设、陡坡耕地生态治理等积极举措，使营林及生态治理力度进一步加大，森林病虫害治理水平有所提升，因此林业生态水平指数再次呈现正向增长。

环境容量水平在2011~2021年与产业水平呈现相反方向的变化趋势。一方面，由于产业发展对环境容量产生的消极影响，即林业产业发展越旺盛，环境承载能力越紧张。另一方面，2011~2021年，昌宁县造林总面积呈现逐年下降趋势，且造林类型多为经济林，用材林造林较少；生态修复治理面积逐渐减小，环境治理投资占比虽有小幅增加，但仍然占比较少。虽然森林覆盖率、城市建成区绿化覆盖面积等逐年提升，但其对林业生态安全的影响程度远小于造林面积，因此对环境容量指数并未起到决定性作用。

2. 林业产业共生关系分析

昌宁县共生受力指数和共生度指数的计算结果如表6-22所示。

表6-22　昌宁县林业生态安全特征指数

年份	共生受力指数		共生度指数 $S(k)$	共生模式	生态安全判定	预警级别
	$S_E(k)$	$S_I(k)$				
2011	-0.3688	2.2301	0.8234	偏利共生	生态安全转折区	蓝色预警（康复）
2015	-0.3745	2.1996	0.8180	偏利共生	生态安全转折区	蓝色预警（康复）
2019	1.1126	2.9193	1.2906	互利共生	生态安全区	绿色（健康）
2021	0.0699	2.0111	1.0341	互利共生	生态安全区	绿色（健康）

结合上述指数，参照张智光等人前期研究构建的双特征动态判断矩阵（见图6-3），对照林业生态安全状态判定标准（见表6-23）进一步判定昌宁地区林业生态安全级别。

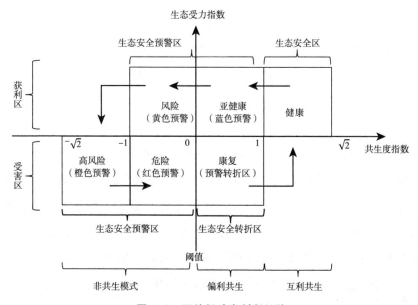

图6-3　双特征动态判断矩阵

表6-23　昌宁县林业生态安全状态判定标准

生态受力指数	共生度指数	共生模式	生态安全判定	预警级别
$S_E>0$	$-1<S<0$	非共生模式	生态安全预警区	黄色预警(风险)
	$0<S<1$	偏利共生	生态安全预警区	蓝色预警(亚健康)
	$1<S<\sqrt{2}$	互利共生	生态安全区	绿色(健康)
$S_E<0$	$-\sqrt{2}<S<1$	非共生模式	生态安全预警区	橙色预警(高风险)
	$-1<S<0$	非共生模式	生态安全预警区	红色预警(危险)
	$0\leqslant S<1$	偏利共生	生态安全转折区	蓝色预警(康复)

根据共生度指数S可以将共生空间分为涉险区（第一、第四象限）和脱险区（第二、第三象限），当S=0时，林业产业与林业生态处在共生与非共生模式临界点，即林业生态安全阈值。根据共生受力指数S_E可将共生空间

分为生态获利区（第一、第二象限）和生态受害区（第三、第四象限）。根据其范围，可进一步将共生空间安全划分为六个级别，依次对应 3 种共生模式、3 种生态安全状态、5 种预警等级。

共生受力指数中，生态受力指数在 2011~2015 年为负值，而产业受力指数为正值，说明昌宁县处于产业获利而生态受害的状态；2019~2021 年，产业受力指数和生态受力指数均为正值，说明昌宁县处于生态—产业互利共生模式。2019 年生态受力情况虽有大幅好转，但在 2021 年又出现下降趋势，如果不加以干涉，未来很可能向生态无利或生态受害的方向发展。

就共生度指数而言，2011~2021 年共生度指数均为正值，说明该地区生态安全并未涉险。其指数呈现"下降—上升—下降"的发展趋势，结合生态受力指数，对照双特征动态判断矩阵及林业生态安全状态判定标准可以得出，2011~2015 年，昌宁县林业生态安全处于生态安全转折区，由于共生关系中林业生态处于劣势，虽未产生不安全因素，但仍未达到可持续发展的健康稳定状态。2016~2019 年，生态水平逐渐恢复，生态受害的情况开始好转。2019~2021 年，昌宁县处于林业生态安全区，生态环境和林业产业逐渐构成共生发展局面，但在 2021 年，生态共生受力指数大幅下降已接近 0，如果不加以巩固生态，很可能会使林业生态安全状态在产业发展竞争下朝着生态安全转折区甚至是不安全方向发展。因此，需在今后的决策和发展中引起重视，在发展林业产业的同时，进一步推进林业生态保护，使其朝着更为稳定的共生方向发展。

（五）昌宁县林业生态安全发展建议

目前，昌宁县林业产业虽正朝着积极的方向发展，林业生态水平也在逐步恢复，但在发展过程中仍然存在产业化水平较低、从业人员可持续经营意识淡薄、林业产业发展不均衡等问题。综观西南山区，昌宁县的产业—生态共生关系是大部分地区的缩影，尽管林业资源优势突出，但大资源、小产业、低效益的情况仍然存在。因此，在提升产业的同时实现山区林业可持续发展已刻不容缓。结合昌宁县林业生态安全状态及西南山区未来林业发展趋向，提出以下发展建议。

第一，提升林业产业化水平。充分依托资源及区位优势，在原有的发展基础上，合理配置土地资源，推进有机化、绿色化、标准化管理；做大做强优势产业，当前昌宁县虽已形成了一批知名企业，但带头作用不够明显，应在今后发展过程中进一步发挥龙头企业的带头作用，实施品牌战略，带领本土林业企业进一步转型升级，加快核桃、澳洲坚果等示范基地建设，树立绿色发展理念。推进初加工机械一体化建设，加速种植管理、采收、加工等机械化应用，助力现有初加工所向规模化、绿色化、精加工化发展。积极推进仓储物流设施建设，破解林产品的季节性收储难题，有效调节和稳定市场供应。通过设立补贴等鼓励林产品加工企业增加环保科技投入，延伸产业链，形成产业优势。充分依托核桃、茶等文化价值，突出生态、安全、绿色特点，结合民族地区文化特色和地区生态环境，进行生态旅游产业、森林康养产业开发，在可持续发展的前提下，提升生态文化产品市场化水平。

第二，转变经营管理理念。合理制定产业发展规划，充分考虑不同村社的资源禀赋、社会经济差异，因地制宜发展林业产业，避免再次出现早年林—茶系统树种组成单一、搭配不合理等导致的生态问题。积极培育新型经营主体，以龙头企业为重点，加大对专业大户、农民合作社、家庭林场等扶持力度，加快构建新型林草经营体系。在进行林业生态安全管理时，重点关注生态脆弱区域，做好生态修复和病虫害防治工作，确保林业生态稳定向好。在实施造林相关政策调控时应充分考虑民众意愿和经济收益，积极争取群众支持，主动参与，避免人种天养导致的资源浪费。在森林经营管理决策过程中充分吸收少数民族聚居地区传统森林保护智慧，坚持生态保护与经济发展相融合。

第三，加强林业技术推广。通过林业技术推广将林业科研成果积极转化到林业产业发展进程中，积极组织农户开展技术培训、交流合作等，加大林业科技普及力度，提高农户技术水平和科学种植观念，推广如原生态茶园等绿色无公害种植标准、茶林复合系统病虫害生物防治方式等可持续经营措施。开拓校企合作新思路，鼓励企业与科研院所、专业院校达成合作，发挥好昌宁县 365 生态产业研究所等校企合作示范基地的带头作用，吸引林业产业新兴技术及人才，以科学技术拓宽林业产业发展思路。充实基层林业队伍，加强专业培训，力争能够为林业企业提供专业指导，为农户提供全面客观的林业政策解读。加强山区森林资源综合监测，积极发展数字林业，充分发挥其监测、预警作用，及时掌握林业生态安全状态并作出正确响应，保障林业生态安全。

第四，发挥林场关键作用。结合上述研究结果，昌宁县用材林造林面积与林业生态安全状况呈高度相关性，各林场应积极以国家储备林为重点，加快推进以乡土树种为主的速生丰产林、大径级、珍贵树种用材林培育。强化用材林中幼林抚育和低效林改造，增加用材供给。进一步做好森林资源监测保护、森林资源档案建立、天然林停伐保护等工作，有序推进林业绿色协调发展，发挥好林业发展主战场作用。对退耕还林过程中经营管理不善导致的红花油茶、核桃等低产低效林进行嫁接等合理改造。加快林场转型，带动林下种植、林禽养殖等相关产业发展。加强天然林保护、生态公益林保护及野生动植物资源保护，提升林业生态水平，以适应林业产业的快速发展。

长期以来，山区林业产业在经济发展、林业建设等方面发挥着重要作用。县域林业生态安全，是深入贯彻"两山"理念，统筹保护山水林田湖草系统，构建区域生态安全格局的基础。本案例通过田野调查、特征指数计算、生态安全状况分析及溯源，深入探究了昌宁县林业生态与林业产业共生关系。通过计算产业水平指数、生态水平指数及环境容量指数得出昌宁县 2011~2021 年林业产业发展呈波浪式上升，2011~2015 年林业生态环境有所恶化，但在 2015 年后逐渐恢复。通过计算共生受力指数、共生度指数，结合双特征指数判断矩阵得出，2015 年之前，昌宁县处于产业获利、生态受害的生态安全转折区，安全状况处于健康状态与康复状态临界值，并未涉险；2019 年以后，昌宁县处于生态—产业互利共生的生态安全区。林业生态能够基本满足林业产业发展与居民生活水平需求，在积极营林措施及良性治理方式的正向促进作用下，进一步朝着可持续方向发展。就林业产业与林业生态共生关系而言，林业生态相对处于竞争劣势，目前虽未出现不安全状态，但在今后的发展中仍需引起重视。综合来看，在当前生态文明建设与乡村振兴发展背景下，应充分利用好县域资源优势，从提升林业产业化水平、转变经营管理方式、加强林业技术推广、发挥林场作用等方面优化发展理念，在林业产业发展进程中兼顾林业生态建设，提高林业生态安全水平，为生态文明建设顶层设计和产业经济建设提供决策依据，实现生态安全与产业兴旺的共生共荣目标。

四　重点林业生态工程区生态公益林价值评估

——云南迪庆藏族自治州维西傈僳族自治县案例

在诸多森林类型中，生态公益林对于林业生态安全的价值贡献最大。在传统的森林经营管理中，对生态公益林的管理以严格保护以发挥其生态效益为主，并支付给被禁止在公益林内开展经营活动导致利益受损的社区群体以一定的生态补偿。但是，生态公益林所产生的巨大生态效益一定程度上还只是一个概念或者是一个科学理论，很少被用来进行经济价值的数量转换和估值，因此不但给社会大众和生态效益的获益者带来对生态效益理解上的困难，也导致生态效益补偿及转移支付等一系列维持林业生态安全的措施和行为缺乏执行依据。因此，对生态公益林的价值进行评估，将其所产生的生态效益货币化对于维护林业生态安全、促进森林资源的保护非常有益。为此，本案例选择了西南重点生态公益林区——云南迪庆藏族自治州维西傈僳族自治县（以下简称维西县）为研究区域，在收集大量数据的基础上，采用定量研究对当地生态公益林的价值进行评估，研究的方法、过程和研究结果有助于区域林业生态安全的维系，对生态价值的货币把握也有利于国家制定对社区更为合理的生态效益补偿政策，有助于社区生计的进一步提高。

（一）维西县生态公益林资源现状

维西傈僳族自治县（以下简称维西县）位于云南省西北部，迪庆藏族自治州西南端，东经 98°54′~99°34′，北纬 26°53′~28°02′，地处青藏高原南部横断山纵谷区中部，地形北窄南宽，云岭山脉东濒金沙江，西临澜沧江，区域地貌独特，为起伏极大的高山峡谷地貌，是世界自然遗产"三江并流"的腹心地带，素有"横断山中的绿宝石""三江明珠""三江并流腹地"的美称。全县行政区域面积为 4476.67 平方公里，境内最高海拔为 4880 米，最低海拔为 1486 米，海拔高差达 3394 米，属西藏—华西类康滇区的亚热带与温带季风高原山地气候，是高原亚热带南部季风常绿阔叶林地带向青藏高原东南缘寒温性针叶林、草甸地带的过渡区域。该区域日照、温度、降水分布皆不均匀，随高程垂直差异成反比，形成立体气候，因而使地球上大多数适应不同气候类型的生物物种、群落得以在此区域汇聚，使该区域成了中国西南地区动植物种质资源基因库及全球生物多样性热点地区。据维西县资料统计，境内分布已知高等植物 185 科 878 属 3138 种，其中有秃杉、光叶珙桐、云南榧树、澜沧黄杉、丽江铁杉、红豆杉、长苞冷杉等珍稀名贵树种，林内植被种类繁多，可供利用的资源蕴藏丰厚，[①] 全县森林覆盖率 77.5% 以上。

维西县是迪庆州乃至云南省的重点林区县、重点公益林区，2005 年，维西县开始建立国家公益林生态效益补偿制度，2009 年将省级公益林纳入生态补偿范围，并逐步提高纳入补偿的公益林面积。云南省各州（市）森林资源状况调查显示，2019 年全县林地面积 379631.4 公顷，占全县土地总面积的 84.8%，其中除 5648.8 公顷归非林业部门管理外，将 373982.60 公顷林地按经营方向划分，生态公益林地面积 360832.7 公顷，占林地面积的 96.5%，占土地总面积的 83.5%；商品林面积 13149.9 公顷，占林地面积的 3.5%。全县生态公益林中国家级公益林面积 323873.8 公顷，占全县生态公益林面积的 89.8%，省级公益林面积 26740.8 公顷，占全县生态公益林地面积的 7.4%；县级公益林 10218.1 公顷，占全县生态公益林面积的 2.8%。维西县在实施林业重点工程中，以天然林保护工程为主，工程保护面积 292087.4 公顷，占全县生态公益林的 81%，野生动植物保护和自然保护区建设工程面积 62355.3 公

---

① 《维西傈僳族自治县概况》编写组：《维西傈僳族自治县概况》，民族出版社，2008。

顷，占比 17.3%，退耕还林工程面积 3086.1 公顷。按生态公益林地保护等级划分，Ⅰ级保护林地 323873.8 公顷，占比为 89.8%，Ⅱ级保护林地 26740.8 公顷，占比为 7.4%，Ⅲ级保护林地 10218.1 公顷，占比为 2.8%。公益林的占比高决定了维西县将以防护林国家级公益林管护型、特种用途林国家级公益林管护型、自然保护区林管护型为主的林地经营措施类型。

由表 6-24 可知，截至上一个二类调查期，维西县生态公益林中主要以中龄林、近熟林和成熟林乔木林为主；按林分起源来分，以天然林为主，占生态公益林森林面积的 98.5%；按亚林种分类，其中水源涵养林 167806.8 公顷，占全县生态公益林森林面积的 50.9%，其次是名胜古迹和革命纪念林 69958.5 公顷，占比为 21.2%，自然保护区林 55465.0 公顷，占比为 16.8%，水土保持林 30233.8 公顷，占比为 9.2%，护路林 5892.2 公顷，占比为 1.9%。由此可见，维西县生态公益林在保持区域内生态平衡、保障生态安全和涵养蓄积水源等方面发挥着主导作用。

表 6-24 维西县生态公益林龄结构及林分起源

分类	乔木林龄组结构					林分起源		
	幼龄林	中龄林	近熟林	成熟林	过熟林	天然	人工	人工促进
面积（公顷）	22549	86890.8	81988.8	122582.2	10136	324485.2	3939.9	1045
蓄积量（立方米）	970370	7236660	11560600	25735430	2507980	47669840	241640	108560

（二）数据来源与研究方法

1. 数据来源

本案例评估数据主要来源于维西县 2016 年森林资源二类调查①结果中各森林类型、各龄组和各林种面积等数据、生态监测成果、维西县年

---

① 森林资源二类调查是以县级行政区或国有林场、自然保护区等森林经营单位为调查单位所开展的区域内森林资源的全面调查。目前维西县最新的二类调查结果于 2016 年完成，故本案例使用了 2016 年的二类调查数据。

鉴数据等，国家及云南省权威部门发布的社会公共数据（见表6-25），结合国内外相关的研究数据以及文献资料等，对维西县生态公益林生态系统服务功能进行评估，并对其能产生的经济价值进行核算。

表 6-25 社会公共数据

名称	数据	名称	数据
挖取单位面积土方费用($C_{\pm}$)	30.85 元/m³	有机质价格(C_3)	920 元/t
水资源市场交易价格($C_{库}$)	9.73 元/m³	固碳价格($C_{碳}$)	850.73 元/t
水的净化费用($K_{水}$)	2.7 元/a	制造氧气价格($C_{氧}$)	1285.45 元/t
磷酸二铵含氮量(R_1)	14%	负离子生产费用($K_{负离子}$)	9.07×10^{-18} 元/个
磷酸二铵含磷量(R_2)	15.01%	二氧化硫治理费用($K_{二氧化硫}$)	1.2 元/kg
氯化钾含钾量(R_3)	50%	氟化物治理费用($K_{氟化物}$)	1.3 元 kg
磷酸二铵化肥价格(C_1)	3085 元/t	氮氧化物治理费用($K_{氮氧化物}$)	1.2 元/kg
氯化钾化肥价格(C_2)	2860 元/t	降尘清理费用($K_{降尘}$)	0.25 元/kg

2. 评估指标及计算公式

采用森林生态连清体系，参考森林生态服务功能及其价值评估相关研究成果和方法，根据国家标准《森林生态系统服务功能评估规范》（GB/T 38582—2020），结合维西县的实际情况，本文选取了保育土壤、林木养分固持、涵养水源、固碳释氧、净化大气环境、维护生物多样性6项功能13项指标（见表6-26），采用影子工程法（替代工程法）、市场价值法等对维西县生态公益林生态服务功能的物质量与价值量进行测算评估。为了充分考虑不同的生态功能区森林生态系统在时间上与空间上的差异性，使用分布式测算方法，将维西县生态公益林森林生态系统依次按照行政区（乡、镇）、优势树种（组）、林龄划分为若干个相对均质的单元进行分级测算，通过叠加各级测算单元物质量和价值量来获得生态公益林生态服务功能价值评估的结果。

表 6-26　维西县生态公益林生态服务功能价值评估指标体系及计算公式

生态服务功能	评估指标	物质量、价值量计算方法及参数说明 Evaluation formulas and parameters of qualities and values	
		物质量计算公式 Formula of quality	价值量计算公式 Formula of value
保育土壤	固土	$G_{固土} = A \times (X_2 - X_1)$	$U_{固土} = G_{固土} \times C_土 / \rho$
		$G_{固土}$ 为林分年固土量(t/a);$U_{固土}$ 为林分年固土价值(元/a);A 为林分面积(公顷);X_1 为有林地土壤的侵蚀模数(t/hm²/a),取值为 4.87t/hm²/a;X_2 为无林地土壤的侵蚀模数(t/hm²/a),取值为 79.79t/hm²/a,$C_土$ 为挖取和运输单位体积土方所需费用(元/m⁻³);ρ 为林地土壤容重(g/cm⁻³),取值为 1.35g/cm⁻³	
	保肥	$G_N = A \times N \times (X_2 - X_1)$ $G_P = A \times P \times (X_2 - X_1)$ $G_K = A \times K \times (X_2 - X_1)$ $G_{有机质} = A \times M \times (X_2 - X_1)$	$U_肥 = G_N \times C_1 / R_1 + G_P \times C_1 / R_2 + G_K \times C_2 / R_3 + G_{有机质} \times C_3$
		G_N、G_P、G_K、$G_{有机质}$ 分别为林分固持土壤而减少的氮、磷、钾、有机质流失量(t/a);$U_肥$ 为林分年保肥价值量(元/a);N、P、K、M 分别为实测林分中土壤含氮、磷、钾、有机质量(%),分别取值为 0.19%、0.05%、1.69%、5.52%;R_1、R_2 分别为磷酸二铵化肥含氮、含磷量(%);R_3 为氯化钾化肥含钾量(%);C_1 为磷酸二铵化肥价格(元/t);C_2 为氯化钾化肥价格(元/t);C_3 为有机质化肥价格(元/t);X_1、X_2、A 含义同前	
林木养分固持	氮固持 磷固持 钾固持	$G_氮 = A \times N_{营养} \times B_年$ $G_钾 = A \times K_{营养} \times B_年$	$U_氮 = G_氮 \times C_1 / R_1$ $U_磷 = G_磷 \times C_1 / R_2$ $U_钾 = G_钾 \times C_2 / R_3$
		$G_氮$、$G_磷$、$G_钾$ 分别为林分年氮、磷、钾固持量(t/a);$U_氮$、$U_磷$、$U_钾$ 分别为林分营养物质年积累价值量(元/a);$B_年$ 为实测林分净生产力(t/hm²/a),取值为 10.59 t/hm²/a;$N_{营养}$、$P_{营养}$、$K_{营养}$ 分别为实测林木氮元素、磷元素、钾元素量(%),分别取值为 0.5374%、0.25%、0.549%;A、C_1、C_2 含义同前	
涵养水源	调节水量	$G_调 = 10 \times A \times (P_水 - E - C)$	$U_调 = G_调 \times C_库$
		$G_调$ 为林分年调节水量(m³/a);$U_调$ 为林分年调节水量价值(元/a);$P_水$ 为实测林外降水量(mm/a),取值为 989mm/a;E 为实测林分蒸散量(mm/a),取值为 438.43mm/a;C 为实测林分地表快速径流量(mm/a),取值为 115.87mm/a;$C_库$ 为水资源市场交易价格(元/m⁻³);A 含义同前	
	净化水质	$G_净 = 10 \times A \times (P_水 - E - C)$	$U_净 = G_净 \times K_水$
		$G_净$ 为林分年净化水质量(m³/a);$U_净$ 为林分年净化水质价值(元/a);$K_水$ 为水的净化费用(元/a);A、$P_水$、E、C 含义同前	

续表

生态服务功能	评估指标	物质量、价值量计算方法及参数说明 Evaluation formulas and parameters of qualities and values	
		物质量计算公式 Formula of quality	价值量计算公式 Formula of value
固碳释氧	固碳	$G_碳 = G_{植被固碳} + G_{土壤固碳}$ $G_{植被固碳} = 1.63 R_碳 \times A \times B_年$ $G_{土壤固碳} = A \times F_{土壤}$	$U_碳 = G_碳 \times C_碳$
		$G_碳$ 为林分生态系统年固碳量(t/a);$G_{植被固碳}$、$G_{土壤固碳}$ 分别为林分年固碳量、林分对应的土壤年固碳量(t/a);$U_碳$ 为林分年固碳价值(元/a);$R_碳$ 为 CO_2 中碳的含量为 27.27%;$F_{土壤}$ 为单位面积实测林分土壤的固碳量(t/hm²/a),取值为 2.27t/hm²/a;$C_碳$ 为固碳价格(元/t);A、$B_年$ 含义同前	
	释氧	$G_氧 = 1.19 A \times B_年$	$U_氧 = G_氧 \times C_氧$
		$G_氧$ 为林分年释氧量(t/a);$U_氧$ 为林分年释放氧气价值(元/a);$C_氧$ 为氧气价格(元/t);A、$B_年$ 含义同前	
净化大气环境	提供负离子	$G_{负离子} = 5.256 \times 10^{15} Q_{负离子} \times A \times H/L$	$U_{负离子} = 5.256 \times 10^{15} \times A \times H \times K_{负离子} \times (Q_{负离子} - 600)/L$
		$G_{负离子}$ 为林分年提供负离子个数(个/a);$U_{负离子}$ 为林分年提供负离子价值(元/a);$Q_{负离子}$ 为实测林分负离子浓度(个/cm³),取值为 5848.6 个/cm³;H 为林分高度(m),取值为 11.42m;L 为负离子寿命(min),取值为 10min;$K_{负离子}$ 为负离子生产费用(元/个);A 含义同前	
	吸收气体污染物	$G_{二氧化硫} = Q_{二氧化硫} \times A/1000$ $G_{氟化物} = Q_{氟化物} \times A/1000$ $G_{氮氧化物} = Q_{氮氧化物} \times A/1000$	$U_{二氧化硫} = G_{二氧化硫} \times K_{二氧化硫}$ $U_{氟化物} = G_{氟化物} \times K_{氟化物}$ $U_{氮氧化物} = G_{氮氧化物} \times K_{氮氧化物}$
		$G_{二氧化硫}$、$G_{氟化物}$、$G_{氮氧化物}$ 分别为林分年吸收二氧化硫量、氟化物量、氮氧化物量(t/a);$U_{二氧化硫}$、$U_{氟化物}$、$U_{氮氧化物}$ 分别为林分年吸收二氧化硫、氟化物、氮氧化物价值(元/a);$Q_{二氧化硫}$、$Q_{氟化物}$、$Q_{氮氧化物}$ 分别为单位面积实测林分吸收二氧化硫量、氟化物量、氮氧化物量(kg/hm²/a),分别取值为 152.13kg/hm²/a、2.5kg/hm²/a、6kg/hm²/a;$K_{二氧化硫}$、$K_{氟化物}$、$K_{氮氧化物}$ 分别为二氧化硫、氟化物、氮氧化物治理费用(元/kg);A 含义同前	
	滞尘	$G_{滞尘} = Q_{滞尘} \times A/1000$	$U_{滞尘} = G_{滞尘} \times K_{滞尘}$
		$G_{滞尘}$ 为林分年潜在滞尘量(t/a);$U_{滞尘}$ 为林分年潜在滞尘价值(元/a);$K_{滞尘}$ 为降尘清理费用(元/kg);$Q_{滞尘}$ 为单位面积林分年滞尘量(kg/hm²/a),针叶林取值为 33200kg/hm²/a;阔叶林取值为 10110kg/hm²/a;A 含义同前	

续表

生态服务 功能	评估指标	物质量、价值量计算方法及参数说明 Evaluation formulas and parameters of qualities and values	
		物质量计算公式 Formula of quality	价值量计算公式 Formula of value
维护生物 多样性	物种保育	—	$U_生 = S_生 \times A$
		$U_生$ 为林分年物种保育价值(元/a);$S_生$ 为单位面积年物种损失的机会成本 (元/hm²/a);A 含义同前	

(三) 结果与分析

1. 维西县生态公益林生态服务功能物质量

根据上述评估指标及计算公式,经过估算得出维西县生态公益林各项生态服务功能物质总量如表 6-27 所示。维西县生态公益林年保育土壤物质量为 2652.29 万 t,其中固土量最大,总量为 2468.39 万 t;在土壤保肥能力中,年保肥总量为 183.90 万 t,其中减少有机质流失>钾流失>氮流失>磷流失。在林木养分固持功能中,年固持养分总量为 4.67 万 t,林木固持各养分物质量由高到低依次为钾>氮>磷。涵养水源功能中,年调节水量 143220.65万 m³,可见生态公益林在维护地区水资源安全有着十分重要的作用。固碳释氧功能中,维西县生态公益林年固碳总量为 229.88 万 t,年释氧总量415.20 万 t。在净化大气功能中,维西县生态公益林年生产负离子总量1156.62×1022 个,年吸收气体污染物总量为 5.29 万 t,年滞尘总量为1093.84 万 t,由于生物多样性保护难以用实物量表示,本案例未作物质量测算。在各项生态服务功能物质量中,按不同乡 (镇) 分,塔城镇、白济汛乡、巴迪乡、叶枝镇和康普乡生态公益林生态服务功能物质量总体明显高于其他乡 (镇),塔城镇各项生态服务功能物质量均占各项总物质量的20%左右。从估算结果可以看出,维西县生态公益林生态服务功能的物质量相当可观,其中以涵养水源、固土以及滞尘物质量最多。

由表 6-28 可知,在乔木林不同龄组结构中,以成熟林、中龄林、近熟

表6-27 维西县生态公益林各乡镇生态服务功能物质量

乡镇	保育土壤（万t/a）					林木养分固持（万t/a）			涵养水源（万m³/a）	固碳释氧（万t/a）		提供负离子（×10²² 个/a）	净化大气环境（万t/a）			
	固土	减少氮流失	减少磷流失	减少钾流失	减少有机质流失	氮固持	磷固持	钾固持	调节水量	固碳	释氧	提供负离子	吸收二氧化硫	吸收氟化物	吸收氮氧化物	滞尘
巴迪乡	288.804	0.549	0.144	4.881	15.942	0.219	0.102	0.224	16756.946	26.896	48.579	135.33	0.586	0.010	0.023	127.980
保和镇	167.503	0.318	0.084	2.831	9.246	0.127	0.059	0.130	9718.849	15.599	28.175	78.49	0.340	0.006	0.013	74.227
康普乡	262.565	0.499	0.131	4.437	14.494	0.199	0.093	0.204	15234.496	24.453	44.165	123.03	0.533	0.009	0.021	116.353
攀天阁乡	161.868	0.308	0.081	2.736	8.935	0.123	0.057	0.126	9391.911	15.075	27.227	75.85	0.329	0.005	0.013	71.730
塔城镇	490.306	0.932	0.245	8.286	27.065	0.372	0.173	0.380	28448.507	45.662	82.473	229.74	0.996	0.016	0.039	217.274
维登乡	188.787	0.359	0.094	3.191	10.421	0.143	0.067	0.147	10953.788	17.582	31.755	88.46	0.383	0.006	0.015	83.659
叶枝镇	282.401	0.537	0.141	4.773	15.589	0.215	0.100	0.219	16385.451	26.300	47.502	132.33	0.573	0.009	0.023	125.143
永春乡	169.193	0.321	0.085	2.859	9.339	0.129	0.060	0.131	9816.917	15.757	28.460	79.28	0.344	0.006	0.014	74.976
白济汛乡	296.743	0.564	0.148	5.015	16.380	0.225	0.105	0.230	17217.598	27.636	49.914	139.05	0.603	0.010	0.024	131.499
中路乡	160.219	0.304	0.080	2.708	8.844	0.122	0.057	0.124	9296.190	14.921	26.950	75.07	0.325	0.005	0.013	70.999
合计	2468.390	4.690	1.234	41.716	136.255	1.875	0.872	1.916	143220.652	229.880	415.202	1156.62	5.012	0.082	0.198	1093.841

表6-28 维西县生态公益林不同龄组生态服务功能物质量

乔木林龄组	保育土壤（万t/a）					林木养分固持（万t/a）			涵养水源（万m³/a）	固碳释氧（万t/a）		提供负离子（×10²² 个/a）	净化大气环境（万t/a）			
	固土	减少氮流失	减少磷流失	减少钾流失	减少有机质流失	氮固持	磷固持	钾固持	调节水量	固碳	释氧	提供负离子	吸收二氧化硫	吸收氟化物	吸收氮氧化物	滞尘
幼龄林	168.939	0.321	0.084	2.855	9.325	0.128	0.060	0.131	9802.181	15.733	28.417	79.16	0.343	0.006	0.014	74.864
中龄林	650.986	1.237	0.325	11.002	35.934	0.495	0.230	0.505	37771.431	60.626	109.501	305.03	1.322	0.022	0.052	288.477
近熟林	614.260	1.167	0.307	10.381	33.907	0.467	0.217	0.477	35640.531	57.206	103.323	287.83	1.247	0.020	0.049	272.203
成熟林	918.386	1.745	0.459	15.521	50.695	0.698	0.325	0.713	53286.482	85.529	154.479	430.33	1.865	0.031	0.074	406.973
过熟林	75.939	0.144	0.038	1.283	4.192	0.058	0.027	0.059	4406.119	7.072	12.773	35.58	0.154	0.003	0.006	33.652

表6-29 维西县生态公益林各优势树种生态服务功能物质量

主要优势树种	保育土壤（万t/a）					林木养分固持（万t/a）			涵养水源（万m³/a）	固碳释氧（万t/a）		提供负离子（×10²²个/a）	净化大气环境（万t/a）			
	固土	减少氮流失	减少磷流失	减少钾流失	减少有机质流失	氮固持	磷固持	钾固持	调节水量	固碳	释氧		吸收二氧化硫	吸收氟化物	吸收氮氧化物	滞尘
云南松	928.839	1.765	0.464	15.697	51.272	0.706	0.328	0.721	53893.019	86.502	156.238	435.23	1.886	0.0310	0.0744	411.605
华山松	28.962	0.055	0.014	0.489	1.599	0.022	0.010	0.022	1680.420	2.697	4.872	13.57	0.059	0.0010	0.0023	12.834
冷杉	542.063	1.030	0.271	9.161	29.922	0.412	0.192	0.421	31451.545	50.482	91.179	253.99	1.101	0.0181	0.0434	240.210
云杉	141.447	0.269	0.071	2.390	7.808	0.107	0.050	0.110	8207.049	13.173	23.793	66.28	0.287	0.0047	0.0113	62.681
铁杉	155.443	0.295	0.078	2.627	8.580	0.118	0.055	0.121	9019.069	14.476	26.147	72.84	0.316	0.0052	0.0124	68.883
落叶松	7.424	0.014	0.004	0.125	0.410	0.006	0.003	0.006	430.744	0.691	1.249	3.48	0.015	0.0002	0.0006	3.290
柏木	2.854	0.005	0.001	0.048	0.158	0.002	0.001	0.002	165.621	0.266	0.480	1.34	0.006	0.0001	0.0002	1.265
栎类	284.411	0.540	0.142	4.807	15.699	0.216	0.101	0.221	16502.038	26.487	47.840	133.27	0.578	0.0095	0.0228	126.034
桦类	3.701	0.007	0.002	0.063	0.204	0.003	0.001	0.003	214.742	0.345	0.623	1.73	0.008	0.0001	0.0003	1.640
桤木	37.967	0.072	0.019	0.642	2.096	0.029	0.013	0.029	2202.929	3.536	6.386	17.79	0.077	0.0013	0.0030	16.825
杨树	10.045	0.019	0.005	0.170	0.554	0.008	0.004	0.008	582.802	0.935	1.690	4.71	0.020	0.0003	0.0008	4.451
其他阔叶树	6.027	0.011	0.003	0.102	0.333	0.005	0.002	0.005	349.673	0.561	1.014	2.82	0.012	0.0002	0.0005	2.671
其他灌木	254.968	0.484	0.127	4.309	14.074	0.194	0.090	0.198	14793.710	23.745	42.887	119.47	0.518	0.0085	0.0204	112.986
其他软阔类	2.423	0.005	0.001	0.041	0.134	0.002	0.001	0.002	140.582	0.226	0.408	1.14	0.005	0.0001	0.0002	1.074
其他经济林木等	37.512	0.071	0.019	0.634	2.071	0.028	0.013	0.029	2176.543	3.494	6.310	17.58	0.076	0.0013	0.0030	16.623

林的各项生态服务功能价值量最多，其中成熟林涵养水源物质量高达53286.482万立方米，占总乔木林涵养水源物质量的37.8%。为了测算方便，本案例将部分优势树种进行了合并处理，由表6-29可知，不同森林类型保育土壤、林木养分固持、涵养水源、固碳释氧等能力存在显著差异，其中云南松、冷杉、栎类3种优势树种的固土量分别占固土总量的37%、22%、12%，作为本区域的地带性植被且占据了维西县生态公益林森林面积的绝大部分，其各项生态服务功能强于其他优势树种。

2. 维西县生态公益林生态服务功能价值量

根据前文所述的指标及计算公式，经过估算得出维西县生态公益林生态服务功能的价值量如表6-30所示。维西县生态公益林生态服务功能总价值量为440.010亿元，其中保育土壤年价值量为54.910亿元，林木养分固持年价值量为7.019亿元，涵养水源年价值量为178.022亿元，固碳释氧年价值量为72.929亿元，净化大气环境年价值量为28.289亿元，维护生物多样性年价值量为98.841亿元，其价值量排序为涵养水源>维护生物多样性>固碳释氧>保育土壤>净化大气环境>林木养分固持，涵养水源是森林重要的生态服务功能，其价值量约占总价值量的40%。在不同乡（镇）中生态服务功能的价值量存在显著差异，其中，塔城镇（87.400亿元/年）最大，其次是白济汛乡（52.896亿元/年）和巴迪乡（51.481亿元/年），攀天阁乡（28.854亿元/年）最小，塔城镇的生态服务功能价值量是攀天阁乡的3倍左右。从表6-31可以看出，在乔木林不同龄组结构中，其生态服务功能价值量排序为成熟林（163.710亿元/年）>中龄林（116.042亿元/年）>近熟林（109.497亿元/年）>幼龄林（30.114亿元/年）>过熟林（13.537亿元/年）。

表6-30 维西县生态公益林各乡镇生态服务功能价值量

单位：亿元/年

乡（镇）	保育土壤	林木养分固持	涵养水源	固碳释氧	净化大气环境	维护生物多样性	合计
巴迪乡	6.424	0.821	20.829	8.533	3.310	11.564	51.481

续表

乡（镇）	保育土壤	林木养分固持	涵养水源	固碳释氧	净化大气环境	维护生物多样性	合计
保和镇	3.726	0.476	12.081	4.949	1.920	6.707	29.859
康普乡	5.841	0.747	18.936	7.757	3.009	10.514	46.804
攀天阁乡	3.601	0.460	11.674	4.782	1.855	6.482	28.854
塔城镇	10.907	1.394	35.361	14.486	5.619	19.633	87.400
维登乡	4.200	0.537	13.616	5.578	2.164	7.560	33.655
叶枝镇	6.282	0.803	20.367	8.344	3.236	11.308	50.340
永春乡	3.764	0.481	12.202	4.999	1.939	6.775	30.160
白济汛乡	6.601	0.844	21.401	8.767	3.401	11.882	52.896
中路乡	3.564	0.456	11.555	4.734	1.836	6.416	28.561
合　计	54.910	7.019	178.022	72.929	28.289	98.841	440.010

表 6-31　维西县生态公益林不同龄组生态服务功能价值量

单位：亿元/年

乔木林龄组	保育土壤	林木养分固持	涵养水源	固碳释氧	净化大气环境	维护生物多样性	合计
幼龄林	3.758	0.480	12.184	4.991	1.936	6.765	30.114
中龄林	14.481	1.851	46.950	19.233	7.460	26.067	116.042
近熟林	13.664	1.747	44.301	18.148	7.040	24.597	109.497
成熟林	20.429	2.612	66.235	27.134	10.525	36.775	163.710
过熟林	1.689	0.216	5.477	2.244	0.870	3.041	13.537

从表 6-32 可以看出，在各优势树种中，价值量由高到低分别是云南松（165.574 亿元/年）＞冷杉（96.627 亿元/年）＞栎类（50.699 亿元/年）＞其他阔叶树（45.451 亿元/年）＞铁杉（27.709 亿元/年）＞云杉（25.213 亿元/年）＞桤木（6.768 亿元/年）＞其他软阔类（6.686 亿元/年）＞华山松（5.163 亿元/年）＞其他经济林木等（4.333 亿元/年）＞杨树（1.790 亿元/年）＞落叶松（1.322 亿元/年）＞枫杨（1.074 亿元/年）＞桦类（0.659 亿元/年）＞柏木（0.508 亿元/年）＞其他灌木（0.433 亿元/年），从总体估算来看，云南松的生态服务功能的价值最高，占总价值量的 37.63%，冷杉次之，占总价值的 21.96%，这主要与其作为地带性植被占有较大的森林

面积有关。由于数据资料有限,本案例中未能对森林康养、防护等的功能价值量进行估算,因此,该区域森林生态系统服务功能的价值量实际远高于本研究的估算结果。

表 6-32 维西县生态公益林优势树种生态服务功能价值量

单位:亿元/年

主要优势树种	保育土壤	林木养分固持	涵养水源	固碳释氧	净化大气环境	维护生物多样性	合计
云南松	20.662	2.642	66.989	27.443	10.645	37.193	165.574
华山松	0.644	0.082	2.089	0.856	0.332	1.160	5.163
冷 杉	12.058	1.542	39.094	16.015	6.212	21.706	96.627
云 杉	3.146	0.402	10.201	4.179	1.621	5.664	25.213
铁 杉	3.458	0.442	11.211	4.593	1.781	6.224	27.709
落叶松	0.165	0.021	0.535	0.219	0.085	0.297	1.322
柏 木	0.063	0.008	0.206	0.084	0.033	0.114	0.508
栎 类	6.327	0.809	20.512	8.403	3.259	11.389	50.699
桦 类	0.082	0.011	0.267	0.109	0.042	0.148	0.659
桤 木	0.845	0.108	2.738	1.122	0.435	1.520	6.768
杨 树	0.223	0.029	0.724	0.297	0.115	0.402	1.790
枫 杨	0.134	0.017	0.435	0.178	0.069	0.241	1.074
其他阔叶树	5.672	0.725	18.389	7.533	2.922	10.210	45.451
其他灌木	0.054	0.007	0.175	0.072	0.028	0.097	0.433
其他软阔类	0.834	0.107	2.705	1.108	0.430	1.502	6.686
其他经济林	0.541	0.069	1.753	0.718	0.279	0.973	4.333
合 计	54.908	7.021	178.023	72.929	28.288	98.840	440.010

(四) 结论与发展建议

1. 结论

本案例借鉴已有研究成果,结合维西县实际情况构建了维西县生态公益林生态服务功能评价指标体系,通过相应的评估方法对维西县生态公益林生态服务功能物质量和价值量进行定量评价。评估结果表明,维西县生态公益林生态服务功能价值总量为 440.010 亿元。在 6 个价值类别中,各项服务功能贡献值大小排序为：涵养水源>维护生物多样性>固碳释氧>保育土壤>净化大气环境>林木养分固持。其中涵养水源和保育土壤价值量合计达232.932亿元，占总价值量的52.94%，维护生物多样性价值量占总价值量的22.46%，这是因为维西县地处金沙江、澜沧江、怒江三江并流的世界自然遗产腹心地，江河纵横、水网密布，生物多样性极为丰富，森林在涵养水源、保育土壤、物种保育等多个方面发挥着极为重要的作用。

维西县乔木林不同龄组生态服务功能价值排序为成熟林>中龄林>近熟林>幼龄林>过熟林，林分蓄积量随林龄增加而增加，维西县生态公益林大面积以中龄林、成熟林为主，说明维西县的森林资源正处于林木生长速度最快的阶段，林木快速生长带来了较强的森林生态系统服务。优势树种中生态服务功能价值贡献率占主要的有云南松、冷杉、栎类、其他阔叶树、铁杉、云杉等，由此可见，不同龄组结构和森林植被类型的生态服务功能价值与其面积呈正相关。

森林生态系统服务功能价值受森林类型、林分面积、生态区域和气候等多种因素的影响。本案例采用当量因子指标评估法，通过构建生态公益林生态服务功能物质量及价值量评估体系，从不同空间尺度、不同龄组及林种结构等方面，科学系统地评估维西县生态公益林生态服务功能各指标价值。需要特别指出的是森林生态系统服务功能是一个动态的时空变化过程，因此各项服务功能的相对价值也在不断变化，需对方法和参数因子进行不断修正，才能客观、真实地反映森林生态系统服务功能价值。本案例主要集中在生态公益林的龄组结构和林种结构生态服务功能价值的静态评价，而不同龄组和林种结构等随着时空的变化也会发生相应的改变。因此，今后要充分利用森林生态站长期、连续观测数据与研究，在空间和时间上对森林生态系统进行动态的分析、比较和评价。

2. 发展建议

目前，维西县生态公益林建设发展中存在林分质量低、树种结构单一、宜林荒山地多、森林资源管护仍需加强及生态效益补偿标准低等问题，本案例在现有研究的基础上提出维西县生态公益林生态服务价值提升策略。

第一，要加强对维西县生态公益林建设的经营和指导，持续提高维西县生态公益林服务价值总量。在维持生态公益林面积稳定的前提下，不断采用科学的方法优化树种结构，加大对生态公益林抚育、更新改造方面的投入，以近自然经营理论为指导，通过优化林分结构，促进形成稳定的复层异龄混交林。针对郁闭度较大的中幼林要加强生态抚育，促进林下植被和新物种的生长，对于生态系统服务功能低下的针叶纯林或过熟林，要开展择伐或补植阔叶树的方式促进纯林向混交林的转变，提高生态公益林质量。此外，还要推动林地资源充分有效利用，提高林地生产力。

第二，采取各种有效措施提高生态公益林生态系统服务能力。因地制宜，因材施策，强化保护与管理双重措施。积极培育优势树种，如增加阔叶林、混交林种植面积，合理布局，提升生态系统服务价值和能力。发挥不同树种各项指标的服务能力，拉动单位面积服务价值的提升，提高区域内林业生态系统应对各类风险的水平和能力。

第三，以生态公益林监测为依托，建立完善生态公益林监测评价体系。全方位开展森林生态效益评价相关基础研究，完善生态系统服务排序和监督体系，利用多种科学手段与技术措施监测重点公益林各种指标的变化，例如，利用3S技术动态监测其组成树种的变化与林地面积等，对生态公益林进行管护成效评价，明确不同地区生态系统服务能力存在的差异，建立合理的差异化激励机制，发挥优势地区的模范作用，从经济、生态和社会效益三方面对生态公益林资源价值进行科学客观评析，打通"两山"新通道。

小　结

本章通过对三个研究区域进行小尺度评价，分别得出以下结论。

通过系统的数据分析发现，2009年楚雄州山区林业生态安全处于恶劣状态，2010年的林业生态安全处于风险级，2011年的林业生态安全处于恶劣状态。2014年的林业生态安全转为敏感级，同时也是林业生态安全改善的转折点。2016 年，楚雄州的林业生态安全处于安全状态，2017 年则是林业生态安全状态良好的年份，2018 年楚雄州的林业生态安全属于安全状态，2019 年处于良好状态。从 2009～2019 年的林业生态状态评价中可以看出，楚雄州山区林业生态安全在 2009～2019 年处于一个不断变动的过程中，即从恶劣到存在风险，再到安全，再到良性运行的状态。对楚雄州林业生态安全进行的评价，有助于提高当地政府对森林资源现状的认识以及对林业生态发展的重视程度，也有助于提高民众的森林生态安全意识与生态文明素养，实现维护生态环境平衡的目的。

通过系统的林业生态安全评价发现，昌宁县林业产业正朝着积极的方向发展，林业生态水平也正在逐渐恢复，林业产业和林业生态之间，正在逐渐形成一种较为和谐的共生关系。不过，昌宁县短时间内无法改变的林业产业化水平较低，林业从业人员可持续经营意识淡薄，林业产业发展不均衡等问题，依然是昌宁县林业产业和林业生态安全之间协调发展的制约因素。鉴于此，本研究结合昌宁县林业生态安全状况和西南山区未来林业发展趋向，提出四个发展建议，也即提升昌宁县的林业产业化水平，转变昌宁县林业经营管理理念，加强林业技术推广，发挥林场在林业产业中的关键作用。只有在提升昌宁县林业产业发展的基础上，充分利用好县域资源优势的前提下，才能兼顾林业生态建设，提高林业生态安全水平，为生态文明建设顶层设计和产业经济建设提供决策依据，才能实现生态安全与产业兴旺的可持续发展。

通过对维西县生态公益林的生态服务功能价值进行估算，分别得出各项生态功能所产生的货币价值排序。同时也发现维西傈僳族自治县公益林建设发展中存在一系列问题，比如林分质量低，树种结构单一，营林绿化量偏少，尚存在较多的宜林荒山地，森林资源的管护不到位，生态效益补偿标准偏低等问题。基于此，提出相关发展建议。

对三个案例点的林业生态安全评价，明晰了各地林业生态安全的不同状态以及各自发挥作用的要素，研究结果与西南山区的林业生态安全整体评价相互印证、相互补充，以便于更为科学地探索维持林业生态安全状态的路径。

第七章 西南山区林业生态安全 与乡村振兴协同路径

　　森林资源与林业既是生态文明建设各要素的主体，也是经济社会可持续发展的物质基础。林业生态系统的稳定性和林业生态安全是推进这一进程的根本性问题。乡村振兴是指引我国未来农村发展的总纲领，其核心要求是全面推进农村经济建设、政治建设、文化建设、社会建设和生态文明建设。其中，牢固树立和践行"绿水青山就是金山银山"的理念、加快生态建设、创造人与自然和谐共生的现代化发展状态、增强脱贫地区和脱贫群众的内生发展动力、以绿色发展引领乡村振兴，是当前时期乡村振兴的基本任务，也是本研究的核心和出发点。从前述分析可以看出，林业生态安全影响着西南山区的产业结构、经济状况和民生发展，引发资源危机、环境污染和人口问题，左右着西南民族社会的政策制度、公序良俗和治理方式，影响着西南山地民族的文化传承、思维方式和价值理念。因此，林业生态安全惠及民生福祉，与西南山区的经济社会可持续发展和乡村振兴密不可分，本研究在探究林业生态安全本身要义的同时，还要去追寻西南山区林业生态安全价值，以及其和民生发展、乡村振兴协同演进的实现路径。

一 西南山区林业生态安全与乡村振兴协同共生机理

（一）林业生态安全与乡村振兴的内在逻辑

　　西南山区地域广阔，具有林业资源富集区、江河源头区、经济欠发达区、社区生计滞后区、民族文化特色区，以及边疆偏远地区等重要特点。自然生态、山地社会和民族地区的特殊性要求在推进西南山区的林业生态安全建设和乡村振兴过程中需准确把握二者间的互动逻辑，并在此基础上形成具有差异化的发展路径选择。

1. 林业生态安全引领了西南山区乡村振兴的方向，规定了乡村振兴的路径选择

在新时代的发展背景下，国家提出了生态文明建设和乡村振兴的宏伟战略。这既是人类社会发展中文明形态演进的必然，也是新时代我国农村社会发展变迁的需要。[①] 在相当长的历史时期内，人们将"乡村发展"等同于"农业发展"，从经济和产业发展的单一维度来推进乡村进步，这是一种用工业化思路来推动农业发展的方式。同时，在国家工业化进程中，资金、技术、信息、知识、资源等配置持续向城市、工业倾斜，维持乡村发展的土地、资源、治理等制度安排并未得到彻底变革，城乡二元体制的分割化越来越严重，导致城乡差异不断加大。在城镇化加速发展和城乡二元割裂的双重影响下，乡村出现了生态环境恶化、传统产业衰败、传统文化瓦解、乡村治理乏力等困境，严重制约了我国经济社会的整体发展。在西南民族众多的山地，农业并不像一些发达地区那样，在一定程度上已经摆脱了对自然的绝对依赖，他们可以依靠高效分工和高端农业科技创造出高效农业。而西南山区由于各种限制因素的存在，采用工业化的生产模式必定会带来自然资源退化和环境污染、农业生物多样性减少、食品安全以及许多难以解决的社会问题。因此，使用单一的工业化思路来推动西南山地乡村发展并不可行。

因此，西南山区乡村振兴必须以生态文明作为引领来实施推进，重新审视人与自然的关系，尊重多样性的存在，既往一切生态文明的实践成果都可以作为推进乡村振兴的动力和基础。在这个过程中，林业生态安全就

---

① 王海峰：《民族地区生态文明与乡村振兴的互动逻辑及路径选择——以甘南藏族自治州生态文明小康村建设为例》，《社科纵横》2019 年第 12 期。

是生态文明建设和乡村振兴成果的体现和衡量标准，也就是说，一个地区的生态安全状态代表着这个地区生态文明建设和乡村振兴的水平。在以往的发展过程中，西南山区因为种种制约而未能主动汇入"工业化"发展的洪流，不能"迅速"改变其经济和生计滞后的状况，却也因此减缓和遏制了森林和生态破坏的程度，为其长远的绿色可持续发展保持了根基。所以，西南山区的乡村振兴不能重蹈其他地区攫取生态红利来实现所谓的高效发展的老路子，而应该科学、理性地认识到山地林业生态的重要性、难以复制性、脆弱性，以及民族传统文化本身所蕴藏的巨大价值，因地制宜，选择符合西南山地生态、经济和民族文化特征的发展路径。

2. 林业生态安全界定了西南山区乡村振兴的底线，也提供了乡村振兴的内外动力支持

西南山区林业生态安全的战略地位和自然资源特质使其的底线规制显得特别重要。要在那些生态功能极其重要、生态环境极其脆弱，具有潜在的重要生态价值，必须强制性保护的区域划定生态保护红线，严格限制乡村振兴的一切活动不跨越红线、不损害生态。除了需要广大社区约束自身的行为之外，还需要公共政策明确的限定和支持。因此，在国家政策规定的大范围内，制定并颁布实施地方性生态和森林保护政策法规，同时，对生态问题的预防、修复和治理提供各种政策支持，既做到对区域生态保护的全方位预防，又能对违法行为进行生态执法的刚性约束，这样才能让一切促进山地社区生计发展的行为和活动在规划之初就做到有法可依、有法必依，遵守生态安全的基础底线。在保护森林环境的同时，也要注意到保护政策的实施可能对山地民族生计带来的一系列影响。因此，制定合理的生态效益补偿政策也应是公共政策的重要组成部分。前文中所提及的各种生态公益林建设、自然保护区建设以及未来的国家公园建设等，都涉及利益受损社区的生态效益补偿问题，如果这个问题解决不好，必然会引起新的问题出现。

除了外在的政策支撑力之外，山地社区为维护林业生态安全，世代传承下来的生态哲理、森林文化、生计行为以及刻在山地民族骨子里的某些"可持续经营基因"和"环保基因"都可以成为乡村振兴的内在文化动力。比如，前述云南滇西北藏族的农林牧复合生计就是藏民在高原环境中求得生存发展并能维持生态安全的一种适应性选择。农林牧体系蕴含了自然系统内各资源要素的相互作用关系、社会系统内的经济关系，以及人文系统内的文化关系三重属性，这三重属性交织成网，共同维护了藏族社区的生态安全。首先，从生态系统运行机理角度来看，森林、牧场、耕地等生计构成要素在生态系统内稳定镶嵌的立体空间格局，既满足了藏区农户在农业生产中的心理需求和农牧生产管理的需求，同时，也保证了农业生态系统内各组分在物质循环和能量流动方面的充分和畅通，有利于生态系统的良性运行。其次，从资源利用和社区生计发展的角度来看，农林牧系统内各资源要素相互联系、相互补足，形成了"你中有我，我中有你"的资源利用观念。最后，从规避生计系统运行风险的角度来看，虽然说农林牧复合生计系统是云南藏民适应高原环境的主动选择，但是某些客观因素的限制导致农林牧活动在相互补足的同时，也存在某些天然竞争。为了维持复合生计系统的稳定、持续运行，作为系统中最高消费者和控制者的当地藏民想方设法地适应环境。一方面，他们通过时间和空间上的调配与安排，来实现对光、热、水、耕地、牧场、森林等自然资源的较高利用率；另一方面，与之相配合，产生了云南藏区如土地利用制度、耕作制度、种植制度等农业生物多样性的各类管理方式和技术，将可能出现的风险降至最低，保证了生态安全。[①] 在推进乡村振兴的过程中，这些能够维持区域林业生态安全的社区生计行为是非常有力的动力支撑。

3. 林业生态安全与乡村振兴的终极目标具有一致性，可形成合力，实现协同治理

林业生态安全是自然与社会相互作用的林业生态系统内生态—经济—

---

① 李建钦：《云南藏区农林牧复合生计系统与林业生态安全的内在逻辑》，《云南社会科学》2020年第2期，第141~148页。

社会—文化多要素综合协调下的生态安全，自然多样性和人类生计、文化多样性的耦合，林业生态和林业经济的耦合等多重关系的协同程度决定了林业生态安全的状态。因此，林业生态安全问题与山地林区的贫困、民生、可持续发展等交织在一起，解决林业生态安全问题，既要实现森林生态系统的动态平衡，维护生态环境的安全和健康；又要满足经济社会对林业发展的生态和资源需求，实现区域经济在更高层次上的发展起着关键性作用。乡村振兴则是要以农村、农民、农业为核心主体，通过制度创新、政策支持和工程技术等手段，改变现有制度—环境—技术条件下乡村发展滞后甚至衰退的态势，推动乡村经济、生态、文化、政治、民生等的优化及耦合发展。乡村振兴不是指某一方面的单独发展，而是我国从古至今历朝历代一直视为核心的"三农"问题在当前经济、社会、文化、生态、政治等领域的全方位、高质量、高水平的系统振兴，它也不等同于一般意义上的乡村经济发展和乡村基础设施建设，而是基于农业农村现代化发展目标的提质升级、整体发展。所以，从这个角度来看，林业生态安全与乡村振兴的终极目标具有一致性。

从治理的角度来看，西南山地社区具有自然约束力强，农户、土地等生产要素分散，社区生计滞后，乡村地理资源空间的异质性和多样性突出，民族传统文化具有较强的影响力，以及对外来支持依赖性大等基本特点，这些固有的基本特征和发展规律决定了西南山地无论是解决林业生态安全问题，还是开展乡村振兴工作都是一个极为复杂的系统工程。在过去单纯以谋求生产利益最大化和高产化为主要目标取向的"工业化"农业发展模式，不仅没有带来山地社区生计和经济的快速发展，还造成了资源浪费、生态破坏和环境污染的后果，同时也导致很多民族社区传统文化和传统技术丢失严重，打破了他们千百年来和自然之间朴素的相处格局，严重危及了当地的生态安全。林业生态安全的各要素与乡村振兴的各要素就是这样互相交织，彼此之间形成了各种因果关系和互动关系。因此，对其的协同治理既涉及山地林区的生态保护、环境修复，以及"山水林田湖草"生命共同体的建立，也涉及可持续的社区生计发展和高水平高质量林业产业、林业经济的发展，还涉及山地社区从人与自然和谐共处到互利共赢的本质跨越。在具体的推进过程中，一切为林业生态安全体系构建和乡村振兴所做的努力和所有的内外动力如政府的引导作用、民族社区建设主体的能力发挥、外来支撑力量的投入等均可以形成合力，实现协同治理。

（二）林业生态安全与乡村振兴的交互作用

1. 林业生态安全对社区生计安全和经济增长的影响

首先，林业生态安全对于西南山区乡村林业社区的经济良性增长和社区生计安全发挥着基础性作用。经济的再生产过程，从来都是和自然资源、环境资源的再生产过程联系在一起的。[①] 总体而言，林业生态安全系统主要从两个方面影响着一个地区社会经济的可持续发展和生计安全状态：一是林业生态安全系统中的各类自然资源作为山地社区生计发展和经济增长的生产性要素对当地的社会经济活动产生着直接影响；二是通过影响生计发展和经济增长的核心要素如劳动力、资本、技术投入等，使其受到影响，反过来又制约生计和经济的增长所产生的间接影响。山区、林区生计安全和经济的增长在很大程度上取决于当地的林业生态和林产业是否满足了人们对林业产品和森林生态系统服务的多功能需求，是否为山地民族提供了广阔的就业空间，增加了社区的收入，是否为其日常生活和文化需求提供了有足够承载力的生境，同时，森林环境是否具有消化和容纳因生计和经济活动产生的废物和污染物的能力，等等。也就是说，林业生态安全系统为山地社区提供生存空间和物质基础，并制约着人为活动的规模、强度和效果。[②] 林业生态安全与社区生计安全经济增长的协同过程是指通过经济和技术手段将林业生态、经济、社会各要素进行有效配置，形成生态经济合理的因果关系和运行过程，表现为"压力—承载力—反馈力—调和力"的

---

① 《马克思恩格斯全集（第2卷）》，人民出版社，1972，第339页。

② 张瑞萍：《西部生态环境与经济增长协调发展研究》，兰州大学博士学位论文，2015，第33页。

因果关系链，这个过程既是生产的过程，同时也是一个管理的过程。

其次，林业生态安全状态制约着山地社区生计安全和经济增长的速度与效率。前述第四章中提到林业生态安全承载力是森林和林业资源消耗可控前提之上的林业生态、经济、社会复合系统的总和协调发展水平，包括林业生态系统在自我调节能力和人类有序生计活动下所能支持的社会经济和社区生计的发展程度，以及自然资源消耗程度、环境退化、污染和破坏程度等。所以，林业生态安全承载力的阈值就是山地社区生计安全和经济可持续增长的限度，生计发展和经济增长超过林业生态安全阈值，将导致森林资源耗竭、林产品质量下降、生物多样性受到破坏、林业生态系统的服务功能降低、稳定性受到威胁，此时，区域林业生态系统将处于不安全的状态，而经济的增长也将处于不可持续的状态。这里值得注意的是，林业生态系统和生计、经济系统的反馈机制并不相同，林业生态系统的反馈以稳定性、安全性作为效益评估指标，而生计和经济系统却是以增长性作为效益评估指标，因此，二者的协同交互作用也具有非常鲜明的特征，即生计发展和经济增长可以通过不断经营森林资源来获得，在短时间内，哪怕超过林业生态系统承载力的情况下，仍然可以通过一些其他助力手段来保持该地区经济的继续增长，但是长期来看，持续的资源耗损、生态破坏、环境污染等会制约生计发展和经济增长，前述西南山地社区的诸多案例均说明了这一点。

最后，林业生态安全格局可以指导和优化山地社区生计与经济增长过程中的各种治理手段和治理方式。西南山区在推进乡村振兴和生态文明建设的过程中，针对各地不同的资源环境和民族文化特点，需要使用不同的资源开发利用手段以及不同的社区治理手段。在国家重要的生态屏障保护区，比如大横断山脉三江并流自然遗产地，这里的林业资源更多需要进行保护以发挥生态效益，那么该地区的社区生计发展和经济增长就应该以国家的生态效益补偿、劳动力转移，以及绿色产业的开发和推广作为发展的整体思路和治理的主要手段。而在更为广阔的山区和集体林区，过去资源耗竭型的经济增长模式造成林业资源环境受损，但是，这种结果所显现的影响也并非完全消极，有时甚至会出现新的转机。因为，在良好的社会大环境中，这种结果一方面会促进国家和地方政府制定更为严格和完善的政策制度来保护森林生态环境，并提供必要的资金和技术来治理森林生态环境；另一方面，面对受损的森林环境和资源状态，又会促进当地社区不断通过技术创新和产业转移等来促进生计安全和经济增长。当然，不管是采用哪种治理方式和治理手段，其最终的目的就是促进林业生态安全与山区的生计、经济发挥良性作用，协同发展。

2. 社区生计和经济增长对林业生态安全的影响

社区生计对林业资源的依赖和地区经济增长对林业生态安全具有双向影响。外界关注最多的是二者之间的作用产生的负面影响，即认为社区生计对森林资源的依赖必然会导致资源过度利用和损耗。在经济欠发达的西南山地社区，经济增长往往依赖于直接利用林业资源来维持，生计和经济活动的扩张改变了林业生态系统的结构和功能，使其变得脆弱。一般来说，社区生计活动的扩张和经济增长以获取最高利益为目标，这种扩张没有上限，然而林业生态系统的稳定性和安全性是有承载力阈值的，这正是负面影响产生的核心原因。

反过来，社区生计发展和经济增长也能对林业生态安全的稳定性产生正面价值和促进作用。这种促进作用表现为：生计发展和经济增长积累了物质财富和技术基础，从而可以为改善和优化林业生态环境、稳定林业系统提供资金和技术支持。例如，我国南方集体林区所在的一些省区，如浙江、福建等发达地区，由于经济发展良好、人均 GDP 增长快、地方管理政策灵活、具备实现森林可持续经营的技术创新和资金支持，从而为林业生态环境的改善提供了物质基础。同时，有效的科技投入和技术创新还为减少浪费、提高林业资源利用率、生产绿色环保的林业产品、减少污染等做出了贡献，从而维护了林业生态系统的稳定和林业生态安全状态。因此，这些地区在一定程度上实现了社区生计发展、经济增长与林业生态安全之间的良性互动。然而，西南山地社区生计欠发达、经济发展途径单一、缺少经济增长点，因此也缺乏社区林业发展的滚动资金和技术创新能力，这些都是在乡村振兴过程中需要推动解决的问题。

综上所述，林业生态安全的原动力来自林业资源和森林生态系统本身，同时也受制于人类的生计和经济活动安排，二者之间相互制约、相互促动，交互作用非常显著。揭示林业生态安全与经济社会发展之间的内在机理，可以帮助我们正确理解二者之间的关系，探索符合时代发展和西南山地区域特点的林业发展和乡村振兴路径，为维持林业系统的稳定和林业生态安全奠定基础。

（三）林业生态安全与乡村经济社会协同共生的模式

根据生态学物质和能量循环的原理，生态系统中各构成环节的需求如果能够维持较高水平的满足度，即可以保证系统的良性循环；相反，如果其中某一环节的满足度不高，就有可能导致整个系统出现问题。林业生态安全系统涉及自然、经济与社区生计、社会文化等诸多要素，这些要素在林业生态安全系统中相互支撑、相互制约，发挥着不同的功能。而只有这些要素能够处于一种相对平衡的状态，并以促进、补充和合作作为主要的维系力，那么就能通过要素间的交互作用产生新的功能、秩序和综合效益的最大化。在这个过程中，任何一种要素所产生的利益和价值都是重要的，都应该予以确认和维护。既不能重视林业的生态价值而忽视生计和经济的价值，也不能为了促进社区生计发展和经济增长而放弃森林生态系统的保护。单独否定或重视任何一方都不能实现普惠的民生福祉，而只有让各要素在林业生态系统中找准位置，保持稳定和健康的状态，互融互动，才能共同发展，这就是协同共生的根本原理。在西南山区，因为各地的自然环境不同，经济发展水平和层次不同，发展潜力和机遇不同，民族文化也千差万别，所以，林业生态安全与经济社会协同共生的目标是一致的，但是发展模式可以根据实际情况有不同选择，协同发展的强度也可以因为各种因素的影响有所不同。一般来说，西南山区林业生态安全与经济社会协同共生模式可以包括以下几种。

1. 以林业的生态功能为主导，经济和社会文化功能协同模式

如前文所述，西南山区是我国重要的天然林分布区域，是长江中上游的重点生态保护区域，也是我国生物物种南来北往交替演化的重要区域，无数重要的生物物种以这里作为栖息地，因此，西南山区具有非常重要的生态区位，发挥着极为重要的生态价值。从生态工程建设的角度来看，西南山区不仅是重要的天然林资源保护工程和生态公益林建设的重要实施区，也是全国自然保护区和国家公园建设的热点区域。然而，与此同时，西南山区也存在诸多生态非常脆弱的区域，如高海拔林区、云贵石漠化地区等，这些区域可开发利用的能力十分有限，而生态修复和治理的任务十分繁重。

以云南为例，自 1998 年天然林资源保护工程实施以来，云南全省 16 个地州中的 13 个州（市），69 个县被划入了工程实施区，天然林保护工程区一期项目总面积达 35000 万亩。截至 2019 年，云南全省共区划界定公益林面积 19061.5 万亩。其中，国家公益林面积 12098.6 万亩，省级公益林 5946.9 万亩，州县级公益林 1016 万亩。在自然保护地建设方面，自 1958 年云南省建立第一个自然保护区——西双版纳自然保护区以来，截至 2021 年，云南全省先后划定自然保护区、国家公园体制试点区、风景名胜区等各类自然保护公园 362 处，其中自然保护区 166 处，国家公园体制试点区 1 处（高黎贡山国家森林公园），自然保护地面积达 549.58 万公顷，约占全省土地面积的 14.32%，保护了云南省 90% 左右的重要生态系统和 85% 的重点保护野生动植物，以及大多数重要的自然遗迹。①

通过这些数据可以看出，生态区位极为重要的省区，如云南，总体上可采用以生态功能为主导，经济和社会文化功能协同发展的模式，并针对不同区域采用不同的手段。在受到严格保护的天然林区和公益林区，一方面，在获得国家生态效益补偿的同时，可以选取民族社区乡村振兴工作中

---

① 《云南建成各级各类自然保护地 362 个》，人民日报客户端，2022 年 9 月 7 日，https：//baijiahao. baidu. com/s？id=17433095891217366719&wfr=spider&for=pc。

划定的"三类人员"① 作为生态护林员、护边员②和巡护员等，使其既能发挥自己对山林熟悉的特长，激发其责任心形成内生动力保护山林，同时又能获得一份工资收入，维持生计；另一方面，在保持当地森林生态功能发挥的同时，与各类生态工程建设相配合，在适合的社区可因地制宜发展育苗造林、经济林果和花卉园艺栽培、珍贵名木的培育等，形成森林生态保育产业。此外，还可利用森林林区优越的景观资源和生态条件，引入各方资源发展森林康养、疗愈、休闲观光、徒步、生态研学、自然教育等第三产业。

在滇西北、川西和藏东南高海拔地区以及云贵的岩溶地貌等生态脆弱区，这些地区同时也是社区生计发展严重滞后的民族聚居区，其协同发展应注重在促进生态修复治理的同时，需要加大政府外来支持，并寻求更多社会资源的投入，调整这些地区劳动力、土地利用和林业经济发展的结构，形成以生态为主导的合理的经济社会发展模式。

2. 以林业的经济功能为主导，生态和社会文化功能协同模式

在一些水热条件良好、林业资源丰富、经济发展水平相对较高的地区，尤其是一些生态公益林和生态工程区范围之外适合进行经营的山区和集体林区，在保证原有森林生态效益能充分发挥的前提下，可以以林业的经济功能为主导，结合地方的自然条件大力培育优势林业产业并形成规模，带动山地社区经济社会的整体发展。例如，在一些热带、亚热带地区和河谷热区，可结合地方资源种植技术含量较高、经济价值也高的经济林果如澳洲坚果、咖啡和各类高档水果，贵重用材林如柚木、香樟、红豆杉等，景观园艺树种如合欢树、风铃木、枫树、朴树等；在中山山地社区，可以结

---

① "三类人员"指的是在贫困村寨脱贫摘帽之后，巩固脱贫攻坚成果和全面开展乡村振兴过程中，社区里存在的一些生计脆弱人员，包括边缘易致贫户、脱贫不稳定户和突发严重困难户三类。

② 西南林区中的云南和西藏有较长的边境线，边境之处大多山林茂密、沟壑纵横，是天然的边境线。世代聚居于边境附近的民族社区处于守卫边疆的最前沿，出于国防安全的考虑，选择民族社区里熟悉当地环境和人员的村民作为护边员，配合国家的边防部队共同维护边境的安全。

合山林广大的特点，稳固传统产业，探索新兴产业，发展林下种植、仿生种植、林药、林菌等复合种植，多途径创收。与此同时，需完善林产品深加工、商品推广和销售、冷链、物流链等一系列林产品加工和营销模式，让社区农户既能生产出生态产品，还能让市场知晓并卖得出去，持续滚动，使林产业的经济主导功能真正惠及民生。

以云南小粒咖啡产业为例，咖啡是世界三大饮品之一，这种全身散发着异域风味的树种，于100多年前被一名法国传教士引入金沙江支流渔泡江畔的一个名为朱苦拉的彝汉杂居村寨种植，成为中国咖啡种植的起源地。云南种植的咖啡品种为小粒咖啡（Coffea Arabica）[①]，具有抗寒力强、耐短期低温的特点，适宜生长在海拔800~1800米的山地上，在热带地区海拔上限可达2000余米。目前，云南的保山、德宏、普洱、临沧亚热带山区已经在普遍种植。因为地处北纬15°至北回归线之间，土壤肥沃、日照充足、雨量丰富、海拔适宜，因此，这些地区的小粒咖啡具有香醇、厚重、浓而不苦、香而不烈的特点，不但品质上乘，产量也很高，德宏的小粒咖啡曾以363.5公斤/亩保持了全国咖啡单产产量冠军，云南小粒咖啡因此成为国际市场上广受欢迎的咖啡上品。目前，在地方政府和市场需求的促动下，有众多企业被云南的咖啡种植条件吸引，纷纷投资建厂，已经建立起咖啡产品的初加工和精深加工生产链。广大种植区的林农因为种植咖啡受益。虽然在云南咖啡产业发展过程中还存在诸多问题，但是，在适合种植的地区，其优势产业的地位已经树立，配合着咖啡种植，一系列以休闲、观光、体验为主的咖啡庄园和咖啡馆也纷纷建立，咖啡产业在未来还具有诸多潜力可挖掘。

3. 以林业的社会文化功能为主导，生态和经济功能协同模式

林业的社会文化功能是一个比较特殊的功能，在传统林业发展的过程中，人们往往比较注重建立完善的生态体系和发达的林业产业体系，但是

[①]　在我国行业分类中，咖啡种植被归并入农业行业，并由农业部门履行监管任务，但是，小粒咖啡本身属于木本植物，可生长成小乔木或大灌木，树高可达5~8米。

林业的社会文化功能却往往容易被忽略。前国家林草局局长贾治邦曾提及：林业发展是推进社会文明进步的重大举措，建设繁荣的森林文化体系，是经济社会和现代文明发展的要求。发展森林文化，既可以协调人与自然的关系，也可以协调人与人的关系。① 西南山区森林文化底蕴深厚，类型多样，不仅维持着山地民族精神世界与自然的联系，同时，其中很多森林经营的传统生计和文化行为也可以被挖掘和引导，转化成为经济价值，促进民族山区的生计发展。

以云南的古茶产业为例，云南是中国最重要的茶产地之一，也是重要的茶树种质资源库和茶树植物多样性的分布中心。生活于云南的各民族自古以来就与茶叶有着非常紧密的关系，自唐宋以来，云南的茶叶贸易便遍布四面八方，盛名远播。古茶也称林下茶、乔木茶等，指树龄在百年以上的茶树。云南部分山地民族如布朗族、哈尼族、拉祜族、基诺族等自古以来就有种植和经营古茶的习惯，他们不对茶树进行过多修剪，让其自由生长，并遵循茶树喜荫蔽的特点，在茶树中间保留了许多大乔木和灌木丛，经年累月之后形成了隐藏于各大茶山的古茶林生态系统。今天，云南古茶的经济价值已经被很好地开发出来，因为生长的特殊性、产品的有机性和生态性，使其售价远远高于其他茶品类如台地茶或生态茶，而那些以经营古茶为主要生计的少数民族社区，即便村寨地处边远、交通不便，但古茶的经济收益早已让他们摆脱贫困，提前进入了小康生活。

在古茶经济价值不断攀升的同时，那些百年千年古茶树所承载的历史文化价值也被挖掘出来。例如，云南澜沧县景迈山由布朗族、傣族世代经营的"千年万亩古茶林"以其"山同林、林生茶、茶绕村、人养茶、茶哺人"的景观格局和生态链，生动地书写了"林茶共生、人地共荣"的和谐状态。景迈山在 2012 年被联合国粮农组织（FAO）公布为全球重要农业文化遗产（GIAHS），并在 2023 年 9 月被正式列入《世界遗产名录》，景迈山古茶园也成了全球首个茶文化世界遗产。2013 年 5 月，普洱景迈山古茶林

---

① 贾治邦：《拓展现代林业三大功能，构建三大体系——论推进现代林业建设》，《林业经济》2007 年第 8 期，第 3~7 页。

被国务院公布为第七批全国重点文物保护单位，为了保护古茶园，当地林业部门专门成立了云南普洱景迈山古茶林保护管理局，并颁布了《普洱市景迈山古茶林文化景观保护条例》对古茶林的采摘、修剪和日常管护作出详细规定。目前，景迈山古茶生态系统核心区的 3 个村民委员会（芒景布朗族村、哈尼族村、景迈傣族村）14 个传统村落的基础设施修建完善，古建筑保护严格。得益于景迈山古茶林文化景观的保护，景迈山知名度不断提升，现在越来越多的茶商和游客慕名来到景迈山古茶林旅游；一些知名文旅企业也来到景迈山周边投资，建立茶庄园、茶文化园，促进了文旅融合、茶旅融合；当地村民在继续经营茶业的同时，也在自家开起餐厅、客栈，销售土特产，大大增加了收入。景迈山古茶园案例属于以生态和文化保护促进社区经济发展，保护和利用互利互惠、协同共生的典型案例。

4. 生态—生计—社会多要素高效协同共生模式

林业生态安全体系本身就是林业生态系统内多要素相互依存、相互促动、协调发展而形成的一种安全状态。在这个系统里，人与自然环境之间，通过森林生态系统与经济文化系统之间物质流和信息流的交换与循环作用，形成了一个相对稳定的有机整体。但是，这种稳定性随时可能因外界的干扰被打破，因此，需要在人为的引导和干预下，使系统内的能量流和信息流发生高质量的超循环作用，从而形成长期稳定高效的协同发展模式。在这种状态下，林业生态安全的各要素高度耦合，经济发展与森林保护之间的矛盾逐渐减少甚至消失，一种优质、高效、长期稳定的林业生态安全格局出现。理论上来说，这是林业生态安全最理想的终极目标，也是未来努力的方向。

二　西南山区的林业生态安全和乡村振兴协同的原则

（一）自然层面：恢复、权衡和协同森林资源的多功能性

森林生态系统的作用和功能具有多重性。首先，森林是陆地上最大的

生态系统，能够涵养水源、防风固沙、保持水土，其固碳的功能是减缓气候变暖的调节器，同时也是空气的天然净化器。其次，森林是生物多样性的栖息地和森林民族生存的家园，森林民族对大自然从敬畏、顺从到抗争、改造，又到适应、学习等全部过程均在这个生境里发生。最后，森林还是人们可以直接利用的自然资源，无论过去还是现在，森林就是一个储存了人类生存和发展所需食物、能源、生产资料的天然仓库，长久以来任凭人们利用。因此，对于人类社会来说，森林既具有多样性、整体性和公益性，同时也具有实用性、经济性和利益性。

人类社会从起源之初的衣食所依，一直到之后大多数文明成果的产生，几乎都是建立在对森林资源的利用基础之上。工业化时代，世界各地更是毫无例外地以掠夺森林资源作为资本积累和经济发展的重要途径。① 森林生态系统结构复杂，其内部各因素总是相互制约、相互依赖，其稳定性与安全性并非一朝一夕形成，而必须经由长期进化而来，所以一旦遭到破坏，所带来的伤害是巨大而持久的。人类的诸多文明都经历过对森林资源过度利用，再品尝环境恶化的苦果，最后导致文明衰退甚至湮灭的历程。正如恩格斯在《自然辩证法》中说过的那句警世名言一样："我们不要过分陶醉于人类对自然界的胜利。对于每一次这样的胜利，自然界都在对我们进行报复……美索不达米亚、希腊、小亚细亚以及其他各地的居民为了得到耕地，毁灭了森林，但是他们做梦也想不到，这些地方今天竟因此而成为不毛之地。因为他们使这些地方失去了森林，也就失去了水分的积聚中心和贮藏库……"所以，森林毁坏所带来的不单纯是资源的耗竭，或者引发的其他生态问题，更重要的是，它直接影响了人类发展的前途和命运。纵观人类的发展历史，实际上就是一部人与自然的关系史，人与森林关系的变迁史，在很大程度上反映着人类文明进化和演变的过程。尊重自然、保护森林，人类就会获得优越的生存条件。而违背自然规律、破坏生态，人类将遭受无穷的灾难。人类对森林的破坏已经付出了惨重的代价，无数事实

① 苏孝同：《生态文明的林业理念与和谐社会的建构》，《北京林业大学学报》（社会科学版）2005 年第 3 期，第 1~7 页。

已经证明，一个国家，一个地区，一个民族，"森林兴则文明兴，森林败则文明衰"，这是不以人们意志为转移的客观规律。①

因此，要解决西南山区已经出现的森林资源被过度利用、林地退化、森林生态系统服务功能降低、社区经济滞后且发展不平衡的诸多问题，需要尊重自然、修复环境、恢复森林生态系统功能，在权衡森林资源多功能的前提下，维持森林生态系统的自然性，让其保持稳定和安全的状态是西南山区协同林业生态安全和乡村振兴协同发展首先要遵从的原则。

（二）经济层面：生态优先，分类经营，和实生物

当今，生态建设和林业发展正面临巨大的转折和机遇。习近平总书记提出了"林草兴则生态兴"的论断，党的二十大报告中提出必须坚持生态优先、绿色发展的道路。森林本身是一种可再生的资源，其经济作用对人类来说具有不可替代的价值，协调森林的多功能性，对其进行合理的、可持续的经营和利用与生态保护并不矛盾。只要在保持森林资源生态效益持续发挥、不引起生态安全风险的前提下，符合山地民族社会传统文化规范和生态伦理、满足社区生计发展的需求之下，林区农户和各类经营者为实现经济利益最大化对森林资源进行的开发利用是可行的。

纵观林业资源经营管理和利用的历史，是一个不断反思人与森林的关系、追求和谐发展的历史。虽然人们在与自然和森林的博弈中获得了短暂的利益、收获了期盼中的成果，但是这种成果背后隐藏的危机也让人们不断去思量和修正人与森林的关系，并生发出了不同的森林资源经营管理理论。永续利用思想是较早出现的一种森林经营的思想。在中国历史典籍中，关于森林永续利用的思想屡见不鲜。早在春秋时期，齐国宰相管仲就提出"山林虽近，草木虽美，宫室必有度，禁发必有时"②，认为山林是重要的自然资源，反对对山林的过度开发。荀子继承了管仲的

---

① 周生贤：《中国林业的历史性转变》，中国林业出版社，2002，第6页。
② 《管子·八观》。

思想，认为"草木荣华滋硕之时，则斧斤不入山林，不夭其生，不绝其长。"① 西汉的刘安在《淮南子》中也提到"不涸泽而渔，不焚林而猎"，"草木未落，斧斤不入山林"，"以时种树，务修田畴，滋植桑麻，肥饶高下，各因其宜，丘陵阪险，不生五谷者，以树竹木"。《齐民要术》提及经营杨树时"岁种三十亩，三年九十亩，一年卖三十亩……周而复始，永世无穷"。18 世纪末期，德国林学家发展出了比较完整的森林永续利用理论，并提出了一系列相应的森林经营技术。永续利用理论认为，森林是有限的，不是取之不尽用之不竭的，只有在培育的基础上进行适度开发利用，才能满足人们对森林的多种需要和愿望，使森林持久地为人类发展服务。对森林持续的、不间断的采伐利用是可行的，是能够实现的，森林培育是实现永续利用的物质基础和前提，只要通过调节森林采伐方式和采伐强度，在空间、时间上做好搭配，就可以使木材收获持续不断，人们将世世代代从森林中得到好处。永续利用包括森林资源在数量上、质量上、空间上、时间上永不间断，通过建立标准人工林（法正林）的方式，根据森林生长量来确定采伐量，从而保证永续而均衡地采伐森林。木材永续利用和法正林为人们提供了对森林采伐、培育和利用的理论指导，使各地有了森林采伐的标准。

森林永续利用理论整体上是以木材永续利用为核心的森林资源经营管理体系。随着人们对森林价值认识程度的不断加深，森林的多功能效益逐渐受到重视，森林管理的目的也从早期单一的木材经营和利用发展成为发挥森林的多功能效益上。多功能林业资源的利用方式注重森林资源的可持续经营，注重森林多重功能的均衡发挥，也注重森林整体效益的高水平获取。强调既不能为了经济发展而牺牲或限制其他功能的发挥，也不能为了生态保护而忽视地区经济和社区生计发展对森林资源的需求。因此，根据已有的这些森林资源经营和利用理论，在推动林业生态安全和乡村振兴过程中，在保证生态优先的前提下，可以采用技术创新和各

---

① 《荀子·王制》。

类工程措施，融合内外支撑力对森林资源进行分类经营，合理利用，统筹解决林业经济问题；同时协同森林的多功能性，促使其整体效益的高效发挥。例如，解决木材产品的供需矛盾可以依靠发展人工林；促进地方经济和社区生计的发展可以综合利用森林资源的多重功能性，推动产业结构调整，使林业第一、二、三产业融合发展，挖掘生态效益的经济价值，促使生态效益从无偿服务向有偿服务转变，等等，让森林资源的经济价值得到最大限度的体现。

（三）社会层面：基于生命共同体理念的可持续发展原则

生态文明建设是中华民族永续发展的千年大计，是增进民生福祉的核心领域，当前的中国，正处于全面建设生态文明的伟大时代。尊重自然、保护自然、天人合一自古以来都是中华传统文明中最为灿烂的构成部分。儒家学说认为"人在天地间，与万物同流"，道家遵从"道生一，一生二，二生三，三生万物""人法地、地法天、天法道、道法自然"；佛家提倡"众生平等""无性有情，珍爱自然"。这些思想无一例外地认为，天地万物一体共生，共存共荣，尊重自然、善待自然是人类应有的道德。对于大多数人来说，接受大自然美的召唤，能在良好的生态环境中怡情山水、修身养性是心目中所盼望的理想生活。"绿树村边合，青山郭外斜""采菊东篱下，悠然见南山""水清石出鱼可数，林深无人鸟相呼"……在文人墨客的笔下，这种和谐与美好的生态意境跃然纸上。因此，敬畏自然、顺应自然，从自然中获得对美的知觉，获得快乐和宁静的情绪，向自然学习谦卑，寻求智识的增长……这些对人与自然关系的认知早已深深镌刻在中华民族的基因里，有时它可能在沉睡，但一定可以被唤醒。

面对生态环境和安全问题对我国经济社会整体发展的影响，党的十八大以来，习近平总书记从生态文明建设的整体视野提出"山水林田湖草是生命共同体"的论断。生命共同体理念从系统观的视角揭示了自然生态系统内部各构成要素的整体性、综合性和协同性。"人的命脉在田，田的命脉在水，水的命脉在山，山的命脉在土，土的命脉在树"，生命共同体的理念体现了人与自然、人与森林和谐共生、唇齿相依的有机联系，为我们从社会层面考虑综合性治理和未来社会的可持续发展提供了方向。本研究认为，生命共同体在不同时空条件下是多层次多维度的。从空间和景观尺度上，生命共同体可以是山上山下、地上地下、江河的上游下游，可以是一个村寨、一个社区，或者是一个山体、一个小流域，可以是一个生态区、生态大区，甚至可以扩大至全球生命共同体范畴。从功能的角度可以包括在遗传、物种和生境水平上森林生态系统中各构成组分，如植物、动物、微生物的变化和变异对环境的作用和影响等；从管理目标上涉及生物、物理、经济和社会、文化等方面的内容；从生态系统服务的角度可以涉及经济服务价值、社会服务价值和生态服务价值等；从管理策略上包括同一区域内不同管理者积累掌握的知识、技术、保护和利用方式以及外来体系的支撑；等等。生命共同体的不同层次和结构状况反映了系统中林业资源的利用是否合理，与系统内部经济社会关系是否协调，决定着系统整体结构的功能水平以及稳定和安全的状态。虽然生命共同体的构成层次和类型多种多样，但不管从哪个角度进行分类，其研究目的都是要完整地描述共同体系统的组成、物质与能量的联系以及功能作用的有效发挥等。无论哪个尺度的"山水林田湖草"都是生命共同体，在这个生命共同体内出现的不同景观特征既展示了特定生物与环境相互作用的生态过程，也记载了当地民族群体长期适应和改造自然的印迹，处处值得学习。

因此，从社会层面上思考推进林业生态安全和乡村振兴的路径，必须秉持"山水林田湖草"生命共同体的整体观，牢固树立和践行"绿水青山就是金山银山"的理念，系统规划、协同治理，全方位、全地域、全过程地开展生态环境保护；同时，要统筹林业产业结构，协同推进降碳、减污、扩绿、增长的行为，推进生态优先、低碳发展的理念，最终构建出人与自然和谐共处的绿色发展体系。

三　西南山区林业生态安全与乡村振兴的协同路径

（一）推动不同利益群体树立生态文明和可持续发展为指导的政治观、价值观和发展观

在推进生态文明建设的时代背景之下，无论是维护林业生态安全，还是推动乡村振兴工作以及二者的协同推进，都需要乡村社区、政府、专家、企业等社会各阶层以及所有利益相关者的关注与投入。在当前和今后的一段时期内，各方必须以习近平新时代中国特色社会主义思想中的生态文明思想为指导，通过多种实际方式学习，深刻认知、理解生态文明思想的精髓和内核，牢固树立正确的政治观、价值观和发展观，并将其内化到协同生态安全和乡村振兴的日常工作与生活中，影响并指导其决策和行为。

从政府层面来看，首先，需从决策者、支持者和服务者的角度深刻认识并践行"绿水青山就是金山银山""山水林田湖草是一个生命共同体"的理念，将其内化为一切行动的准则，而不能只将其作为诵念的口号或贴在墙上的标语。其次，在实践过程中，应从实际出发，实事求是，注重发展各要素之间的协同性、关联性和整体性，与各部门协作，统筹安排，避免单一作战、各自为政的狭隘方式。最后，需尊重科学、尊重自然规律，用科学的态度和方法平衡并处理经济发展与生态保护之间的关系，认识到林业资源可开发的有限性，制订科学合理的发展计划，避免急功近利，以不伤害森林生态系统、生物多样性和实现环境资源的可持续利用为前提。如果出现显著冲突时，可以放慢经济发展的脚步，环境保护应优先于经济发展的原则和底线不可突破。此外，在工作态度上，应避免纯粹自上而下的权威式、命令式的工作方式，而应该多采取上下结合以及注重建立与广大农村社区服务对象的平等、尊重及合作伙伴关系等。

从乡村社区层面，应着力改善山地社区群众对生态建设、林业建设的价值和意义认识不足和参与不足的现状，加强其对林业生态安全的认知和

教育，正确看待社区生计发展和地方性资源可持续利用的关系，杜绝因经济利益的驱使对森林资源的非法攫取、过度索取行为，采用政策倾斜、经济投入、激励机制、能力建设、公共意识教育、文化教育等方式改变乡村社区生计欠发达的现状，激发其内生动力，增强社区参与性，提高其生态保护、林业资源可持续利用及管理、乡村各类建设等方面的主人翁意识，携手为自己的未来、为子孙后代可持续的福祉而努力。同时，应通过生态文明建设的相关宣传和行动，将维护林业生态安全的工作转化为社会公众共同的责任，让全社会都能关注并参与到生态文明建设中。

（二）多途径多渠道协同构建西南山区森林生态安全屏障

西南山区是全球生物多样性的热点地区之一，是世界新特有物种类群的分化演替中心和我国三大特有物种分布中心之一，也是我国原生生态系统保留最完好地区之一和全国第二大天然林分布区，承担着重要的水源涵养、物种基因库保存、固碳增汇、调节气候以及生物多样性保护的重任，生态安全区位极为重要。在自然和人为活动等多重因素的影响下，西南山区正面临着生态环境脆弱、森林资源退化严重、森林生态系统服务功能有限、自我调节能力不足、水土流失严重、自然灾害频繁，以及社区生计和区域经济发展给森林带来各种压力等诸多严峻问题。因此，亟须多途径多渠道构筑西南山区林业生态安全屏障，为我国西南地区生态保护与治理修复、经济社会的可持续发展和乡村振兴的全面推进提供生态安全保障。

首先，应以国家的重点生态工程为依托，对西南山区的生态功能区进行科学合理的规划，划定生态红线，严格保护天然林和重点生态公益林，加强国家公园体系和自然保护地建设，保护生物多样性。实施对重点生态功能区的严格保护，对西南山区的国土空间优化，增强森林生态系统服务功能，维护区域林业生态安全具有重大意义。构筑西南山区生态安全屏障的首要前提是须有明确的功能区的定位和划分，划定生态红线，并让生活在该区域的社区民众对于功能区和生态红线划分的依据和价值意义形成清晰认识。由于西南山区生态区位的重要性，可将林业生态功能区划分为严格保护区、限制开发区、适度经营区和重点发展区。严格保护区包括依法建立和划分的天然林资源保护工程区、自然保护区、国家公园、世界自然遗产地、森林公园、风景名胜区以及重点生态公益林区等；限制开发区是指那些生态脆弱、资源环境承载力有限、生态环境恶化问题突出的区域；适度经营区是指有发展条件、具有林业特色资源发展潜力且人口环境容量不大的区域；重点发展区则是指有较强的资源承载力、经济条件好，且已经形成较强可持续发展能力的区域。其中，严格保护的区域主要以发挥生态效益和促进生态资本的增殖为主要目标，以保护为唯一的经营手段。推进对这类区域的严格保护一直以来都是西南山地生态屏障建设中的难点，因为它牵涉到保护地域内部分山地社区的搬迁、野生动物肇事，以及社区生计行为受限的问题。因此，在这个过程中，建立合理的生态效益补偿机制，同时协同乡村振兴项目，多途径寻找社区生计替代来源，促进社区生计发展以缓解民族社区对保护区的压力非常重要。

其次，科学规划、合理布局可经营利用的森林类型，提高营林和森林资源经营管理的技术水平，在生态优先的前提下协同发展多功能林业。应做到以下几点。第一，除了严格保护的区域之外，需根据不同区域的自然特征、社会经济和生产经营条件，拟定当地社区林业和民生林业的发展方向并制定科学合理的经营措施，最大限度地发挥森林资源的综合效益。第二，根据森林资源分布状况和自然、社会经济分布特点以及社会经济需求进行空间属性分析，对林业资源进行优化配置和合理的结构调整，确定商品林不同林种的营林布局，实施森林资源的分类经营和管理。第三，应大力推进林业科学技术的研发与推广，在营林、森林培育、良种选育、病虫害防治、森林防火等方面实现技术创新，同时利用发达的数字技术、无人机技术以及地理信息技术（遥感、全球定位系统、地理信息系统，也称 3S 技术）等现代技术工具，发展智慧林业，对地区森林资源进行管理信息的科学整合，建立地区森林资源信息管理系统，进行动态监测和管理，以便更真实、直观地把握森林资源的状况及变化。第四，在发展各地的人工林时，应结合森林生态系统效用原理以及"近自然林经营"① 等原理，重视立地潜力和尊重自然力。以原生植被分布发展规律为指导，适地适树，多使用乡土树种，慎重引入外来树种；改变同龄纯林经营方式，采用混交、异龄经营的方式，促进目标树的生长及不同龄级林木的演替生长，有利于林分内的自然竞争，提高抗灾能力和增强森林不间断的防护功能；增加人工林的生物多样性，提高针阔混交和增加阔叶树的比重，以增强植物群落的生产力和生态系统的稳定性，避免单一规模性种植带来的生态危害；进行持续抚育管理，使每株树均有成熟采伐的时间点，提高效益。此外，还应该利用国土绿化、荒山荒地复绿的契机，创新营林机制，大力发展碳汇林，为实现"双碳"目标做出贡献。

最后，加强对生态脆弱区的森林保护与修复，恢复退化了的林地，提高森林植被综合效益。西南山区多生态脆弱区，滇西北、川西、藏东南高海拔林区、滇黔岩溶地貌区、滇中红土干旱少雨区等，这些地区的生态植被的生长因为自然条件的限制，具有先天性不足，原生植被一旦被破坏以后，恢复十分困难。再加上西南山地过去对天然林的长期砍伐形成了大面积的次生林和退化林地，这些退化的次生林以及低效的人工林森林生态系统服务功能较低，效益差。因此，亟须加强对这些地区森林生态系统的保护与修复。对于生态脆弱区和退化林低效林的治理与修复，应结合生态恢复理论和生态工程建设原理，一方面采用封山育林的方式，利用林木的天然更新能力和植被自然演替规律实现植被恢复，同时配合必要的飞播、人工补种乡土树种、林木抚育、林下灌草更新、增加生物多样性，以及病虫害和火灾防治等人为改造措施，加速退化林地的植被恢复，逐步诱导退化林地和低效林向原生植被演替。此外，还应加强研究西南山区森林天然更

---

① "近自然林经营"是一种模仿自然、接近自然的森林经营模式。"接近自然"是指通过人为诱导的方式使地区群落中主要的原生树种得到明显表现，使自然过程缩短。"近自然林"并不是回归到天然的森林类型，而是尽可能使林分的建立、抚育、采伐方式与"潜在的自然植被"的演替发展过程相接近，使林分能进行接近生态的自发生产，并在人工辅助下使天然物质得到复苏。"近自然林业"的理论原理是：林分越是接近自然，各树种间的关系就越和谐，与立地条件的适应性也就越好，产量也就越大。当森林达到一定的发展阶段，许多立地也会呈现自然现象。

新规律与低效林、次生林促进更新的先进技术，次生林群落结构调整和多功能提升关键技术等，为退化森林修复提供理论指导和技术支撑，以最终达到提高森林生态系统的稳定性，增强其生态服务功能的目的。

（三）建设和推广以社区为基础的森林资源管理模式

在协同推进林业生态安全建设和乡村振兴的过程中，对森林资源尤其是社区森林的保护和可持续经营利用是必行途径。在这个过程中，必须清楚地认识到森林资源的管理主体是山地社区，有效的森林管理需要社区群众的积极参与、贡献并努力才能达成。以社区为基础的森林资源管理是指山地社区结合传统的管理知识和理念，主动参与社区森林资源的经营管理，包括对林业活动进行决策，参与实施并获得效益的一种森林资源管理方式。其目的在于通过山地社区的积极参与，建立一种更加灵活的、有效的、适合于山地社区森林资源管理的方式，以实现对社区森林的高效、可持续的经营管理。与自上而下、集权制的政府主导方式不同，以社区为基础的森林资源管理强调社区村民是森林资源管理的主体，赋权、能力建设、社区村民的责任和权力的划分是社区管理的核心要素。事实上，在西南的很多山地社区一直以来都在进行着以社区为基础的森林资源管理，这些经过历史发展检验的管理体制在一定程度上显示出其合理性和活力。而在一些地区，由于忽视社区管理的经验，一味地进行自上而下的森林资源管理，各种冲突和矛盾产生，导致对森林资源的更大破坏，这也证明了社区管理的重要性。

1. 以社区为基础的森林资源管理模式的优势

第一，社区对森林资源管理方式灵活有效，易被广大社区农户接受。山地社区是森林资源最直接的利用者和管理者，与外来的政府或其他部门相比较，社区对本地区的资源环境、资源管理方式以及资源利用的优势和局限有着更丰富的知识和更深刻的理解。所以，社区制订的社区森林资源管理计划和制度也会更符合社区的实际，会得到广大社区村民的拥护和支持。同时，受传统习惯的影响，社区管理机构与外来的管理机构相比，更容易得到广大村民的认可，而一个权威的社区管理机构将有力地推动社区森林资源的可持续经营。

第二，以社区为基础的森林资源管理方式以实现资源获取的公平性和公正性为目的，更容易调动社区参与的积极性。从社区的角度考虑，进行森林资源经营的最终目的是满足生计发展的需求，而社区参与森林资源管理会充分考虑社区生计发展的需要以及社区参与森林资源管理的权力和责任。在社区制定的规章制度和传统风俗习惯的制约下，既能避免个人对资源进行耗竭性的利用，又有利于社区对资源进行合理的经营和分配。

第三，社区对森林资源管理可以降低成本，节约资源。一般来说，由外来部门管理森林资源的成本会很高。社区管理的权威机构由于其对社区利益的高度关注而使其对制度违反者能够施加及时的低成本的惩罚，从而节约了大量的信息成本、协议成本和制度的实施成本。此外，以社区为基础的森林资源管理还有利于加强社区自身的能力建设，促进社区自我治理、自我发展的效率等。

因为山地社区本身存在的如受教育程度低、科技知识缺乏，一些社区村民多关心自己的个人利益而不太关注集体利益，有的社区管理机构保守，得不到村民的信任，不具备权威性等局限性导致社区管理体制存在一些问题。因此，在进行以社区为基础的森林管理机制建设时，需要关注并解决这些问题，以进一步提高社区管理的有效性。

2. 建立有效社区森林资源管理模式的基本条件

西南山地社区的地理环境、经济发展和社会文化条件纷繁复杂，多种多样，受特殊文化环境和生计因素的影响，导致不同社区对待森林的态度各不相同，表现在经营方式上也有很大的差异。有的社区从观念和行为上已经接近或实现了社区森林的可持续经营，而有的社区对资源的过度利用或放任自流的管理导致森林的退化。总结已有的经验和教训，要建立有效的社区森林管理模式，需要具备以下几个基本条件。①社区要有比较丰富的森林资源，而且对森林要有较高的依赖性。这是建立有效社区管理的基础，决定了社区是否愿意接受并采用社区管理的方法。②要有持续不断的林业收益，并能够保证公正、合理的分配。通过经营森林获取经济收益来改善社区生计是每一个村民最直接的愿望，所以，这是建立有效的社区管理的激励因素。③要有一个比较完备的森林经营管理制度，该制度需由社区内部制定并按照社区内部的运行规则开展实施。④要有一个为村民所信任，具备充分的能力并愿意为村民服务的权威社区组织作为社区森林的经营管理的核心存在并发挥作用。⑤放权给社区，在保障所有权的前提下由社区决定该怎么做和如何去做，真正做到社区的"自治"。⑥要把握好外来干预的"度"，既要避免过多的外来干预，又要在需要的时候给予社区必要的政策、资金、技术和信息方面的支持。⑦必须重视不同的社会角色在社区管理中的作用，尤其要关注被边缘化的弱势群体的作用。有效的社区森林管理模式框架如图 7-1 所示。

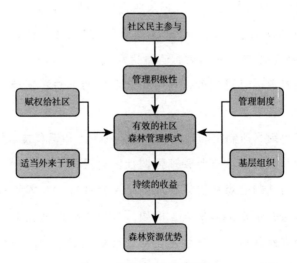

图 7-1　有效的社区森林管理模式框架

上述各项条件在有效的社区森林资源管理框架中各具特点，它们有的属于客观存在的条件，如广阔的林地和丰富的自然资源；有的属于社区传统林业实践的经验积累，如强有力的社区管理制度和基层组织；有的属于需要加强建设和完善的因素，如适当的外来干预和赋权等。各个因素相互支撑、相互作用，组成一个复杂的网络，要形成网络的稳定性，就必须保证各个因素健康、有效地发挥作用。在西南山地社区，上述各项条件均已经成熟的社区并不多，大多数社区只具备了其中的某一些因素，所以亟须加强对缺失因素的建设，以促成最终有效的社区森林经营管理。

3. 注重参与式发展理念在以社区为基础的森林管理中的应用

参与式发展理论于 20 世纪 80 年代引入中国，成为国内农村发展、脱贫扶贫领域内应用较多的一种方法。参与式发展的核心强调发展动力源自发展主体本身，外界帮助只是一种激励手段，不能取代发展主体；要发展得更快更好，必须考虑"人"这一要素在各方面的基本需求以及在发展过程中的地位和作用；在经济增长的同时，需要重视社会公平和人的全面发展等问题。在过去的几十年里，对于参与式理论和方法的研究一直在不断进行，然而，迄今为止，"参与式"还未成为一个被大家普遍接受的观念，更多的研究者将其作为一种在农村社区开展项目时所使用的工具。事实上，参与式作为一种理念，一种能够促进社区积极参与、体现公平的工作思路，是可以被任何对象倡导运用的。在由社区主导的参与式活动关系中，外来者可以作为协助者来参与社区规划的活动，而要实现这种参与性必须以社区自身的管理组织、所制定的制度、所掌握的乡土知识和技术能力为基础。

以社区为基础的森林资源管理强调社区村民是管理主体，从这个意义上说，以社区为基础的森林资源管理就是一种社区参与式管理。在管理过程中，社区参与能带来诸多好处，例如，参与能够提高决策实施的效果和能力；能够促进社区村民实现管理创新，贡献更多新的想法和创意；能够激发社区村民的自信心、责任感和潜在的各种能力；使村民自觉地组织起来，分担不同的责任，并朝着一致的目标而努力；使社区村民有机会共同分享自己的乡土知识，客观地认识自己的生活环境和条件，并在此基础上制订可行的管理计划。此外，参与还能让各种管理和利益分配活动更加公开和透明，有利于把各种机会和权利公平、公正地赋予社区村民等。与源

于外部的管理体制相比，参与式社区管理更为灵活，十分有利于森林资源
的有效管理。

在运用参与式理念和方法来开展以社区为基础的森林资源管理时，可
以遵循以下程序（见表7-1），如果需要，这个过程可以在外来者的协助下
展开。

表 7-1　参与式方法在森林资源社区管理中的应用

计划活动	参与式方法的应用
对社区基本情况的分析和评估	（1）分析社区与森林的关系； （2）讨论社区面临的内外环境
问题识别和诊断	（1）识别出社区森林管理需解决的关键问题； （2）问题诊断:访谈、讨论、排序和打分； （3）问题原因分析:问题树
管理计划的设计	（1）制定管理活动的预期目标,寻求实现目标的不同途径,经对比分析,提出可行的实现途径； （2）利用问题树,列出问题形成的原因,逐一讨论解决方法
制订管理计划	（1）确定实现管理目标的有关活动内容、时间表、管理安排等； （2）根据社区的资源,安排管理活动的时间、地点、投入、操作方式等； （3）村民共同参与制订项目计划
安排实施	（1）按照管理计划,有序有效地开展各项活动； （2）活动本身只要符合农户的愿望和条件,农户就会积极参与
进行监测和评估	（1）社区村民参与评价； （2）社区村民的评价标准确定； （3）社区村民参与评估的组织

（1）对社区基本情况的分析和评估。在开展以社区为基础的森林资源
管理活动时，首先需要参与者对社区的基本情况和内外环境进行再分析，
如对社区森林的类型、大小、权属、分布等情况进行评估；正确认识社区
生计与森林资源之间的关系，市场对森林资源利用的影响以及社区传统管理
方式，等等。这个过程可以召开村民会议共同讨论，或者在已经成立的社区
森林管理组织内部进行讨论，也可以在农户组成的小群体内讨论，目的在于
进一步了解社区生计与森林资源的基本状况，为下一步规划做准备。

（2）问题识别和诊断。召开村民大会或管理组织会议，共同发现阻碍社区村民从森林经营中受益以及森林资源有效管理的各种问题，按问题的轻重缓急对其进行排序，对关键问题进行识别；广泛听取村民的合理化建议，分析面临的机遇和困难，并找出可以解决问题的途径。

（3）管理计划的设计。根据关键问题的识别情况，结合社区现有的自然、社会经济以及技术条件，按照村民的意愿、可行性等制定管理的目标，并制订出实现目标的各种管理方案。

（4）制订社区森林资源的管理计划。通过召开村民大会或管理者会议，讨论制订管理计划，并对该计划进行进一步修订，达成共识后编制成文的社区森林资源管理计划，并制定出计划的实施细则。

（5）安排实施。在社区组织或管理者组织的安排下，有序地实施管理计划。

（6）进行监测和评估。在管理计划的实施过程中，需要安排专人对管理的效果和利益的分配情况进行监督和评估，以及时发现实施过程中存在的问题，并保证计划实施和利益分配的公平性和公正性。

西南山地社区各民族生存环境、文化传统、资源类型、生计方式的多种多样，社区面临的情况也千差万别。从管理的层次上来说，既有农户层面的生产经营活动，也有社区层面的生产经营活动；而不同的山地社区，有的适宜以社区集体为基本管理单位，有的适宜以农户为基本管理单位，所以，以社区为基础的森林资源管理应该是一种多层次的管理。至于可以采取何种模式进行经营，需要结合社区的文化传统，分析资源的利用和需求现状，建立一种符合社区特点的管理模式，而不能盲目地跟风模仿或者采用一刀切的方式，把不同的山地社区培育成同一种发展模式。

（四）推动山地社区森林可持续经营的能力建设

1. 山地社区森林可持续经营能力的内涵

协同林业生态安全和乡村振兴，促进农民生计发展意味着森林的可持续性、经济效率和社会公平，这需要参与的主体具有较强的经营和把控能力。从西南山区的现实情况来看，林业生态安全和社区可持续生计的协同发展目标能否实现或者在多大程度上实现，主要取决于山地社区的可持续经营能力。在普适性意义上，山地社区可持续经营能力至少应该包括以下三个方面的内涵。第一，社区掌握和接受科学技术的能力，也就是对生计、经济发展和环境保护起推动作用的知识和科技能力；第二，社区解决问题的综合性能力，包括对自然过程的认识、把握能力，对问题迅速反应及解决能力，制度的制定、实施能力，推动合理的体制、机制和制度对治理产生积极效果的能力，等等；第三，区域所处森林条件、自然资源储备等自然系统的供给能力等。结合上述分析，对于西南山地社区来说，衡量其可持续能力的标准应该包括两个层次，第一层次为社区内部层次，包括社区经营者自身的能力以及社区村民和林业资源的关系，这一层次的各构成要素是可持续能力建设的基础和动力，是其内力所在；第二层次来自外部的（社区之外）干预、协助、支持和约束，这一层次的各要素主要通过影响经营者来发挥其作用，是可持续能力建设的外力所在。因此，西南山地社区的可持续能力建设是一个综合的概念和复杂的过程。

2. 能力建设的实施内容和方式

从林业生态安全和乡村振兴协同发展的角度来看，在山地社区开展能力建设至少应该包括提高当地人保护森林环境、实现资源和环境协调发展的能力；认识、总结和应用当地人优秀传统生态知识的能力；通过加强当地社区对各类技术和科学知识的掌控程度来增强当地人合理经营管理和利用自然资源的能力；进行清洁能源开发使用的技术培训，通过改灶、改厕、改良牲畜喂养方式等形成节约能源的观念；对村寨人居环境整治改造的能力；培养与外界沟通交流能力以及社区自身良好的协作能力；宣传生态文化和生态伦理，培育现代生态文明观，营造尊重自然、善待自然的良好氛围；等等。在教育的方式上可以结合山地社区的具体特点和需求，采用学校教育、社区宣传、家户教育等多种方式，来促进这些靠林吃饭的人对于生态和生计发展的价值观念的转变，提高山地社区的可持续经营能力。

3. 加强山地社区森林可持续管理能力的思路

首先，重视并发展利用社区内部已经具备的可持续能力要素。世代生活在森林环境中的山地民族既是森林资源经营的最大力量也是最直接的受益者，生存的需要使他们对自己的生存环境有着深刻的认识和较强的适应能力，形成了自己独特的传统生态文化知识体系。这些社区传统经过时间的拣选证明了其合理性和可持续性。同时，它们早已凝固在山地民族头脑中，被社区普遍接受。这些源于社区内部的可持续经营能力要素主要包括与森林资源管理和保护相关的生态观念和各类传统技术知识体系；强有力的社区凝聚力；森林资源保护和利用的社区传统管理方式；等等，它们应该被重视并发挥应有的作用。

其次，建立和加强以村民为主体的基层组织建设，开发有效的当地社区森林管理和利用制度，为社区森林的可持续经营提供保障。以村民为主体的社区基层组织对社区村民来说有一种向心力，尤其是在传统文化保留较完整的民族社区，他们对基层组织的信任感和依赖感更强。一个强有力的社区基层组织可以加强社区意识建设，促进新的价值观念形成；同时，它还可以组织开发有效的当地社区森林管理和利用制度，促进村民参与社区林业的积极性，并能组织学习推广各种先进技术，有效开展社区管理，这些都可以为社区森林的可持续经营提供保障。

最后，在社区开展林业生态安全和可持续发展教育，提高社区素质。偏远、贫困、受教育程度低是山地社区的普遍特点，文化素质低影响了社区村民接受先进科学技术知识和改变传统落后观念的能力。在社区森林可持续经营能力等要素中，人—森林经营者—社区村民是最为关键的要素，社区村民的素质直接决定了可持续能力建设的程度和可能性。因此，在山地社区开展可持续发展教育，提高社区村民综合素质是一个十分必要的途径。从社区森林可持续经营和生计发展的角度来看，在社区开展的可持续教育内容至少应该包括以改善和提高社区村民森林、资源、环境保护利用观念为目的的公共环境意识教育；以提高社区村民的森林经营管理技术为目的的科技知识教育；以实现社区生计发展为目的的综合素质教育；等等。

西南山地社区林业生态安全受复杂的内外部环境的影响，这些内部环境和外部环境总是通过共同作用影响着山地社区的森林可持续经营能力。只有各要素之间相互支撑、相互适应、协调发展，共同形成一个系统的有机整体才能实现有效的森林经营。因此，分析影响社区可持续能力的内外部环境，挖掘并发挥社区内部已经具备的可持续能力，寻找可持续能力建设的途径和方法对于促进山地林业生态安全和社区生计发展具有重要的实践意义。

（五）建设新型生态经济与林业产业，推动西南山区林业生态经济协同发展

要实现林业生态安全和乡村振兴的协同发展，林业经济和产业发展是非常重要的环节。林业经济与林业产业的发展并不总是意味着对森林资源的攫取和破坏，发达的林业产业可吸引多方力量投入，不仅可满足经济社会的发展对森林资源的需求，还可以推动森林资源培育，提高森林质量，促进森林多功能的发挥，为实现林业生态安全目标助力。当前，我国已经进入了以林业生态利用为主的阶段，因此，林业经济必须在生态保护优先的前提下，坚持创新、协同、绿色、高效的发展理念，不断调整林业经济结构，提高林业生态安全与经济产业的耦合协调程度，推动林业经济向现代化、产业化和可持续的方向发展，具体包括如下路径。

1. 结合西南山区的特点和优势，实现林业产业结构和布局的生态化转型

要实现西南山区林业经济的生态化转型，需要对传统林产业进行生态化改造，即在分类经营的前提下，将林业产业发展与生态安全、环境保护结合起来，按照生态规律和经济规律的融合原则合理安排林业产业的结构和布局，发展林业经济。首先，要加强以森林培育为基础的林业第一产业。采用生态经营方式，按照森林的用途和生产经营目的建设速生丰产用材林

基地，加强西南地区的经济林果产业、竹产业、风景园林树种苗圃建设等基础性种植业。其次，调整和提高以林产品生产和精深加工为主的第二产业。巩固传统的人造板材、竹材、林纸浆、松香、桉油、橡胶、紫胶等林产品产业，通过高新技术的投入减少生产过程中的污染和浪费，不断提高林化产品的质量和档次；加大林产品的精深加工，提高产品附加值，从而带动经济林的发展。最后，加快发展以森林旅游、康养等为重点的第三产业，推动林业的多种经营。同时，要注重三大产业之间的层次递进和融合发展关系，降低影响林业生态安全的产业比重，大力推动清洁、低耗能、环保、污染程度低的林业产业发展，使产业组合向经济效能高、环境损耗低的产业结构转变。此外，在林业产业的整体发展过程中，需改变传统林业经营高耗能、低效率的落后生产方式和资源利用方式，对产业的源头和过程进行生态安全监管和控制；运用现代科技力量大力开发和培育绿色生态林业产业体系，发展集约、高效的林业循环经济，培育经济生态高度融合的现代林业产业体系。

2. 以绿色技术创新和科技跨越为手段，推动林业绿色产业化

绿色技术在促进生态与经济的有机融合方面具有关键性作用。以绿色技术为纽带，通过技术创新克服林业经济发展给林业生态造成的负面影响，使经济系统和生态系统的功能作用实现有机对接并产生最大合力是目前维系林业生态安全、实现区域林业经济发展的必经之路。根据西南山区的林业资源和经济发展特点，可以着重构建的绿色技术体系包括：以"近自然林业"为基础的林业生态培育技术；以开发碳汇价值，实现"双碳"目标为目的的"碳汇林"造林技术；以林业资源可持续利用为目的的林业资源节约化、循环化生产技术；以低耗能、低污染为目的的林产品加工、流通技术；提高森林资源管理方面的信息技术、智慧林业技术；等等。绿色技术创新具有较高的科技含量，仅靠山地社区无法实现，因此，需要以政府和相关科研部门为主导，吸引各方合适的力量参与研发和实践，推动绿色高新技术开发和转化，才能最终促进林业产业的绿色升级改造，惠及民生和环境。

3. 结合区域特点，培育适合本地发展的新型生态林产业和特色林产业

依托西南山区良好的气候和资源环境，坚持生态优先、绿色发展、经营创新的原则，下大力气培育适合本地发展的新型生态林产业。①加强对用材林、经济林、林下资源的绿色经营管理和开发利用，培育森林绿色食品生产和加工产业。以西南山区传统的林果、药材、花卉园艺、生物质能源、木本油料等产业为依托，培育名特新优林产品，不断拓展延伸林业产品的生态产业链和价值链，使其向绿色生产、废弃物绿色处理、绿色交易等目标推进。②注重林业产品的品牌增效意识，着力打造地方自主林产品品牌和优势林业品牌，如争取"国家地理标志产品"等，提高当地林业品牌的影响力和竞争力，使林业生态产品的"生态溢价"空间得到不断提升。③鼓励经济林果和林下种植加工经营者成立林业专业合作社、家庭林场等新型林业经营主体，提高林业经营的合作组织化程度，支持民间资本以"企业+基地+合作社+农户"的各类主体组合模式在山地社区开展林业产业经营。同时，采用宣传、培训、实践等各种方式不断提升新型林业经营主体（山地社区农户）的能力。

4. 利用西南山区得天独厚的生态景观和丰富多彩的民族文化资源，发展生态旅游业和民族文化旅游业

在调整林业产业结构的基本任务中，以推进森林旅游业为核心的第三产业的发展是各地均在采用的绿色发展路径，森林旅游业是资源消耗最少、对林业生态安全影响最小的产业。当前，森林生态旅游资源的合理利用已经成为区域新的经济增长点之一，并与林业的其他相关产业形成了紧密联动。对于西南山区来说，优美的森林景观和丰富多彩的民族文化资源的双重特色为当地的生态旅游业的发展提供了得天独厚的条件。以优美的自然景观为基础，以地方多种多样的民族生态文化如古茶文化、梯田文化、竹文化、咖啡文化、民居文化、服饰文化、饮食文化等为特色，融合休闲、

康养、研学、运动、民族文化体验、森林生态旅游等多重要素，让游客在放松身心、获得休闲和美学价值的同时，还能够体会到"山水林田湖草"生命共同体的真实含义。发展民族生态旅游，在促进森林多种功能效益的有效发挥、拓展当地林业资源的有效利用和多种经营途径的同时，还可以为偏远民族山区的贫困人群提供更为便利的就业机会，促进林区富余劳动力的妥善安置，提高其生计收入。在这个过程中，也能够促进当地社区认识到森林资源保护和可持续利用的重要意义，让他们在收获经济效益的同时反哺森林资源的保护。

（六）完善外部的支撑和保障体系，加强协同发展的制度效能

山地社区既是森林资源的利用者，也是森林合理管理和保护的主体，同时也是乡村振兴的主体。强调以社区为主体并不是让社区自生自灭，而是需要通过外部适度的干预，保障社区森林可持续经营的外部社会经济和政策环境，从而建立有效的社区森林资源管理作用机制。事实上，外部的制度安排对社区经营者决策与行动的尊重程度和支持程度对社区森林能否可持续经营至关重要。就西南山地社区而言，从外部完善支撑和保障体系提高制度效能的主要内容至少应该包括制定适合于当地社区的森林管理政策和制度，如合理的生态补偿政策、以明晰产权为目的的林权制度改革政策等；建立各类激励和约束机制，通过行政的、政治的、法制的手段来建立国家与地方相衔接的多层次的社区森林可持续经营法制体系，保证国家的政策法规能够在社区得到执行和合理监督；通过制订各种计划、规划和行政措施来规范社区森林经营行为，使森林经营者能够把握社区森林经营的各种利益关系，推进社区森林可持续经营的进程；寻找各种途径，加强对社区的资金和技术支持；提高县乡林业部门和政府服务部门面向社区的服务效率，通过建设完善社区林业的社会化服务体系来满足社区森林管理和生计发展的各项需求；等等。只有充分协调好"上""下"关系和"内""外"关系，实现社区森林资源的可持续经营和林业生态安全目标才能在最短时间内变成现实。

小　结

西南山区的生态资源、林业资源和民族文化资源得天独厚，但是，自然资源丰富而生态脆弱性明显，森林资源禀赋强而乡村经济发展整体滞后，森林生态产业建设前景良好但自主发展能力较弱，公众对生态建设的认识性和参与性不足，传统生态文化资源丰富但挖掘和利用不够等问题均成为制约西南山区林业生态安全和乡村振兴协同发展的阻碍。因此，只有准确把握生态文明建设和乡村振兴等发展的形势，以习近平生态文明思想为指导，崇尚自然，绿色发展，充分挖掘西南山区本身多元生态、多元文化丰富的内涵以及其潜在的、不可估量的价值，齐心协力推动西南山区的林业生态安全和乡村振兴协同发展。

第八章　结语

林业是我国生态建设的主体，也是国民经济的重要组成部分之一。发达的林业不仅是山区林区人民高质量生活的象征，也是维护国家和区域生态安全的关键路径和保障。林业生态安全意味着林业生态系统内生态—经济—社会—文化多要素综合协调下的稳定和健康状态，既包括林业生态和林业经济的深度耦合发展，也包括自然多样性和人类生计、文化多样性的耦合发展。因此，解决林业生态安全问题，一方面，有助于实现森林生态系统的动态平衡，维护生态环境的安全和健康；另一方面，对于满足经济社会对林业发展的生态和资源需求，实现区域经济在更高层次上的发展至关重要。西南山区的林业生态安全与各山地社区的生计和乡村振兴密不可分，只有将林业生态安全建设与山地社区生计发展紧密结合，走出一条协同共进的道路，才能真正实现西南山区经济社会长远的和谐和可持续发展。目前，大多数乡村社区都受人口增长、贫困及对生计发展需求的影响，从而形成对森林资源的压力，这基本上是森林破坏和土地衰退的根本原因。因此，本研究遵循内源发展的研究思路，将林业生态安全问题与西南山地社区生计结合起来，立足于"当地人"的社会文化特点和实际需求，从符合"当地人"发展的角度来研究、探索西南山区林业生态安全和乡村振兴的协同路径。通过对前文的总结和系统化分析，得出以下主要结论。

第一，西南山区林业生态安全的资源禀赋与矛盾同在，机遇与挑战并存。西南山区具有中国境内无与伦比的生态环境优势、生物资源和森林植被禀赋，这些优势是西南山地林业生态安全格局形成的前提和重要驱动力。以这些资源禀赋为基础，西南山区以产出低耗能、无污染、干净清洁的生态产品为主的新型林业经济和林业产业正在兴起。与此同时，西南各山地民族在长期与森林互动的过程中，积累了丰富的关于林业生产和森林可持续经营的传统文化，林业生产中的各种技术和知识，对森林资源合理经营管理和利用的方式，对特殊用途森林的保护方式，以及人与森林和谐统一的生态观和信仰，等等。这些都是林业生态安全格局能够形成的优势，是协同林业生态安全格局和促进民族社区发展可利用的宝贵经验。但是，在急剧的社会变革和经济技术的迅速发展之下，西南山地社区正面临着生态环境脆弱、天然林资源退化、森林生态系统服务功能有限、水土流失严重、自然灾害频繁、气候变化加剧、山地社区生计持续对森林产生压力等严峻问题，这些约束和限制性因素给林业生产和森林资源经营管理带来了压力，影响了西南山地社区的生态系统稳定和林业生态安全。本研究通过对西南山区不同区域尺度、不同年份的实证研究也表明，西南山区整体林业生态安全等级仍处于临界安全状态，森林生态系统目前尚难承载社区各种生计活动对森林资源的消耗，森林资源整体可持续经营的状态还没有出现。分析结果表明，西南山区林业生态安全内部的驱动力—压力—状态—影响—响应之间存在显著的相互作用，直接影响着林业生态安全水平。因此，只有把握林业生态安全形成的规律，进一步协调矛盾、减缓压力、挖掘潜力、把握机遇，才能最终实现整个西南山区持续稳定的林业生态安全。

第二，西南山区的林业生态安全与社区生计发展紧密相关，但生计需求对森林资源的依赖并非都是负面影响，也可以引导成为森林资源可持续经营的有效动力。西南山区既是资源富集区，也是重要的生态屏障区，由于生态环境脆弱和经济欠发达因素叠加，"社区生计发展"与"森林资源的保护和可持续利用"之间形成了漫长的拉锯，山地民族生计对林业的依赖程度和对森林资源经营管理保护的重视程度成为决定该地区林业生态安全状况的主要原因，而不同社区对森林依赖程度的差别直接影响该社区森林资源可持续经营管理的方式。以往的大多数观点都把社区生计对森林的依赖性等同于经济性依赖，认为这种依赖是社区森林退化的主要原因，要消除此影响，只有从外部进行合理的制度安排，并在内部开展各种经济替代活动才能减轻社区对森林的依赖，进而减小对森林的破坏程度。本研究认为，社区生计对森林资源的依赖是一种综合性依赖，它包括了社区村民在与森林的长期互动过程中获得的经济、社会文化和生态意义上的收益，这些内容在不同的地域和文化环境中表现出差异性。在经济依赖之外，社区对森林的生态和社会文化的依赖也可以在一定程度上表明当地社区对森林的态度，合理保护和利用的观点。因此，社区对森林的依赖应该是一个中性词汇，它所反映的应该是森林资源对社区生计发展的重要性，也就是说，社区对森林资源的综合依赖度越高并不意味着对森林的破坏性就越大。山地社区对森林的依赖性与森林资源的管理、保护之间存在一个双向互动的关系，社区农户从森林中获取的利益越多，对森林的依赖性就越大，同时也更能促进社区发挥内在动力对森林进行主动的管理和经营。因此，考察林业生态安全问题，其核心就是实现社区森林可持续经营管理问题。只要措施得当，社区生计对森林资源的依赖也会变成森林资源可持续经营的动力。

第三，西南山区的林业生态安全与山地社区的森林可持续经营能力相关。山地社区的可持续经营能力非常重要，它直接决定了森林可持续经营目标和社区生计安全目标能在多大程度上实现。因此，挖掘和分析山地社区已经具备的部分可持续经营管理能力的特点，分析影响社区可持续经营能力的内外限制因素，寻找可以利用的资源和加强能力建设途径非常重要。在大多数时候，能力贫困比生计贫困影响力更大。在西南山区开展林业生态安全建设与乡村振兴的相关活动时，必须按照不同山地社区的自组织能力和可持续经营森林的自觉性来进行总体规划设计，制定不同的发展策略。在内部管理能力较强的社区，需要减少外部力量，让社区按照自己的管理方式来经营森林。这样可以促进社区经营者的主观能动性和参与性，让社区最大限度地发挥自己的内部力量来制定合理的森林管理策略，科学地经营森林，以维持森林生态系统的稳定性和资源的可持续利用。同时，对于外部的支持者来说，还可以节约成本，将有限的财力和物力投入更需要外力支持的社区。反之，对于那些内部可持续发展能力较弱的山地社区，就需要增加外力的强度，以避免森林经营者过度采取短期行为破坏森林资源，使将来的森林经营者失去森林可持续经营的基础。

第四，实施以社区为基础的森林资源管理是实现西南山区林业生态安全与乡村振兴的必经之路。山地社区是森林资源的利用者，也是森林管理和保护的主体，只有考虑到社区村民自身生计安全和长期利益的需求，才能让其成为林业生态安全建设的动力。也就是说，有效的森林管理需要社区的积极参与、贡献并努力才能达成。以社区为基础的森林资源管理结合了山地社区的传统经验和知识，它自身存在的许多优点以及对山地环境的适应性决定了其也是实现林业生态安全和社区生计可持续发展的可行模式。要促进社区积极、主动参与社区森林管理，必须赋予社区村民充分的森林经营管理的自主权，鼓励社区村民参与社区森林资源管理的决策，进行项目活动的规划设计，实施、监测与评估以及享受利益公平分配等过程，强调社区的决策权和资源享有的公平性和公正性；充分考虑社区村民自身的生计安全和长期利益的需求，保障社区中大多数人的利益；相信社区的能力，尊重社区的传统知识和习惯，让社区村民世世代代积累下来的森林资源管理经验发挥作用；建立和加强以社区村民为主体的基层组织建设，制定强有力的社区管理制度；加强社区参与森林资源管理的法律约束，从制度上保障社区参与的各项权利；加强社区村民的能力建设，提高社区村民的抗风险能力和综合素质；保障外部社会经济和政策环境，完善支撑和保障体系，提高制度效能，建立各类激励和约束机制。通过经济的、行政的、法治的手段来建立国家与地方相衔接的多层次的林业生态安全与社区生计可持续发展的制度体系。只有协调好、应用好民族社区内部潜在能力和外来干预之间的各种关系，才能最终实现西南少数民族山区林业生态安全与乡村振兴的协同共赢。

附　录

附录 1　西南山区林业生态安全评价指标体系驱动力系统基础数据

目标层		西南山区林业生态安全						
准则层		驱动力 (D)						
要素层		立地环境			社会经济			
指标层		年降水量 （mm）	年均气温 （℃）	年日照时数 （h）	人口密度 （人/km²）	城镇化率 （%）	人均 GDP （元/人）	农村居民人均可支配收入/ 农民人均纯收入（元/人）
四川	2020 年	1132.2	15.4	927.4	172	56.73	58126	15929.1
	2018 年	1156.5	15.4	1202.7	172	53.50	51658	13331.4
	2016 年	982.1	15.7	1088.5	170	50.00	40251	11203.1
	2014 年	992.1	15.3	875.8	167.5	46.51	35128	9347.7
	2012 年	1016.1	14.9	780.6	166.5	43.35	29608	7001.4
	2010 年	993.0	15.2	789.0	166.0	40.18	21182	5086.9

续表

目标层		西南山区林业生态安全						
准则层		驱动力（D）						
要素层		立地环境					社会经济	
指标层		年降水量（mm）	年均气温（℃）	年日照时数（h）	人口密度（人/km²）	城镇化率（%）	人均GDP（元/人）	农村居民人均可支配收入/农民人均纯收入（元/人）
贵州	2020年	1449.7	16.0	1093.6	219.0	53.25	46355	11642.3
	2018年	1234.6	16.1	1180.9	217.0	49.54	41244	9716.1
	2016年	1264.4	16.4	1214.5	213.3	45.56	31589	8090.3
	2014年	1384.1	15.9	1071.7	208.7	40.24	26437	6671.2
	2012年	1169.7	15.1	930.2	203.6	36.30	19710	4753.0
	2010年	1105.9	14.6	1021.5	197.5	33.81	13119	3471.9
云南	2020年	1001.6	17.6	2234.5	119.8	50.05	51975	12841.9
	2018年	1117.2	17.1	1939.8	119.3	47.44	37136	10767.9
	2016年	1154.3	17.3	1956.6	118.7	44.64	31093	9019.8
	2014年	982.4	17.5	2247.5	118.1	41.21	27264	7456.1
	2012年	921.0	17.3	2178.0	117.5	38.47	22195	5416.5
	2010年	1027.0	16.7	2053.0	116.6	34.70	15752	3952.0
西藏	2020年	457.4	5.4	3544.7	3.0	35.73	52345	14598.4
	2018年	498.0	5.3	3054.5	2.9	33.38	43398	11449.8
	2016年	517.8	5.8	3020.1	2.8	31.57	35184	9093.8
	2014年	457.5	5.4	3053.5	2.7	26.23	29252	7359.2
	2012年	436.4	5.1	3162.9	2.6	22.87	22936	5719.4
	2010年	485.0	4.8	2134.2	2.5	22.67	17027	4138.7

附录 2　西南山区林业生态安全评价指标体系压力系统基础数据

目标层		西南山区林业生态安全						
准则层		压力（P）						
要素层		环境污染				资源消耗		
指标层		二氧化硫排放量(t)	二氧化硫排放强度(t/km²)	工业固体废弃物产生量(万t)	工业固体废弃物排放强度(t/km²)	人类工程占用土地强度		林木采伐强度	
指标分解						建设用地面积(万hm²)	占用强度(%)	木材采伐合计(万m³)	占比(‰)
四川	2020年	163146	0.34	14903.0	306.65	337.70	6.95	323.50	1.74
	2018年	191690	0.39	16708.0	343.79	336.83	6.93	314.15	1.69
	2016年	307878	0.63	13620.0	280.25	328.72	6.76	215.30	1.28
	2014年	796402	1.64	14246.0	293.13	323.41	6.65	220.02	1.31
	2012年	864440	1.78	13187.0	271.34	316.76	6.52	262.53	1.65
	2010年	1131000	2.33	11239.2	231.26	311.07	6.40	162.61	1.02
贵州	2020年	177401	1.01	9516.0	540.17	138.09	7.84	321.80	8.21
	2018年	325519	1.85	12186.0	691.73	135.89	7.71	308.69	7.88
	2016年	353681	2.01	9077.0	515.25	118.80	6.74	195.07	6.49
	2014年	925787	5.26	7394.0	419.72	113.83	6.46	274.19	9.12
	2012年	1041087	5.91	7835.0	444.75	107.29	6.09	320.72	13.36
	2010年	1149000	6.52	8187.7	464.77	100.80	5.72	181.10	7.54

续表

目标层		西南山区林业生态安全						
准则层		压力（P）						
要素层		环境污染				资源消耗		
指标层		二氧化硫排放强度		工业固体废弃物排放强度		人类工程占用土地强度		林木采伐强度
指标分解		二氧化硫排放量（t）	二氧化硫排放强度（t/km²）	工业固体废弃物产生量（万t）	排放强度（t/km²）	建设用地面积（万hm²）	占用强度（%）	木材采伐合计（万m³）	占比（‰）
云南	2020年	176603	0.45	17473.0	443.36	224.22	5.69	942.70	4.78
	2018年	247365	0.63	19767.0	501.57	220.86	5.60	933.37	4.73
	2016年	451745	1.15	17289.0	438.70	227.09	5.76	871.05	5.14
	2014年	636683	1.62	14481.0	367.44	222.72	5.65	895.44	5.29
	2012年	672216	1.71	16038.0	406.95	215.29	5.46	1084.26	6.98
	2010年	501000	1.27	9392.4	238.33	211.29	5.36	532.24	3.43
西藏	2020年	5668	0.00	1940.0	16.13	626.81	5.21	10.75	0.05
	2018年	3550	0.00	2624.0	21.82	625.93	5.20	6.07	0.03
	2016年	3458	0.00	848.0	7.05	719.23	5.98	18.22	0.08
	2014年	4250	0.00	383.0	3.18	717.70	5.97	57.65	0.25
	2012年	4185	0.00	366.0	3.04	717.02	5.96	163.66	0.73
	2010年	4000	0.00	11.1	0.09	716.63	5.96	69.90	0.31

附录 3 西南山区林业生态安全评价指标体系状态系统基础数据

目标层							
准则层			西南山区林业生态安全				
要素层			状态（S）				
指标分解			森林资源				
		森林覆盖率（%）	林地面积（万hm²）	占比（%）	天然林面积（万hm²）	天然林比重（%）	单位面积蓄积量（m³/hm²）
四川	2020年	38.03	2454.52	50.50	1336.55	72.65	26.46
	2018年	38.03	2454.52	50.50	1337.55	72.70	26.48
	2016年	35.22	2328.26	48.10	891.42	52.32	18.53
	2014年	35.22	2328.26	48.10	891.42	52.32	18.53
	2012年	34.31	2311.66	47.80	897.77	54.10	18.78
	2010年	34.31	2311.66	47.80	897.77	54.10	18.78
贵州	2020年	43.77	927.96	52.68	454.58	58.96	8.63
	2018年	43.77	927.96	52.68	455.58	59.09	8.65
	2016年	37.09	861.22	48.90	299.07	45.77	6.12
	2014年	37.09	861.22	48.90	299.07	45.77	6.12
	2012年	31.61	841.23	47.80	259.39	46.58	5.43
	2010年	31.61	841.23	47.80	259.39	46.58	5.43

续表

目标层		西南山区林业生态安全						
准则层		状态（S）						
要素层		森林资源						
指标分解		森林覆盖率（%）	林地面积占比		天然林比重		单位面积蓄积量（m³/hm²）	
			林地面积（万 hm²）	占比（%）	天然林面积（万 hm²）	天然林比重（%）		
云南	2020 年	55.04	2599.44	65.96	1597.48	75.85	24.22	
	2018 年	55.04	2599.44	65.96	1598.48	75.90	24.23	
	2016 年	50.03	2501.04	65.40	1335.98	69.79	20.43	
	2014 年	50.03	2501.04	65.40	1335.98	69.79	20.43	
	2012 年	47.50	2476.11	64.70	1321.56	72.70	20.43	
	2010 年	47.50	2476.11	64.70	1321.56	72.70	20.43	
西藏	2020 年	12.14	1798.19	14.95	1482.15	99.41	99.14	
	2018 年	12.14	1798.19	14.95	1483.15	99.47	99.21	
	2016 年	11.98	1783.64	14.83	844.25	57.37	56.93	
	2014 年	11.98	1783.64	14.83	844.25	57.37	56.93	
	2012 年	11.91	1746.63	14.52	838.38	57.32	57.73	
	2010 年	11.91	1746.63	14.52	838.38	57.32	57.73	

续表

要素层			社会经济						森林旅游产业比重
指标层				林业产业结构					
指标分解			林业产值（万元）	林业一产（万元）	林业二产（万元）	林业三产（万元）	林业旅游与休闲服务（万元）	二产比重（%）	森林旅游产业比重
四川	2020年		40717295	15181991	10942557	14592747	11922793	26.87	2.45
	2018年		37408252	14438460	9977274	12992518	11039914	26.67	2.71
	2016年		30603257	11479296	9543161	9580800	8265958	31.18	2.51
	2014年		23357763	8819397	7915254	6623112	5907100	33.89	2.07
	2012年		17456693	6410986	6260976	4784731	4101165	35.87	1.72
	2010年		11567826	4340112	4402748	2824966	2392454	38.06	1.39
贵州	2020年		33780012	9656864	5385254	18737894	17593403	15.94	9.87
	2018年		30100000	8855188	3961577	17283225	14609609	13.16	9.87
	2016年		10000809	3964666	1444037	4592106	3778058	14.44	3.21
	2014年		6100373	2431293	913525	2755555	2547201	14.97	2.75
	2012年		4010168	1885799	758140	1366229	1267235	18.91	1.85
	2010年		2955417	1732419	585813	637185	326862	19.82	0.71
云南	2020年		27225628	15614829	7495304	4115495	2236924	27.53	0.91
	2018年		22207951	13395340	5959590	2853021	1508562	26.84	0.84
	2016年		17055075	10892579	4480632	1681864	805866	26.27	0.54
	2014年		13296395	8601534	3671457	1023404	502550	27.61	0.39
	2012年		8855547	6263267	2135993	456287	259489	24.12	0.25
	2010年		5747968	4245984	1235434	266550	151837	21.49	0.21

续表

要素层						社会经济			
指标层			林业产业结构					森林旅游产业比重	
指标分解	林业产值（万元）	林业一产（万元）	林业二产（万元）	林业三产（万元）	林业旅游与休闲服务（万元）		二产比重（%）	
2020 年	445685	297009	2149	146527	70008		0.48	0.37
2018 年	358893	294891	3342	60660	60660		0.93	0.41
2016 年	292252	261258	3194	27800	27800		1.09	0.24
2014 年	239533	217053	1200	21280	21280		0.50	0.23
2012 年	200912	191369	5753	3790	3125		2.86	0.04
2010 年	161777	136083	12620	3074	1173		7.80	0.02

西藏

附录 4 西南山区林业生态安全评价指标体系影响系统基础数据

目标层			西南山区林业生态安全			
准则层			影响（I）			
要素层			环境与资源			社会经济
指标层		森林火灾受灾率（‰）	林业有害生物发生率（%）发生率（%）	单位面积森林蓄积量（m³/hm²）	林业产值占 GDP 比重（%）
指标分解					
四川	2020 年	0.79	2.75	3829.1975	8.38
	2018 年	0.84	2.79	3829.1975	9.20
	2016 年	0.13	3.07	3456.7909	9.29
	2014 年	0.45	3.27	3456.7909	8.19
	2012 年	0.49	4.45	3283.3821	7.31
	2010 年	0.75	4.38	3283.3821	6.73
贵州	2020 年	0.08	2.48	2224.1907	18.95
	2018 年	0.10	2.46	2224.1907	20.33
	2016 年	0.06	2.36	1707.2681	8.49
	2014 年	0.75	3.11	1707.2681	6.58
	2012 年	0.90	3.71	1362.7955	5.85
	2010 年	16.34	4.79	1362.7955	6.42

续表

目标层		西南山区林业生态安全		
准则层		影响（I）		
要素层		环境与资源		社会经济
指标层 指标分解	森林火灾受灾率（‰）	林业有害生物发生率（%）发生率（%）	单位面积森林蓄积量（m^3/hm^2）	林业产值占 GDP 比重（%）
云南 2020 年	0.47	1.78	5005.4768	11.10
2018 年	0.27	2.03	5005.4768	12.42
2016 年	0.21	2.16	4296.0972	11.53
2014 年	2.21	1.41	4296.0972	10.38
2012 年	1.38	1.89	3942.6564	8.59
2010 年	1.78	2.21	3942.6564	7.96
西藏 2020 年	0.39	1.46	1897.6922	2.34
2018 年	0.00	2.43	1897.6922	2.43
2016 年	0.00	1.95	1880.6705	2.54
2014 年	0.00	1.88	1880.6705	2.60
2012 年	0.09	1.87	1866.9015	2.87
2010 年	0.01	1.93	1866.9015	3.19

附录 5 西南山区林业生态安全评价指标体系响应系统基础数据

目标层		西南山区林业生态安全				
准则层		响应（R）				
要素层		社会投入				
指标层		政府林业投资强度		单位 GDP 工业污染治理投资强度		
指标分解		林业投资完成额（万元）	投资强度（元/hm²）	工业污染防治/治理投资总额（万元）	投资强度（%）
四川	2020 年	2464904	1339.79	244414	0.05
	2018 年	2790807	1516.93	163097	0.04
	2016 年	2680872	1573.52	116049	0.04
	2014 年	2403437	1410.68	232452	0.08
	2012 年	1773551	1068.71	110608	0.05
	2010 年	1715300	1033.61	71627	0.04
贵州	2020 年	3203989	4155.47	154911	0.09
	2018 年	2535121	3287.97	66125	0.04
	2016 年	620938	950.39	56904	0.05
	2014 年	402000	615.29	184765	0.20
	2012 年	380000	682.32	124663	0.18
	2010 年	332761	597.50	68080	0.15

续表

目标层		西南山区林业生态安全			
准则层		响应（R）			
要素层		社会投入			
指标层		政府林业投资强度		单位 GDP 工业污染治理投资强度	
指标分解		林业投资完成额（万元）	投资强度（元/hm²）	工业污染防治/治理投资总额（万元）	投资强度（%）
云南	2020 年	1266827	601.49	142339	0.06
	2018 年	1384743	657.47	98665	0.06
	2016 年	1077250	562.77	127174	0.09
	2014 年	904811	472.69	244003	0.19
	2012 年	850074	467.66	197259	0.19
	2010 年	459922	253.02	106272	0.15
西藏	2020 年	255249	171.19	2094	0.01
	2018 年	347444	233.03	718	0.00
	2016 年	365069	248.08	1116	0.01
	2014 年	188309	127.97	10283	0.11
	2012 年	165894	113.42	1775	0.03
	2010 年	78515	53.68	1628	0.03

续表

要素层			林业自然保护区面积占比		环境治理与保护			
指标层							水土流失治理强度	
指标分解			保护区面积(万hm²)	占比(%)	造林总面积(hm²)	造林面积比重(%)	水土流失治理面积(千hm²)	治理强度(%)
四川	2020年		725.00	14.92	343922	0.71	10974.6	0.226
	2018年		725.00	14.92	436816	0.90	9961.8	0.205
	2016年		735.29	15.13	568532	1.17	8980.3	0.185
	2014年		734.61	15.12	98226	0.20	8159.2	0.168
	2012年		785.62	16.17	112159	0.23	7424.1	0.153
	2010年		772.86	15.90	382225	0.79	6329.6	0.130
贵州	2020年		88.70	5.03	280039	1.59	7577.0	0.430
	2018年		88.70	5.03	346676	1.97	7053.0	0.400
	2016年		91.22	5.18	478701	2.72	6556.5	0.372
	2014年		91.11	5.17	320000	1.82	6021.3	0.342
	2012年		90.42	5.13	147704	0.84	5545.1	0.315
	2010年		76.00	4.31	206603	1.17	3109.1	0.176
云南	2020年		269.70	6.84	334084	0.85	10543.1	0.268
	2018年		269.70	6.84	374796	0.95	9517.7	0.242
	2016年		261.86	6.64	496451	1.26	8540.7	0.217
	2014年		264.18	6.70	400355	1.02	7734.5	0.196
	2012年		263.20	6.68	544466	1.38	7740.4	0.196
	2010年		280.36	7.11	661500	1.68	5555.6	0.141

续表

要素层			环境治理与保护				
指标层	林业自然保护区面积占比		造林面积比重		水土流失治理强度		
指标分解	保护区面积（万 hm²）	占比（%）	造林总面积（hm²）	造林面积比重（%）	水土流失治理面积（千 hm²）	治理强度（%）	
西藏	2020 年	4206.70	34.97	96986	0.08	711.9	0.006
	2018 年	4206.70	34.97	75039	0.06	528.5	0.004
	2016 年	4100.60	34.09	55277	0.05	323.3	0.003
	2014 年	4100.60	34.09	82668	0.07	779.8	0.006
	2012 年	4100.51	34.09	72432	0.06	186.5	0.002
	2010 年	4125.31	34.30	62299	0.05	40.4	0.000

图书在版编目（CIP）数据

西南山区林业生态安全研究／李建钦著.--北京：
社会科学文献出版社，2024.11
ISBN 978-7-5228-3586-0

Ⅰ.①西…　Ⅱ.①李…　Ⅲ.①林业-生态安全-研究
-西南地区　Ⅳ.①S718.5

中国国家版本馆 CIP 数据核字（2024）第 086069 号

西南山区林业生态安全研究

著　　者／李建钦

出 版 人／冀祥德
责任编辑／吴云苓
责任印制／王京美

出　　版／社会科学文献出版社·皮书分社（010）59367127
　　　　　地址：北京市北三环中路甲 29 号院华龙大厦　邮编：100029
　　　　　网址：www.ssap.com.cn
发　　行／社会科学文献出版社（010）59367028
印　　装／三河市龙林印务有限公司

规　　格／开 本：787mm×1092mm　1/16
　　　　　印 张：21.25　字 数：313 千字
版　　次／2024 年 11 月第 1 版　2024 年 11 月第 1 次印刷
书　　号／ISBN 978-7-5228-3586-0
定　　价／128.00 元

读者服务电话：4008918866